建设工程施工管理指南

——依据《建设工程施工管理规程》T/CCIAT 0009—2019编写

中国建筑业协会工程项目管理专业委员会　组织编写

U0207360

中国建筑工业出版社

图书在版编目（CIP）数据

建设工程施工管理指南/中国建筑业协会工程项目管理专业
委员会组织编写. —北京：中国建筑工业出版社，2019.11
依据《建设工程施工管理规程》T/CCIAT 0009—2019 编写
ISBN 978-7-112-24430-0

Ⅰ.①建… Ⅱ.①中… Ⅲ.①建筑工程-施工管理 Ⅳ.①TU71

中国版本图书馆 CIP 数据核字(2019)第 247069 号

本书由中国建筑业协会工程项目管理专业委员会组织有关专家、学者依据
《建设工程施工管理规程》编写，内容共 6 章，包括总则；术语；基本要求；施工
准备；施工过程；施工收尾。本书适合于工程项目管理相关从业人员参考使用。

责任编辑：赵晓菲　万　李　张　磊
责任设计：李志立
责任校对：芦欣甜

建设工程施工管理指南
——依据《建设工程施工管理规程》T/CCIAT 0009—2019 编写

中国建筑业协会工程项目管理专业委员会　组织编写

*

中国建筑工业出版社出版、发行（北京海淀三里河路 9 号）
各地新华书店、建筑书店经销
北京科地亚盟排版公司制版
北京京华铭诚工贸有限公司印刷

*

开本：787×1092 毫米　1/16　印张：17¾　字数：440 千字
2019 年 12 月第一版　2019 年 12 月第一次印刷
定价：**58.00** 元
ISBN 978-7-112-24430-0
(34939)

本书编委会

主　　编：尤　完　陈立军

副 主 编：李　君　刘伊生　贾宏俊

编写人员（按姓氏笔画排序）：

<table>
<tr><td>王　霞</td><td>王之龙</td><td>尤　完</td><td>田硕云</td><td>乔　柱</td><td>刘　春</td></tr>
<tr><td>刘伊生</td><td>刘尚昂</td><td>刘学之</td><td>关　婧</td><td>孙锐娇</td><td>李　君</td></tr>
<tr><td>李　硕</td><td>李小波</td><td>李云岱</td><td>李世钟</td><td>李志国</td><td>李欣函</td></tr>
<tr><td>李智仙</td><td>张　柚</td><td>张　键</td><td>张庆厚</td><td>张耀华</td><td>陈立军</td></tr>
<tr><td>陈志龙</td><td>武果亮</td><td>郑晓晓</td><td>贾宏俊</td><td>钱增志</td><td>郭中华</td></tr>
<tr><td>梅洪亮</td><td>梁洁波</td><td>董　爱</td><td>谢涵斐</td><td>鲜大平</td><td>廖　原</td></tr>
</table>

前　言

2017年，《建设工程项目管理规范》GB/T 50326—2017正式颁布实施。该《规范》适用于建设单位、勘察单位、设计单位、施工单位的工程项目管理活动，是我国建筑业认真总结工程建设管理经验、借鉴国外先进的项目管理体系和方法而逐步形成的。该《规范》曾于2001年颁发第一版，2006年修订了第二版，2017年修订为第三版。《建设工程项目管理规范》对促进我国建设工程项目管理的科学化、规范化、法制化、国际化发挥了重要的指导作用。

为了适应工程项目管理国际化方向、本土化国情、专业化特色相互融合的趋势，根据《国务院关于印发深化标准化工作改革方案的通知》（国发〔2015〕13号）和《住房城乡建设部办公厅关于培育和发展工程建设团体标准的意见》（建办标〔2016〕57号）的文件精神及中国建筑业协会《关于开展第二批团体标准编制工作的通知》（建协函〔2018〕52号）的要求，中国建筑业协会工程项目管理专业委员会经广泛调查研究，认真总结实践经验，参照国家和行业有关标准，在充分征求意见的基础上，编制了团体标准《建设工程施工管理规程》T/CCIAT 0009—2019。该《规程》的主要技术内容包括总则、术语、基本要求、施工准备、施工过程、施工收尾六个部分。

目前，我国建筑行业已经成为国民经济的支柱产业、民生产业、基础产业，建筑业企业的数量超过95400家，如何推动建筑业高质量发展成为全行业面临的新课题。施工项目管理水平是建筑企业综合实力的体现。为了进一步深化和规范建设工程项目管理活动，培育和造就一支高素质、职业化的项目管理人才队伍，帮助从事施工项目管理的专业人士掌握施工项目管理的基本理论和业务知识，更好地贯彻执行《建设工程施工管理规程》T/CCIAT 0009—2019，中国建筑业协会工程项目管理专业委员会组织有关建筑企业、高等院校、行业协会和科研单位的专家、学者共同编写了《建设工程施工管理指南》一书。我们希望通过本书的出版，为从事工程施工项目管理的理论研究者和实践应用者提供一本实用的工作参考指南。

由于建设工程施工项目管理在我国不同地区、不同建筑企业的发展还不平衡，许多新情况、新问题还需要进一步研究，所以，本书的编写难免有不足之处，希望广大读者和项目管理工作者及时对本书提出宝贵意见，以便于不断修订和完善。

本书编写过程中得到了政府建设主管部门、行业协会、大专院校以及广大建筑业企业有关领导、专家与同行朋友们的大力支持，参考了许多学者在相关领域的研究成果和观点，在此一并深表谢意！

目　　录

1 总　　则

1.1 《建设工程施工管理规程》颁布的背景

1. 推行建设工程项目管理的发展历程

推行建设工程项目管理是中国工程建设体制和管理模式改革的重大里程碑。20 世纪 80 年代以来，中国经济体制经历了巨大的变革和发展。由于传统的工程项目建设管理模式存在诸多弊端，建筑业率先开启了对工程项目管理模式的改革，大致上经历了如下四个阶段。

（1）学习试点阶段（1986~1992 年）

1986 年国务院提出学习推广鲁布革工程管理经验，1987 年之后，国家计委多次召开"推广鲁布革工程管理经验试点工作会议"，指导试点方案，研究试点工作的方向、方法和步骤，逐步形成了以"项目法施工"为特征的国有施工企业生产方式和项目管理模式，不仅极大地解放和发展了建筑业生产力，而且为 21 世纪中国工程项目管理的新发展奠定了坚实的基础。1992 年 8 月 22 日，"中国建筑业协会工程项目管理委员会"正式成立，标志着项目法施工的推行走上一个新台阶。

（2）总结规范阶段（1993~2002 年）

1993 年 9 月，中国建筑业协会工程项目管理委员会开始系统地总结 50 家试点施工企业进行工程项目管理体制改革的经验，并注重推动企业加快工程项目管理与国际惯例接轨步伐。2000 年 1 月，中建协工程项目管理委员会组织有关企业、大专院校、行业协会等 30 多家单位编制中国建设工程领域第一部《建设工程项目管理规范》，并于 2002 年 5 月 1 日起颁布施行。

（3）国际化发展阶段（2003~2010 年）

在我国加入 WTO 之后，随着"走出去"战略的实施，建筑企业积极开拓国际承包市场，中国建设工程项目管理的国际化步伐不断加快，国际竞争力不断提高。这期间，中国建筑业协会工程项目管理委员会牵头组织国际项目管理协会、英国皇家特许建造学会、CIOB 香港分会、韩国建设事业协会、新加坡项目经理协会、印度项目管理协会等国家和地区的工程管理协会签署了《国际工程项目管理工作合作联盟协议》，进一步加强了各方在国际项目管理领域的交流和合作。同时，中建协工程项目管理委员会组织会员企业积极贯彻落实科学发展观，加快转变发展方式，工程建设成就显著。

（4）创新引领发展阶段（2011 年至今）

进入"十二五"以来，中国建设工程项目管理步入创新引领发展的新阶段。建设工程领域先后完成了一系列设计理念超前、结构造型复杂、科技含量高、质量要求严、施工难度大、令世界瞩目的重大工程。在这个阶段，通过工程质量治理两年行动，进一步强化了项目经理责任制。通过推行工程总承包制,项目管理的集成化、信息化水平将有较大提高。通过推广10项新技术,提高了工程建造水平。通过实施绿色施工示范工程,"四节一环保"日益普及。

2. 新时代建筑业发展的显著特点

我国建筑业在多年快步发展的同时,日益显现出新的发展特点,主要体现在以下几个方面。

一是产业地位彰显新特征。建筑业在保持国民经济支柱产业地位的同时,民生产业、基础产业的地位日益突显,在改善和提高人民的居住条件生活水平以及推动其他相关产业的发展等方面发挥了巨大作用。

二是工程建造能力大幅度提升。建筑业先后完成了一系列设计理念超前、结构造型复杂、科技含量高、质量要求严、施工难度大、令世界瞩目的重大工程。

三是以 BIM 技术为代表的信息化技术的应用日益普及,信息化技术正在全面融入工程项目管理过程。根据《中国建筑施工行业信息化发展报告(2016)》提供的调查统计数据,建筑企业对 BIM 技术、云计算、大数据、物联网、虚拟现实、可穿戴智能技术、协同环境等信息技术的应用比率为43%,工程项目施工现场互联网技术应用比率为55%。

四是工程总承包方式、装配式建造方式、绿色建造方式、智慧建造方式、精益建造方式等新型工程建造方式正在逐步成为工程建设和管理的主流方式。

3. 建筑业高质量发展的主要制约因素

建筑业在取得举世瞩目的发展成绩的同时,依然还存在许多长期积累形成的疑难问题,严重制约了建筑业的持续健康和高质量发展。

一是安全生产管理基础薄弱,安全事故呈现高压态势。特别是近两年来,安全生产事故和死亡人数持续上升。

根据住房城乡建设部《关于 2017 年房屋市政工程生产安全事故情况的通报》,2017 年全国共发生房屋市政工程生产安全事故 692 起、死亡 807 人,比 2016 年事故起数增加 58起、死亡人数增加 72 人,分别上升 9.15% 和 9.80%。房屋市政工程生产安全事故按照类型划分,高处坠落事故 331 起,占总数的 47.83%;物体打击事故 82 起,占总数的11.85%;坍塌事故 81 起,占总数的 11.71%;起重伤害事故 72 起,占总数的 10.40%;机械伤害事故 33 起,占总数的 4.77%;触电、车辆伤害、中毒和窒息、火灾和爆炸及其他类型事故 93 起,占总数的 13.44%。根据住房城乡建设部《关于 2018 年房屋市政工程生产安全事故和建筑施工安全专项治理行动情况的通报》,2018 年全国共发生房屋市政工程生产安全事故 734 起、死亡 840 人,与上年相比,事故起数增加 42 起、上升 6.1%,死亡人数增加 33 人、上升 4.1%。2018 年,全国房屋市政工程生产安全事故按照类型划分,高处坠落事故 383 起,占总数的 52.2%;物体打击事故 112 起,占总数的 15.2%;起重伤害事故 55 起,占总数的 7.5%;坍塌事故 54 起,占总数的 7.3%;机械伤害事故 43起,占总数的 5.9%;车辆伤害、触电、中毒和窒息、火灾和爆炸及其他类型事故 87 起,占总数的 11.9%。

二是产业工人素质提升缓慢。农民工仍然是建筑施工现场操作工人队伍的主体。根据国家统计局《2017 年农民工监测调查报告》提供的数据,2017 年全国农民工总量为 28652万人,其中,从事建筑业的农民工数量为 5415 万人,占 18.9%。农民工队伍中,未上过学的占 1%，小学文化程度占 13%，初中文化程度占 58.6%，高中文化程度占 17.1%，大专及以上占 10.3%。接受非农职业技能培训的占 30.6%，比上年下降 0.1 个百分点。

三是拖欠农民工工资成为普遍存在的顽症，长期得不到解决。当党中央和各级政府加大清欠力度时，境况会有所好转，但当清欠运动归于平静时，拖欠又会以较大幅度反弹，由此引发的不稳定性因素和劳动纠纷对社会和谐的负面影响很大。

四是市场治理仍需加大力度。建筑业虽然是最早从计划经济走向市场经济的领域，但市场运行机制的规范化程度仍然差距甚远。挂靠、转包、串标、围标、恶性竞争等乱象难以根除，市场治理任重道远。

五是企业转型升级面临困局。尽管大多数建筑业企业认识到转型升级对于企业发展的重要性，但在转型的方向、目标、路径选择、资金支持、人才配置等方面困难重重，短期内难以打开新的局面。

六是创新驱动发展动能不足。由于建筑业的发展长期以来是依赖于固定资产投资的拉动，同时企业自身资金积累能力有限，国家财政给予的资金投入也很少，因而导致科技创新能力不足。在新常态背景下，当经济发展动能从要素驱动、投资驱动转向创新驱动时，对于以劳动密集型为特征的建筑业而言，创新驱动方式更加充满挑战性，创新能力成为建筑业企业发展的短板。

1.2 编制《建设工程施工管理规程》的目的

正如本规程条文中所述，为提升建设工程施工管理水平，促进建设工程施工管理行为规范化，加快与国际惯例接轨的步伐，制定本规程。编制本规程的基本目的在于以下几方面：

1. 为建设工程施工项目管理人员提供具体的操作指导

本规程的内容覆盖了施工准备过程、施工实施过程、竣工收尾过程的全部管理要素，针对每个管理要素规定了具体的管理活动过程和操作要求，对我国工程项目管理具有导向作用，对于掌握施工管理环节的知识和实操作技巧具有实用价值。

2. 适应国际工程项目管理发展趋势的要求

2012 年 9 月，国际标准化组织正式颁布了《项目管理指南》（ISO 21500—2012），2017 年 9 月，美国项目管理学会编制的《项目管理知识体系指南》第 6 版正式发布，2018 年 6 月，由中国建筑业协会工程项目管理委员会组织翻译的《项目管理知识体系指南》建设工程分册也被引入我国工程建设管理领域，这些文献反映了国际项目管理最新动态和发展潮流。

3. 总结推广我国工程建设领域施工管理的成功经验

我国建筑企业在国内外工程项目管理实践中创造了许多新鲜经验，国外的同行也有很多经验值得借鉴，这些经过实践证明行之有效的项目管理方法应当吸收为本规程的内容，以这种方式推广工程项目管理经验，能够有效地提高全行业的工程施工项目管理水平。

4. 贯彻执行国家和行业相关新法律法规的需要

近些年来，我国先后颁布了与工程项目管理相关的一系列法律法规，如《招标投标法实施条例》、《建设工程工程量清单计价规范》（2013 版）、《建设工程施工合同示范文本》

（2017 版）等相关的法律法规，为此，通过本规程把上述法律法规的要求整合在施工管理流程中。

5. 为了加快建筑业转型升级步伐

改革开放 40 年来，我国建筑业经历着从传统建筑业向现代建筑业的转型过程，建筑业在市场环境、技术进步、人才结构、管理模式发生了一系列前所未有的变化。建筑企业要想获得持续的长足发展，就必须在服务模式、经营管理和运行方式进行重大的变革，本规程的编制正是契合了这种变化趋势的要求。

总之，编制本规程是为了在新的历史条件下，进一步完善工程建设管理标准体系，推动建筑业加快转变发展方式，贯彻落实国家节能减排、资源节约与利用、环境保护的要求，保障工程质量和安全生产，促进工程建设领域技术进步，培养高素质的施工项目管理专业人才队伍，提高工程项目管理的科学化、规范化、制度化和国际化水平，推动我国工程建设事业持续健康和高质量发展。

1.3 《建设工程施工管理规程》的作用

本规程是基于国家标准《建设工程项目管理规范》，围绕施工企业的项目管理需求，考虑建设工程施工管理特点而编制的中国建筑业协会团体标准。

1. 有利于构建建设工程施工管理活动的行为规则

在建设工程项目全寿命期的各个阶段中，施工活动是由设计图纸转变为工程实体的极其重要的阶段。目前，我国建筑行业具有资质的建筑企业 95400 家，其中二级资质以下的企业数量占据绝大多数。相对而言，这些中小型施工企业的项目管理规范化水平亟待提高。本规程的实施有助于建立面向建设工程施工管理活动全过程的管理行为规则。

2. 有利于进一步夯实工程质量和安全生产管理基础

"质量第一、安全至上"是工程建设施工过程牢固树立的理念和准则，体现了建筑企业以人为本、精益求精、追求卓越的现代工匠精神。本规程的实施必将促进建筑企业和施工现场项目部强化工程质量控制和安全生产管理机制，推动建筑企业不断提高工程项目管理能力和市场竞争实力。

3. 有利于促进信息技术与传统建筑施工的融合、提高工程项目管理智能化水平

信息化技术与传统施工技术和工艺的融合正在日益推动建筑业生产方式的变革。以BIM 为代表的信息化技术，贯穿于整个项目的规划、设计、施工和运营的全生命周期，为开发商、建筑设计师、土建工程师、机电工程师、建造师、材料设备供应商、最终用户等各环节的技术和管理人员提供协作平台。本规程的实施必将加速推进施工项目管理的现代化进程。

4. 有利于通过工程项目绿色施工推动建筑企业绿色发展

绿色施工作为实现绿色建筑产品的生产方式，其优越性已经为全行业所认可，并成为建筑业企业的自觉行动。本规程的实施将推动项目层面的绿色施工到企业层面绿色发展机制的形成，使绿色施工活动成为引领建筑企业实践绿色发展的载体。

5. 有利于在国际工程承包市场彰显中国建造品牌优势

多年来，我国国际工程承包新签合同额、完成合同额均持续上升，不断取得新突破。本规程的实施必将加大力度传播中国建造的品牌优势。

1.4 《建设工程施工管理规程》的特点

随着知识、经济、信息的全球化，现代项目管理正在世界范围内逐步普及。中国正处于社会、经济、文化、科技的大变革时代，项目遍布每一个领域，项目管理正在成为驱动社会经济发展的新型生产力。中国特色建设工程项目施工管理的规范化的特征和生命力在于国际化、本土化、专业化的"三化融合"所迸发出的智慧和能量，"三化融合"也能够为施工项目管理创新衍生新的途径。

1. 施工项目管理坚持国际化方向

以 PMI、IPMA、ISO 等为代表的国际组织先后发布了国际项目管理知识体系、国际项目管理专业资格认证标准、项目管理指南等重要文献，这些文献是建立在长期的社会生产和管理实践的基础上，研究、总结而形成的一整套科学的现代项目管理理论和方法体系，代表着国际项目管理的发展趋势，对于推动国际项目管理的实践应用和项目管理人才培养都产生了积极的影响。本规程只有坚持国际化方向，才能更好地学习先进的项目管理技术和方法，顺应现代项目管理的发展潮流，提高项目管理水平。

2. 施工项目管理基于本土化国情

现代项目管理的体系构架来自于大量项目实践的理论提炼，具有基本原理的普遍适用性。在引入现代国际项目管理体系时，要充分考虑民族文化、思维模式、行为惯性等本土化的适应问题，在推广应用的范畴和程度上应当紧密结合本国发展水平和实际情况。因此，在面向国际化加快我国工程项目管理的实践应用、理论研究时，应当立足于我国国情的基础上，并且特别要注意总结多年来国内项目管理理论成果和实践经验。只有将项目管理基本原理与本土化国情相结合，本规程才能产生推动建筑业持续健康和高质量发展的实际效果。

3. 施工项目管理反映专业化特色

在现代社会，从各种不同专业的角度，项目可以划分为多种类型。正是因为项目类型的多样化，项目的范围、经历的时间、难易程度、涉及的资源要素等差别很大，从而出现了专业化的项目管理。由于不同行业的专业技术要求不同，也使得项目管理的专业化特征存在差异。例如，对于建设工程项目管理，除了要做好进度、质量、成本等常规的 10 个领域的管理工作，还特别要重视做好安全生产管理、绿色建造管理、合同管理、劳务管理等。因此，能够反映出专业化特色的规程才具有现实的竞争力。

这里有必要指出的是，国际上的项目管理体系属于广义上的项目管理，对中国建筑业企业来说，还需要提高专业适用性。因此，国际项目管理理论的本土化成为我国工程建设项目管理的重要课题。我国《建设工程施工管理规程》不但吸收了国际项目管理的通用标准，具有国际通用性和先进性，而且最重要的一点是结合我国建设工程施工项目管理体制改革的经验，比较注重专业管理活动的系统性，与国际上有关项目管理比较，更加具体化、专业化，具有实用性和操作性。

1.5 《建设工程施工管理规程》的适用范围

1. 本规程适用于各类建设工程施工管理

本规程可用于工程总承包企业、施工总承包企业、专业工程承包企业和其他施工企业的施工管理。

2. 本规程适用的项目类型

本规程适用的建设工程项目类型范围是新建、扩建、改建等建设工程项目。"新建建设工程项目"是指从无到有新开始建设的建设工程项目;"扩建建设工程项目"是指在既有基础上加以扩充建设的工程,以扩大或新增加生产能力;"改建建设工程项目"是指企业在原有基础上,为提高生产效率,改进产品质量或改变产品方向,对原有工程或设备进行改造的建设工程项目。

3. 本规程涉及的相关概念

(1) 项目:项目是由一组有起止时间的、相互协调的受控活动所组成的特定过程,该过程要达到符合规定要求的目标,包括时间、成本和资源的约束条件。

"项目"的范围非常广泛,最常见的有:科学研究项目,如基础科学研究项目、应用科学研究项目、科技攻关项目等;开发项目,如资源开发项目、新产品开发项目、园区开发项目等;建设项目,如工业与民用建筑工程、交通工程、水利工程等。作为项目它们都具有共同的特征。

1) 项目的特定性。特定性也可称为单件性或一次性,是项目最重要的特征。每个项目都有自己的特定过程,都有自己的目标和内容,都有起止时间,因此也只能对它进行单件处置(或生产),不能批量生产,不具重复性。只有认识到项目的特定性,才能有针对性地根据项目的具体特点和要求,进行科学的管理,以保证项目一次成功。这里所说的"过程",是指"一组将输入转化为输出的相互关联或相互作用的活动"。

2) 项目具有明确的目标和一定的约束条件。项目的目标有成果性目标和约束性目标。成果性目标指项目应达到的功能性要求,如兴建一所学校可容纳的学生人数、医院的床位数、宾馆的房间数等;约束性目标是指项目的约束条件,凡是项目都有自己的约束条件,项目只有满足约束条件才能成功,因而约束条件是项目目标完成的前提。一般项目的约束条件包括限定的时间、限定的资源(包括人员、资金设施、设备、技术和信息等)和限定的质量标准。目标不明确的过程不能称作"项目"。

3) 项目具有特定的生命期。项目过程的一次性决定了每个项目都具有自己的生命期,任何项目都有其生产时间、发展时间和结束时间,在不同的阶段都有特定的任务、程序和工作内容。工程项目的生命期包括项目的决策阶段、实施阶段和使用阶段,其中决策阶段又包括项目建议书、可行性研究,实施阶段包括设计工作、建设准备、建设工程及使用前竣工验收等;施工项目的生命周期包括:投标与签订合同、施工准备、施工、交工验收、用后服务。成功的项目管理是将项目作为一个整体系统,进行全过程的管理和控制,是对整个项目生命周期的系统管理。

4) 项目作为管理对象的整体性。一个项目,是一个整体管理对象,在配置生产要素时,必须以总体效益的提高为标准,做到数量、质量、结构的总体优化。由于内外环境是变化的，所以管理和生产要素的配置是动态的。项目中的一切活动都是相关的，构成一个整体。缺少某些活动必将损害项目目标的实现，但多余的活动也没有必要。

5）项目的不可逆性。项目按照一定的程序进行，其过程不可逆转，必须一次成功，失败了便不可换回，因而项目的风险很大，与批量生产过程（重复的过程）有着本质的差别。

（2）项目管理：项目管理是指为达到项目目标，对项目的策划（规划、计划）、组织、控制、协调、监督等活动过程进行监控的总称。

项目管理的对象是项目。项目管理者应是项目活动中各项活动的主体。项目管理的职能同所有管理的职能均是相同的。项目的特殊性带来了项目管理的复杂性和艰巨性，要求按照科学的理论、方法和手段进行管理，特别是要用系统工程的观念、理论和方法进行管理。项目管理的目标就是要保证项目目标的顺利完成。项目管理有以下特征：

1）每个项目的管理都有自己特定的管理程序和管理步骤。每个项目都有自己的特定目标，项目管理的内容和方法要针对项目目标而定，每个项目都有自己的管理程序和步骤。

2）项目管理是以项目经理为中心的管理。项目管理具有较大的责任和风险，其管理涉及人力、技术、设备、资金、信息、设计、验收等多方面因素和多元化关系，为更好地进行项目策划、计划、组织、指挥、协调和控制，必须实施以项目经理为核心的项目管理质量安全保证责任体制。在项目管理过程中应授予项目经理必要的权力，以使其及时处理项目实施过程中发生的各种问题。

3）项目管理应使用现代管理方法和技术手段。现代项目大多数是先进科学的产物或是一种涉及多学科、多领域的系统工程。要圆满地完成项目就必须综合运用现代管理方法和科学技术，如决策技术、预测技术、网络与信息技术、时间管理技术、质量管理技术、成本管理技术、系统工程、价值工程、目标管理等。

4）项目管理应实施动态管理。为了保证项目目标的实现，在项目实施过程中要采用动态控制方法，即阶段性地检查实际值与计划目标值的差异，采取措施，纠正偏差，制定新的计划目标值，使项目能实现最终目标。

（3）工程项目管理：工程项目管理的对象是工程项目，它是建设项目管理的一个子系统。它有自己的管理目标、管理任务和组织。按工程项目不同参与方的工作性质和组织特征划分，项目管理可分为：

1）业主方的项目管理；

2）设计方的项目管理；

3）施工方的项目管理；

4）供货方的项目管理；

5）工程总承包方的项目管理。

但不论是哪方的项目管理，项目管理所涵盖的规律性及其实施过程、方法和国际化、规范化则是共性的。

（4）施工项目："施工项目"是由"建筑业企业自施工承包投标开始到保修期满为止的全过程中完成的项目"。它可能以建设项目为过程产出物，也可能是其中的一个单项工程或单位工程。过程的起点是投标，终点是保修期满。施工项目除了具有一般项目的特征外，还具有自己的特征：

　　1）它是建设项目或其中的单项工程、单位工程的施工活动过程。

　　2）以建筑企业为管理主体。

　　3）项目和任务范围是由施工合同界定的。

　　4）产品具有多样性、固定性、体积庞大的特点。

　　只有单位工程、单项工程和建设项目的施工活动过程才称得上施工项目，因为它们才是建筑业企业的最终产品。由于分部工程、分项工程不是建筑业企业的最终产品，故其活动过程不能称作施工项目，而是施工项目的组成部分。

　　这里所说的"建筑业企业"是指"从事土木工程、建筑工程、线路管道安装工程、装修工程的新建、扩建、改建活动的企业"。这是一个规范用词，不再使用"建筑企业"、"建筑施工企业"、"施工企业"等非规范用词。

　　（5）建设工程项目管理的各相关方。各相关方包括业主方、设计方、施工方、供货方、监理方、咨询方、代理方、工程总承包方、分包方等。

2 术 语

2.1 术语的设置原则

本规程中的术语设置遵循以下原则：

（1）尽量避免与相关标准的术语重复。对于国内外与项目管理相关的标准或规范中已经给予明确定义的术语，如果与本规程的含义相一致，则本规程中不再列入。例如"项目"、"项目管理"等，在《质量管理体系　项目质量管理指南》GB/T 19016—2005 中已有的定义，本规程直接在原文中引用，不再重新定义。再例如：安全、质量、风险等术语，在《质量管理体系　基础和术语》GB/T 19000—2016 中已有清晰的表述，本规程中也不再重复定义。

（2）尽量保持与国际上项目管理知识领域的通用概念相吻合。随着《质量管理　项目质量管理指南》、《项目管理指南》ISO 21500—2012、《项目管理知识体系指南 PMBOK》等管理体系和标准的传播，有些术语在国际项目管理领域已有约定俗成的概念解释。本规程对涉及这些领域的术语定义，基本上保持了与国际上通用定义的内涵相吻合，不会产生歧义。例如：项目范围管理，项目环境管理，项目沟通管理等。

（3）针对重要性程度设置本规程中的术语。本规程中定义的术语都是在条文中出现较多且在内容上重要的术语。例如，"建设工程施工"、"施工组织设计"、"施工方案"、"技术交底"、"技术复核"等。

（4）术语中增加了我国工程建设实践中创新做法和成功经验。例如，"施工过程管理策划"、"施工流程细分与管理目标分解"等。

（5）注重衔接、保持连续性。本规程的编制依据是国家标准《建设工程项目管理规范》，因此国家标准《建设工程项目管理规范》的全部术语均适用于本规程。

2.2 本规程中的术语释义

由于本规程可用于工程总承包企业、施工总承包企业、专业工程承包企业和其他施工企业的施工管理，因此规程使用了能够兼顾各方需求的主语（术语），这些术语包括施工企业、建设单位、业主、施工方、发包方、承包方、总包单位、分包方（单位）、供应方（供方）等是在不同事项下的责任主体，其要求内涵与应用范围、条件不同，学习和使用本规程时宜注意正确理解与合理应用。

1. 建设工程施工管理

指针对施工企业施工生产过程的管理，即施工企业根据施工合同界定的范围，对建筑产品进行施工的管理过程。它可是一个建设工程的施工管理活动，也可是其中的一个单项工程、单位工程和相关专业工程的施工管理活动。

2. 三（五）通一平

指施工现场进行的通水、通电、通路（通信、通气）与场地平整等前期准备工作，是开展施工活动的基本条件。

3. 施工组织设计

指以建设工程为对象编制的、用以指导施工的技术、经济和管理的综合性文件，是开展施工活动的基本依据。施工组织设计一般是基于单项工程或单位工程施工及管理活动的策划成果。

4. 施工过程管理策划

指围绕施工过程，为实现施工管理目标而进行的策划活动；这种策划活动既是施工组织设计策划的细化，又是基于分部分项工程施工及管理活动的详细策划，包括：技术交底、工程变更、专项施工方案和其他相关策划。

5. 施工流程细分与管理目标分解

施工流程细分是在施工组织设计规定的流程基础上进行的流程细化，包括流程分解与内容深化；管理目标分解是对应施工流程细分进行的管理目标的细化，包括目标细化与内容深化。施工流程细化是管理目标分解的基础。

6. 施工方案

基于施工组织设计，详细规定工程的施工方法、人员、机具、材料，以及安全、质量、进度、环境、成本和其他相关管理要求。它针对分部分项工程进行编制，其特点是专项性，也可称为专项施工方案。

7. 技术交底

分部分项工程施工前，由技术责任人或者被授权人向参与施工人员进行的技术说明、沟通或培训，其目的是使其掌握工程特点、技术要求、施工方法和其他相关要求，以便科学地组织施工，实现项目各项目标。

8. 技术复核

工程施工前或施工过程中，对施工过程质量和安全进行复查核对的技术性工作，旨在控制施工过程缺陷或失误，满足工程的质量和安全需求。

9. 技术核定

工程变更前，针对施工过程所拟采取施工措施的合理性进行的核准确定。

2.3 本规程中的术语扩展

为了满足初学者加深对施工项目管理相关概念的理解，本书结合《建设工程项目管理规范》中的术语定义，增加部分术语供学习时参考。施工过程的管理活动有些涉及这些术语，而另外一些术语则可能与施工管理无关。

2.3.1 基本术语

1. 建设工程项目

建设工程项目（construction project）：为完成依法立项的新建、扩建、改建工程而进行的、有起止日期的、达到规定要求的一组相互关联的受控活动，包括策划、勘察、设计、采购、施工、试运行、竣工验收和考核评价等阶段，简称为项目。

（1）"建设工程项目"是众多的项目类型中的一类。建设工程项目与科研项目、IT项目、投资项目、开发项目、航天项目等是同一层级的项目。其中包括了新建、扩建、改建等各类建设工程项目。新建项目指从无到有的项目，扩建项目指原有企业为扩大产品的生产能力或效益，或为增加新品种的生产能力而增建主要生产车间或其他产出物的活动过程。改建项目是更新改造项目（改建、恢复、迁建）中的一类，指对现有厂房、设备和工艺流程进行技术改造或固定资产更新的过程。

（2）建设工程项目强调项目是活动、是过程。该过程有起止时间，是由相互协调的受控活动组成的。过程是"一组将输入转化为输出的相互关联或相互作用的活动"。在实践中，许多人往往把建筑产品看成是一个"项目"，这就混淆了"项目"与"产品"概念的区别。建筑产品是项目管理活动的结果，应当注意区分建筑产品与建设工程项目的概念。

（3）"项目"有目标。目标是结果。除了交付产品之外，在既定的范围内，时间、成本和质量既是项目的约束条件，也是目标，如果没有这三项目标（或约束条件），则明确的产品就不存在了。

（4）需要重视项目的"有起止日期"的规定。它说明"项目"是一次性的过程。一次性是项目的最大特点，是与长期性组织的运行管理工作的最大区别。一次性就是独特性、不重复性，一旦任务完成，项目即告结束。项目的起点是项目的开始时间，项目的终点是项目目标的实现时间。

（5）建设工程项目的相互关联的受控活动包括策划、勘察、设计、采购、施工、试运行、竣工验收和移交。在建设工程项目的生命期内，必须进行上述各项活动。一个项目的生命期大体分为四个阶段，即概念阶段、规划阶段、实施阶段、收尾阶段。"策划"既可以属于概论阶段的活动，也是其他阶段应有的活动（策划的具体内容不同）；"勘察"和"设计"属于规划阶段的活动；"采购"和"施工"属于实施阶段的活动；"试运行"和"竣工验收"属于收尾阶段的活动。

2. 建设工程项目管理

建设工程项目管理（construction project management）：运用系统的理论和方法，对建设工程项目进行的计划、组织、指挥、协调和控制等专业化活动，简称为项目管理。

（1）"建设工程项目管理"概念与《质量管理体系 项目质量管理指南》GB/T 19016—2005中"项目管理"的定义是一致的，即"项目管理包括对项目各方面的策划、组织、监测等连续过程的活动，以达到项目目标"。在《质量管理体系 基础和术语》GB/T 19000—2016中，"管理"的定义是"指挥和控制组织的协调的活动"。因此，"建设工程项目管理"强调的是管理的职能。项目管理就是要对项目进行策划（计划）、组织、指挥、协调（监测）和控制。而建设工程项目管理所涉及的知识领域除了《项目管理知识体系指南 PMBOK》中界定的10个方面之外，还结合建设工程项目及其管理的特点进行了适当扩展。

（2）建设工程项目管理必须运用系统的理论、观点和方法。建设工程项目是一个复杂的系统，项目管理必须运用系统的理论、观点和方法才能实现项目目标。项目目标也具有系统性，包括功能目标、管理目标和影响目标。

3. 组织

组织（organization）：为实现其目标而具有职责、权限和关系等自身职能的个人或群体。对于拥有一个以上单位的组织，可以把一个单位视为一个组织。组织可包括一个单位的总部职能部门、二级机构、项目管理机构等不同层次和不同部门。

工程建设组织包括建设单位、勘察单位、设计单位、施工单位、监理单位等。

4. 项目管理机构

项目管理机构（project management organization）：根据组织授权，直接实施项目管理的单位。其可以是项目管理公司、项目部、工程监理部等。

项目管理机构也可以是组织实施项目管理的相关部门，如建设单位的基建办公室等。

项目管理机构的构成应适应自身管理范围的需要，并在人数、专业、职业资格上满足相应的要求。

项目管理机构作为项目管理组织，应具有计划、组织、指挥、控制、协调等管理能力。

针对特定的项目而组建的项目管理机构且应是一次性的组织。

5. 项目经理

项目经理〔project leader（project manager）〕：组织法定代表人在建设工程项目上的授权委托代理人。

（1）对于不同组织的项目管理机构而言，可以根据项目管理工作的实际需要，任命项目负责人或者项目经理。对于建设工程施工承包企业，担任"项目经理"的人员需要持有建设行政主管部门认可的注册执业资格证书。对于建设单位、设计单位、咨询单位等进行项目管理的组织，可设立项目负责人或项目经理，在授权范围内行使法定代表人所委托的权力。

（2）项目经理的性质是工作岗位，既不是技术职称，也不是执业资格。

（3）项目经理是项目管理机构的第一责任人。

6. 相关方

相关方（stakeholder）：能够影响决策或活动、受决策或活动影响，或感觉自身受到决策或活动影响的个人或组织。

项目相关方包括项目直接相关方（建设单位、勘察、设计、施工、监理和项目使用者等）和间接相关方（政府、媒体、社会公众等）。

7. 项目管理策划

项目管理策划（project management planning）：为达到项目管理目标，在调查、分析有关信息的基础上，遵循一定的程序，对未来（某项）工作进行全面的构思和安排，制订和选择合理可行的执行方案，并根据目标要求和环境变化对方案进行修改、调整的活动。

2.3.2 项目承发包术语

1. 发包人

发包人（employer）：按招标文件或合同中约定，具有项目发包主体资格和支付合同价款能力的当事人或者取得该当事人资格的合法继承人。

项目发包人是建设工程项目合同的当事人之一，是以协议或其他完备手续取得项目发包主体资格，承认全部合同条件，能够而且愿意履行合同义务（特别是工程款支付能力）

的合同当事人。

项目发包人可以是具备法人资格的国家机关、事业单位、国有企业、集体企业、私营企业、经济联合体和社会团体，也可以是依法登记的合伙人或个体经营者。

与发包人合并的单位、兼并发包人的单位、购买发包人合同和接受发包人出让的单位和人员，或其他取得发包人资格的合法继承人，均可成为发包人。发包人可以是建设单位，也可以是取得建设单位通过合法手续委托的总承包单位或项目管理单位，还可以是取得承包权利后的承包人。发包人可以以不同的发包方式，分不同阶段发包给具有合法资质的承包人。

2. 承包人

承包人（contractor）：按合同约定，被发包人接受的具有项目承包主体资格的当事人，以及取得该当事人资格的合法继承人。

项目承包人是建设工程项目合同的当事人之一，是具有法人资格和相应资格等级的单位。作为承包人，首先必须具备承包主体资格，其次是被发包人通过合法手续接受。承包人根据发包人的要求，可以对工程项目的勘察、设计、采购、施工、试运行全过程的业务进行承包，也可以是对其中部分阶段的业务进行承包。

与承包人合并的单位、兼并承包人的单位、合法购买承包人合同和接受承包人出让的单位和人员，或其他取得承包人资格的合法继承人，均可成为承包人。

当项目承包人将其合同中的部分责任依法发包给具有相应资质的企业时，该企业也成为项目承包人之一，简称为分包人。

3. 分包人

分包人（subcontractor）：承担项目的部分工程或服务并具有相应资格的当事人。

按照住房城乡建设部颁布的《建筑业企业资质标准》的规定，分包人从事的业务可以划分为专业工程分包和施工劳务分包两种类型。

2.3.3 项目管理责任术语

1. 项目管理责任制

项目管理责任制（project management responsibility system）：组织制定的、以项目经理（项目负责人）为主体，确保项目管理目标实现的责任制度。

项目管理责任制是建设工程项目的重要管理制度，其构成应包括项目管理机构在组织部中的管理定位，项目负责人（项目经理）需具备的条件，项目管理机构的管理运作机制，项目负责人（项目经理）的责任、权限和利益及项目管理目标责任书的内容构成等内容。组织需在有关项目管理制度中对以上内容予以明确。

2. 项目管理目标责任书

项目管理目标责任书（responsibility document of project management）：组织的管理层与项目管理机构签订的，明确项目管理机构应达到的成本、质量、工期、安全和环境等管理目标及其承担的责任，并作为项目完成后考核评价依据的文件。

（1）项目管理目标责任书一般指企业管理层与项目管理机构所签订的文件。但是其他组织也可采用项目管理目标责任书的方式对现场管理组织进行任务的分配、目标的确定和项目完成后的考核。对一个具体项目而言，其项目管理目标责任书是根据企业的项目管理制度、工程合同及项目管理目标要求制定的。由项目承包人法定代表人与其任命的项目负责人（项目经理）签署，并作为项目完成后考核评价及奖罚的依据。

（2）项目管理目标责任书是一种明确责任的文件，强调管理目标责任。项目管理目标责任书不是合同，合同是平等主体之间权利义务关系的协议。组织内部的管理活动，是管理与被管理之间的关系，不适用合同法。项目管理目标责任书也不是承包责任状，管理责任不宜承包，而承包则易使责任者片面追求经济目标，滋生短期行为。

2.3.4 项目目标管理术语

1. 项目范围管理

项目范围管理（project scope management）：对合同中约定的项目工作范围进行的定义、计划、控制和变更等活动。

"项目范围管理"是项目管理初始阶段应首先进行的基础工作，并贯穿管理全过程。项目范围管理的主要工作包括：对项目范围进行归类，并逐级分解至可管理的子项目（工作单元），对子项目加以定义、编码，明确责任人，同时对各级子项目之间的关系进行系统界面分析，形成用树状图或其他方式（如表格）组成的文件。项目范围是指为完成工程项目建设目标所需的全部工作，包括：最终交付工程的范围，合同条件约定的承包人的工作和活动，以及因环境和法律、法规制约而需要完成的工作和活动。

范围管理应对项目实施全过程中范围的变更所引起的成本、进度及资源计划的变化进行检查、跟踪、调整、控制。

2. 项目进度管理

进度管理（schedule management）：为实现项目的进度目标而进行的计划、组织、指挥、协调和控制等活动。

进度是工作的顺序和时间安排，进度目标就是时间目标。

不同组织的进度管理范围和要求是不同的。发包人要对建设工程项目的整体进度进行管理，承包人只负责其承包范围内工作的进度管理。

3. 项目成本管理

成本管理（cost management）：为实现项目成本目标而进行的预测、计划、控制、核算、分析和考核活动。

项目的参与方对于成本的概念和范围有很大的区别。项目的投资人考虑的成本包括项目的全部费用，可称为费用管理或投资管理。承包人考虑的主要是承包范围的成本，即建筑安装工程费和相关费用，一般称为成本管理。本规程中统一用"成本管理"概括各类组织的费用管理。

4. 项目质量管理

质量管理（quality management）：为确保项目的质量特性满足要求而进行的计划、组织、指挥、协调和控制等活动。

在 GB/T 19000—2016 中，质量定义为"一组固有特性满足要求的程度"，故建设工程项目质量管理是使建设工程项目的固有特性达到满足顾客和其他相关方的要求的程度所进行的管理工作。由于目前各类组织已普遍按 GB/T 19000 族标准建立质量管理体系，因此，本规程对项目质量管理只作一般性的叙述。

5. 项目安全生产管理

安全生产管理（construction safety management）：为使项目实施人员和相关人员规避

伤害及影响健康的风险而进行的计划、组织、指挥、协调和控制等活动。

项目安全生产管理是指对工作场所内的工作人员和其他人员进行的免除不可接受的损害风险的状态的管理工作。其中，所指人员应包括组织的员工、合同对方人员、访问者和其他人员；所指的工作场所包括施工现场和现场外的临时工作场所。

6. 项目绿色建造管理

绿色建造管理（green construction management）：为实施绿色设计、绿色施工、节能减排、保护环境而进行的计划、组织、指挥、协调和控制等活动。

绿色建造扩大了绿色施工关于"四节一环保"（节能、节材、节水、节地、环境保护）的内涵，把绿色发展的理念延伸至设计环节。

2.3.5 项目非目标管理术语

1. 项目采购管理

采购管理（procurement management）：对项目的勘察、设计、施工、监理、供应等产品和服务的获得工作进行的计划、组织、指挥、协调和控制等活动。

采购的对象不仅仅是物资（产品），还包括采购服务组织。

采购管理要求，通过采购过程确保采购的产品和服务组织符合规定的要求。项目的各个参与方均应按供方提供产品或服务的能力进行评价和选择供方。

2. 项目投标管理

投标管理（tendering management）：为实现中标目的，按照招标文件规定的要求向招标人递交投标文件所进行的计划、组织、指挥、协调和控制等活动。

3. 项目合同管理

合同管理（contract management）：对项目合同的编制、订立、履行、变更、索赔、争议处理和终止等管理活动。

项目合同管理是对于项目参与方作为平等主体的自然人、法人或组织之间设立、变更、终止有关双方所签订的有关权利、义务关系的协议的管理工作。合同管理是项目管理中各参与方之间的活动基础和前提。

4. 项目资源管理

资源管理（resources management）：对项目所需人力、材料、机具、设备和资金等所进行的计划、组织、指挥、协调和控制等活动。

资源管理中的资源，可包括人力、材料、机械、设备和资金。它们都是投入生产过程并最终形成产品的要素。因此，资源管理在项目实施过程中有重要地位。资源管理的目的是进行优化配置、组合及动态管理，以最少的资源，取得项目产品的最佳效果。

5. 项目信息管理

信息管理（information management）：对项目信息的收集、整理、分析、处理、存储、传递和使用等活动。

在项目管理过程中存在着大量信息。组织应由信息管理人员运用现代信息技术、网络和通信技术、计算机技术等，在项目的实施过程中，对信息的收集、整理、处置、储存与应用等进行管理。信息管理是项目管理的重要内容、基础和前提。

6. 项目风险管理

风险管理（risk management）：对项目风险进行识别、分析、应对和监控的活动。

（1）项目风险管理是项目管理的一项重要过程，它包括对风险的预测、识别、估计、评价及采取相应的对策（回避、转移、减轻、自留及利用）、监控等活动，这些活动对项目的成功运作至关重要，甚至会决定项目的成败。风险管理水平是衡量组织的素质的重要标准，风险控制能力则是判定项目管理者管理能力的重要依据。因此，项目管理者必须建立风险管理制度和方法体系。

（2）风险管理的目标除了确保项目目标实现之外，还要做到：维持生存；安定局面；降低成本，提高利润；稳定收入；避免项目中断；不断发展壮大；树立信誉，扩大影响；应付特殊事故等。

（3）风险管理的责任一般包括：确定和评估风险，识别潜在损失因素及估算损失大小；制定风险的财务对策；采取应对措施；制定保护方案；落实安全措施；管理索赔；负责保险会计、分配保费、统计损失；完成有关风险管理的预算。

（4）项目中各个组织所承担的风险是不相同的。发包人应采用合同或其他方式，将风险分配给最有能力避免风险发生的组织承担。

（5）项目风险管理包括把正面事件的影响概率扩展到最大，把负面事件的影响概率减少到最小。

7. 项目沟通管理

沟通管理（communication management）：对项目内外部关系的协调及信息交流所进行的策划、组织和控制等活动。

（1）沟通分为外部沟通和内部沟通。各个项目参与组织之间的沟通，称为外部沟通；各个项目参与组织内部的沟通称为内部沟通。但外部沟通也包括对项目直接参与组织以外的相关组织的沟通。

（2）信息是沟通管理的手段；协调是沟通管理的主要方法，故不应将沟通管理与协调、信息管理画等号。

8. 项目设计管理

项目设计管理（project design management）：对项目设计工作进行的计划、组织、指挥、协调和控制等活动。

9. 项目技术管理

项目技术管理（project technical management）：对项目技术工作进行的计划、组织、指挥、协调和控制等活动。

2.3.6 项目收尾管理术语

1. 项目收尾管理

收尾管理（closing stage management）：对项目的收尾、试运行、竣工结算、竣工决算、回访保修、项目总结等进行的计划、组织、协调和控制等活动。

（1）项目收尾管理是一项综合性的管理。项目收尾管理不同于前述各项管理，它既不是单项的目标管理，也不是要素的管理，更不是对管理手段的管理。在项目收尾阶段的管理中，包含了多个项目过程的管理。

（2）项目收尾管理的特点。项目收尾阶段包括试运行、竣工结算、竣工决算、回访保修、项目总结等过程的活动，这些过程的突出特点是包含了较多的经营活动，体现出项目收尾管理的复杂性和较多的规定性。

（3）不同的项目有不同的收尾内容和收尾管理；同一类项目中不同的管理组织有不同收尾内容和收尾管理。例如发包人和承包人的项目收尾内容和收尾管理就很不相同。本规范中的收尾管理的适用组织主要是工程总承包人或施工承包人。其他组织可根据自己的工作内容进行补充或删减。

2. 管理绩效评价

管理绩效评价（management performance evaluation）：对项目管理的成绩和效果进行评价，反映和确定项目管理优劣水平的活动。

3 基 本 要 求

3.1 施工项目管理的类型与知识体系

3.1.1 项目管理的类型

随着社会、经济、科技、文化的发展，项目管理类型逐渐多样化。根据不同的分类方法，项目管理有不同类型。

1. 按工程项目参与主体的不同进行分类

工程项目管理可分为业主方、工程总承包方、设计方、监理方、施工方及物资供应方的项目管理。

（1）业主方项目管理。业主方项目管理是全过程的，包括项目策划决策与建设实施（设计、施工）阶段各个环节。事实上，业主方项目管理，既包括业主或建设单位自身的项目管理，也包括受其委托的工程监理单位、工程咨询或项目管理单位的项目管理。

（2）工程总承包方项目管理。在工程总承包（如设计－建造 D&B、设计－采购－施工 EPC）模式下，工程总承包单位将全面负责建设工程项目的实施过程，直至最终交付使用功能和质量标准符合合同文件规定的工程项目。因此，工程总承包方项目管理是贯穿于项目实施全过程的全面管理，既包括设计阶段，也包括施工安装阶段。

（3）设计方项目管理。在传统的设计与施工分离承包模式下，工程设计单位承揽到建设工程项目设计任务后，需要根据建设工程设计合同所界定的工作目标及义务，对建设工程设计工作进行自我管理。设计单位通过项目管理，对建设工程项目的实施在技术和经济上进行全面而详尽的安排，引进先进技术和科研成果，形成设计图纸和说明书，并在工程施工过程中配合施工和参与验收。由此可见，设计项目管理不仅仅局限于工程设计阶段，而是延伸到工程施工和竣工验收阶段。

（4）施工方项目管理。工程施工单位通过竞争承揽到建设工程项目施工任务后，需要根据建设工程施工合同所界定的工程范围，依靠企业技术和管理的综合实力，对工程施工全过程进行系统管理。从一般意义上讲，施工项目应是指施工总承包的完整工程项目，既包括土建工程施工，又包括机电设备安装，最终成功地形成具有独立使用功能的建筑产品。然而，由于分部工程、子单位工程、单位工程、单项工程等是构成建设工程项目的子系统，按子系统定义项目，既有其特定的约束条件和目标要求，而且也是一次性任务。因此，建设工程项目按专业、按部位分解发包时，施工单位仍然可将承包合同界定的局部施工任务作为项目管理对象，这就是广义的施工项目管理。

（5）物资供应方项目管理。从建设工程项目管理系统角度看，建筑材料、设备供应工作也是建设工程项目实施的一个子系统，有其明确的任务和目标、明确的制约条件以及与项目实施子系统的内在联系。因此，制造商、供应商同样可将加工生产制造和供应合同所界定的任务，作为项目进行管理，以适应建设工程项目总目标控制的要求。

2. 按工程项目范围的不同进行分类

工程项目管理可分为单一项目管理和多项目管理，其中，多项目管理又可分为项目群管理和项目组合管理。

（1）单一项目管理（Project Management）。传统的项目管理均是指单一项目管理，是指将知识、技能、工具与技术应用于项目活动，以满足项目需求。项目管理通过合理运用与整合项目管理过程，最终实现项目目标。

（2）项目群管理（Program Management）。根据美国项目管理协会（PMI）制定的项目管理知识体系（PMBOK）：项目群是指经过协调统一管理以便获取单独管理时无法取得的效益和进行控制的一组相互联系的项目。由多个项目组成的通信卫星系统就是一个典型的项目群实例，该项目群包括卫星和地面站的设计、卫星和地面站的施工、系统集成、卫星发射等多个项目。项目群中的项目需要共享组织的资源，需要在项目之间进行资源调配。项目群管理是指为实现组织的战略目标和利益，对项目群进行的统一协调管理。项目群管理需要运用知识和资源，来界定、计划、执行和汇总客户复杂项目的各个方面。

（3）项目组合管理（Portfolio Management）。根据美国项目管理协会（PMI）制定的项目管理知识体系（PMBOK）：项目组合是指为实现战略目标而组合在一起进行集中管理的项目、项目群、子项目组合。项目组合中的项目或项目群不一定彼此依赖或直接相关。例如，以投资回报最大化为战略目标的某基础设施公司，可将石油天然气、供电、供水、道路、铁路和机场等项目形成一个项目组合。在这些项目中，公司又可将相互关联的项目作为项目群来管理。所有供电项目合成供电项目群，所有供水项目合成供水项目群。如此，供电项目群和供水项目群就是该基础设施公司企业级项目组合中的基本组成部分。项目组合管理重点关注资源分配的优先顺序，并确保对项目组合的管理与组织战略协调一致。

3.1.2 项目管理知识体系

项目管理知识体系（Project Management Body Of Knowledge，PMBOK）是由美国项目管理学会（Project Management Institution，PMI）制定的、适用于许多行业、可在大多数情况下用来实施项目管理的标准。PMBOK 是一个大纲级别的体系，基本以纲要、框架为准，目的是为了更好地兼容各种具体管理技术，促进各种应用型专项管理工具的开发，并与这些管理工具实现灵活对接。使用者可在 PMBOK 的基础上，以合适的方式与自己选择、设计、组织的各种技术或工具进行对接。

PMBOK 将项目管理划分为 10 个知识领域，具体包括：项目整合管理、项目范围管理、项目时间管理、项目成本管理、项目质量管理、项目人力资源管理、项目沟通管理、项目风险管理、项目采购管理和项目利益相关者管理。

1. 项目整合管理

项目整合管理是协调统一各项目管理过程组的各种过程和活动而开展的过程与活动。主要包括以下内容：

（1）制定项目章程：编写一份正式批准项目并授权项目经理在项目活动中使用组织资源的文件的过程。

（2）制定项目管理计划：定义、准备和协调所有子计划，并把它们整合为一份综合项目管理计划的过程。项目管理计划包括经过整合的项目基准和子计划。

（3）指导与管理项目工作：为实现项目目标而领导和执行项目管理计划中所确定的工作，并实施已批准变更的过程。

（4）监控项目工作：跟踪、审查和报告项目进展，以实现项目管理计划中确定的绩效目标的过程。

（5）实施整体变更控制：审查所有变更请求，批准变更，管理对可交付成果、组织过程资产、项目文件和项目管理计划的变更，并对变更处理结果进行沟通的过程。

（6）结束项目或阶段：完结所有项目管理过程组的所有活动，以正式结束项目或阶段的过程。

2. 项目范围管理

项目范围管理要保证项目成功地完成所要求的全部工作，而且只完成所要求的工作。《项目管理知识体系指南》（PMBOK 指南）（第 6 版）指出，项目范围管理主要包括以下过程：

（1）规划范围管理：创建范围管理计划，书面描述将如何定义、确认和控制项目范围的过程。

（2）收集需求：为实现项目目标而确定、记录并管理干系人的需要和需求的过程。

（3）定义范围：制定项目和产品详细描述的过程。

（4）创建 WBS：将项目可交付成果和项目工作分解为多层次的、较小的、更易于管理的组件的过程。

（5）确认范围：正式验收已完成的项目可交付成果的过程。

（6）控制范围：监督项目和产品的范围状态，管理范围基准变更的过程。

3. 项目时间管理

项目时间管理要保证项目按时完成。主要包括以下内容：

（1）规划进度管理：为规划、编制、管理、执行和控制项目进度而制定政策、程序和文档的过程。

（2）定义活动：识别和记录为完成项目可交付成果而需采取的具体行动的过程。

（3）排列活动顺序：识别和记录项目活动之间的关系的过程。

（4）估算活动资源：估算执行各项活动所需材料、人员、设备或用品的种类和数量的过程。

（5）估算活动持续时间：根据资源估算的结果，估算完成单项活动所需工作时段数的过程。

（6）制定进度计划：分析活动顺序、持续时间、资源需求和进度制约因素，创建项目进度模型的过程。

（7）控制进度：监督项目活动状态，更新项目进展，管理进度基准变更，以实现计划的过程。

4. 项目成本管理

项目成本管理要保证项目在批准的预算内完成。主要包括以下内容：

（1）规划成本管理：为规划、管理、花费和控制项目成本而制定政策、程序和文档的过程。

（2）估算成本：对完成项目活动所需资金进行近似估算的过程。

（3）制定预算：汇总所有单个活动或工作包的估算成本，建立一个经批准的成本基准的过程。

（4）控制成本：监督项目状态，以更新项目成本，管理成本基准变更的过程。

5. 项目质量管理

项目质量管理要保证项目的完成能够使需求得到满足。主要包括以下内容：

（1）规划质量管理：识别项目及其可交付成果的质量要求和/或标准，并书面描述项目将如何证明符合质量要求的过程。

（2）实施质量保证：审计质量要求和质量控制测量结果，确保采用合理的质量标准和操作性定义的过程。

（3）控制质量：监督并记录质量活动执行结果，以便评估绩效，并推荐必要的变更的过程。

6. 项目人力资源管理

项目人力资源管理是要尽可能有效地使用项目中涉及的人力资源。主要包括以下内容：

（1）规划人力资源管理：识别和记录项目角色、职责、所需技能、报告关系，并编制人员配备管理计划的过程。

（2）组建项目团队：确认人力资源的可用情况，并为开展项目活动而组建团队的过程。

（3）建设项目团队：提高工作能力，促进团队成员互动，改善团队整体氛围，以提高项目绩效的过程。

（4）管理项目团队：跟踪团队成员工作表现，提供反馈，解决问题并管理团队变更，以优化项目绩效的过程。

7. 项目沟通管理

项目沟通管理是要保证适当、及时地产生、收集、发布、储存和最终处理项目信息。主要包括以下内容：

（1）规划沟通管理：根据相关方的信息需要和要求及组织的可用资产情况，制定合适的项目沟通方式和计划的过程。

（2）管理沟通：根据沟通管理计划，生成、收集、分发、储存、检索及最终处置项目信息的过程。

（3）控制沟通：在整个项目生命周期中对沟通进行监督和控制的过程，以确保满足项目相关方对信息的需求。

8. 项目风险管理

项目风险管理是对项目的风险进行识别、分析和响应的系统化的方法，包括使有利的事件机会和结果最大化和使不利的事件的可能和结果最小化。主要包括以下内容：

（1）规划风险管理：定义如何实施项目风险管理活动的过程。

（2）识别风险：判断哪些风险可能影响项目并记录其特征的过程。

（3）实施定性风险分析：评估并综合分析风险的发生概率和影响，对风险进行优先排序，从而为后续分析或行动提供基础的过程。

(4) 实施定量风险分析：就已识别风险对项目整体目标的影响进行定量分析的过程。

(5) 规划风险应对：针对项目目标，制定提高机会、降低威胁的方案和措施的过程。

(6) 控制风险：在整个项目中实施风险应对计划、跟踪已识别风险、监督残余风险、识别新风险，以及评估风险过程有效性的过程。

9. 项目采购管理

项目采购管理是为达到项目范围的要求，从外部企业获得货物和服务的过程。主要包括以下内容：

(1) 规划采购管理：记录项目采购决策、明确采购方法、识别潜在卖方的过程。

(2) 实施采购：获取卖方应答、选择卖方并授予合同的过程。

(3) 控制采购：管理采购关系、监督合同执行情况，并根据需要实施变更和采取纠正措施的过程。

(4) 结束采购：完结单次项目采购的过程。

10. 项目利益相关者管理

项目利益相关者管理是指对项目利益相关者需要、希望和期望的识别，并通过沟通管理来满足其需要、解决其问题的过程。主要包括以下内容：

(1) 识别利益相关者：识别能影响项目决策、活动或结果的个人、群体或组织，以及被项目决策、活动或结果所影响的个人、群体或组织，并分析和记录他们的相关信息的过程。这些信息包括他们的利益、参与度、相互依赖、影响力及对项目成功的潜在影响等。

(2) 规划利益相关者管理：基于对利益相关者需要、利益及对项目成功的潜在影响的分析，制定合适的管理策略，以有效调动利益相关者参与整个项目生命周期的过程。

(3) 管理利益相关者参与：在整个项目生命周期中，与利益相关者进行沟通和协作，以满足其需要与期望，解决实际出现的问题，并促进利益相关者合理参与项目活动的过程。

(4) 控制利益相关者参与：全面监督项目利益相关者之间的关系，调整策略和计划，以调动利益相关者参与的过程。

3.2 一般规定

3.2.1 基本要求

(1) 企业宜根据自身项目管理能力、相关方约定及施工目标之间的内在联系，企业应识别施工范围和相关方需求，分析相关因素，确定施工管理目标。

(2) 企业应按照项目岗位与部门的责权利关系，基于分部分项工程，考虑检验批特点，实施施工管理目标的分解与管理责任分配，控制施工管理目标实施过程中的风险因素，确保各项目标得到有效管理。

(3) 企业应确定施工管理流程，遵循策划、实施、检查、处理的动态管理原理，健全施工管理制度，实施系统管理，持续改进施工管理绩效，提高项目相关方满意度，确保实现施工管理目标。

3.2.2 施工项目范围管理

项目范围管理实质上是一种功能管理，它是对项目要完成的工作范围进行管理和控制的过程和活动，包括确保项目能够按要求的范围完成所涉及的所有过程。项目范围管理贯穿于项目全过程。

项目范围管理的基本任务是项目结构分析，包括：项目分解、工作单元定义、工作界面分析。项目分解的结果是工作分解结构（简称 WBS），它是项目管理的重要工具。分解的终端应是工作单元。其中工作单元的定义通常包括工作范围、质量要求、费用预算、时间安排、资源要求和组织职责等。工作界面是指工作单元之间的结合部或叫接口部位，工作单元之间存在着相互作用、相互联系、相互影响的复杂关系。

根据《项目管理知识体系指南》（PMBOK 指南）（第 6 版）中的有关内容，将项目范围管理应用至工程建设领域，项目范围管理过程主要包括：范围计划、范围界定、范围确认、范围变更控制。

1. 范围计划

范围计划是项目或项目群管理计划的组成部分，描述将如何定义、制定、监督、控制和确认项目范围。制定范围计划和细化项目范围始于对下列信息的分析：项目章程中的信息、项目管理计划中已批准的子计划、组织过程资产中的历史信息和相关事业环境因素。范围计划有助于降低项目范围蔓延的风险。

根据项目需要，范围计划可以是正式或非正式的，非常详细或高度概括的。范围计划是制定项目管理计划过程和其他范围管理过程的主要输入，范围计划要对将用于下列工作的管理过程做出规定：制定详细的项目范围说明书；根据详细项目范围说明书创建 WBS；维护和批准 WBS；正式验收已完成的项目交付成果；处理对详细项目范围说明书的变更（该工作与实施整体变更控制过程直接相联）。

2. 范围界定

范围界定是以范围计划的成果为依据，把项目的主要可交付产品和服务划分为更小的、更容易管理的单元，即形成工作分解结构（Work Breakdown Structure，WBS）。

WBS 的建立对项目来说意义非常重大，它使得原来看起来非常笼统、非常模糊的项目目标一下子清晰下来，使得项目管理有依据，项目团队的工作目标清楚明了。如果没有一个完善的 WBS 或者范围定义不明确时，变更就难以有效控制，很可能造成返工、延长工期、增加成本、降低团队士气等一系列不利的后果。制定好一个 WBS 的指导思想是逐层深入，先将项目成果框架确定下来，然后按交付物、流程或系统逐次进行工作分解，直到满足工作需求为止。这种方式的优点是结合进度划分直观，时间感强，评审中容易发现遗漏或多出的部分，也更容易被大多数人理解。

3. 范围确认

范围确认是正式验收已完成的项目可交付成果的过程。本过程的主要作用是，使验收过程具有客观性；同时通过验收每个可交付成果，提高最终产品、服务或成果获得验收的可能性。

由客户或发起人审查从质量控制过程输出的核实的可交付成果，确认这些可交付成果已经圆满完成并通过正式验收。本过程对可交付成果的确认和最终验收，需要依据：从项目范围管理知识领域的各规划过程获得的输出（如需求文件或范围基准），以及从其他知识领域的各执行过程获得的工作绩效数据。

范围确认过程与质量控制过程的不同之处在于，前者关注可交付成果的验收，而后者关注可交付成果的正确性及是否满足质量要求。质量控制过程通常先于范围确认过程，但两者也可同时进行。

4. 范围变更控制

范围变更控制是指对有关项目范围的变更实施控制。再好的计划也不可能做到一成不变，因此变更是不要避免的，关键问题是如何对变更进行有效的控制。控制好变更必须有一套规范的变更管理过程，在发生变更时遵循规范的变更程序来管理变更。通常对发生的变更，需要识别是否在既定的项目范围之内。如果是在项目范围之内，那么就需要评估变更所造成的影响，以及采用何种应对措施，受影响的各方也都应该清楚明了自己所受的影响；如果变更是在项目范围之外，那么就需要看是否值得增加费用实施变更，还是直接放弃变更。因此，项目所在的组织（企业）必须在其项目管理体系中制定一套严格、高效、实用的变更程序。

3.2.3 施工项目相关方管理

1. 项目相关方

（1）项目相关方主体

为了确保项目管理要求与相关方的期望相一致，组织应识别项目的所有相关方，了解其需求和期望。工程项目相关方包括业主、勘察单位、设计单位、监理单位、施工单位、供货单位、咨询单位以及其他利益相关方等。

1）业主。业主是建设工程项目的投资人或投资人专门为建设工程项目设立的独立法人，可以是项目最初的发起人，也可以是发起人与其他投资人合资成立的项目法人公司。业主是建设工程项目的出资人和项目权益的所有者，承担项目投资责任和风险，有权决定项目的功能策划和定位、建设与投资规模、项目各项总体管理目标、项目运作模式，并确定项目的其他参与方等。在我国，业主也被称为"建设单位"。

2）勘察单位。勘察单位是指已通过建设主管部门的资质审查，从事工程测量、水文地质和岩土工程等工作的单位。根据建设工程要求，在工程施工前，勘察单位要实地查明、分析、评价建设场地的地质、地理环境特征和岩土工程条件并提出合理建议，编制建设工程勘察文件。在勘察作业开始前，勘察单位要根据工程技术标准编制勘察大纲，并针对特殊地质现象提出专项勘察建议。在勘察作业时，应遵守勘察大纲和操作规程要求，并确保原始勘察资料真实可靠。当发现勘查现场不具备勘察条件时，应及时书面通知业主，并提出调整勘察大纲的建议。

3）设计单位。设计单位是工程设计工作的承担者。按照有关法律法规及规章规定，工程设计工作一般被分为方案设计、初步设计、技术设计及施工图设计几个阶段。方案设计属于工程项目决策阶段的工作，因而未被纳入工程设计范围。通常所说的工程设计包括初步设计和施工图设计，有的技术复杂工程需要增加技术设计阶段。

4）监理单位。监理单位受业主委托，对工程施工单位的行为进行监督管理。根据有关法律法规规定，对必须实施监理的建设工程项目，业主需委托具有相应资质的监理单位承担监理工作。

5）施工单位。施工单位是指建设工程项目施工任务的承担者，承担项目产品建造责任。施工单位是工程项目建设的重要参与方。业主可仅就工程项目施工任务与施工单位签订施工承包合同；也可将工程设计与施工任务合一，交由一个单位承担，与其签订设计施工一体化承包合同。

6）供货单位。供货单位主要为工程项目提供工程材料和机械设备，供货单位的工作主要在施工阶段进行。

7）咨询单位。咨询单位是以专业知识和技能为建设工程项目其他参与方提供高智能的技术与管理服务的一方。咨询单位本身并非一般建设工程项目管理多必需，对于一些小型简单项目，业主完全可以自行承担项目管理工作。对现代大型建设工程项目而言，咨询单位已成为业主不可或缺的助手，承担着本该由业主实施的大量管理工作。

8）其他利益相关方。除上述建设工程项目参与主体外，还存在着工程项目外部的其他利益相关方，包括与工程项目有关的政府部门、金融机构、受工程项目影响的社区及公众等，这些利益相关方并不直接参与工程项目建设，甚至也不从工程项目获取直接利益，但均会受工程项目影响，与工程项目之间存在利害关系。

（2）项目相关方的需求和期望

企业的项目管理应使业主满意，并应考虑其他相关方的期望和要求。工程项目建设中，各相关方的需求和期望主要表现如下：

1）业主：希望项目投资少、风险小、周期短、收益高、无遗留的质量与法律问题。

2）勘察单位：需要规范的规划批文，详细的委托任务书和已经协调好的勘察场地周边关系，希望委托费及时支付，变更指令少。

3）设计、施工、供货等单位：希望有明确及时的指令、准确详尽的设计任务书、清晰准确的施工图、标准的货物规格、充分的生产与施工周期、最小限度的变更指令、及时的付款、丰厚的利润等。

4）咨询单位：报酬合理、业主信任、信息及时准确、决策迅速等。

5）其他利益相关方：项目实施与法律及国家政策目标一致，安全收回贷款或撤回担保，良好的社会效益与使用功能，工程质量优良，无污染及环境破坏等。

2. 项目相关方管理技术

根据项目管理知识体系（PMBOK），项目相关方管理应包括识别相关方、规划相关方管理、管理相关方参与、控制相关方参与 4 个过程，各过程都会采用相应的管理技术。

（1）识别相关方的技术

识别相关方的技术有相关方分析、专家判断、会议等。

1）相关方分析。相关方分析是系统地收集和分析各种定量与定性信息，以便确定在整个项目中应该考虑哪些人的利益。通过相关方分析，识别出相关方的利益、期望和影响，并把他们与项目的目的联系起来。相关方分析通常应遵循以下步骤：

① 识别全部潜在项目相关方及其相关信息，如相关方的角色、部门、利益、知识、期望和影响力。关键相关方通常很容易识别，包括所有受项目结果影响的决策者或管理者。通常可对已识别的相关方进行访谈，来识别其他相关方，扩充相关方名单，直至列出全部潜在相关方。

② 分析每个相关方可能的影响或支持，并进行分类，以便制定管理策略。在相关方很多的情况下，就必须对相关方进行排序，以便有效分配精力，来了解和管理相关方的期望。

③ 评估关键相关方对不同情况可能做出的反应或应对，以便策划如何对他们施加影

响，提高他们的支持，减轻他们的潜在负面影响。

2）专家判断。为确保识别和列出全部相关方，应向受过专门培训或具有专业知识的小组或个人寻求专家判断和专业意见，例如：高级管理人员、组织内部的其他部门、已识别的关键相关方、在相同领域的项目上工作过的项目经理（直接或间接的经验教训）、相关业务或项目领域的专题专家（SME）、行业团体和顾问、专业和技术协会、立法机构和非政府组织（NGO）等。可通过单独咨询（一对一会谈、访谈等）或小组对话（焦点小组、调查等），获取专家判断。

3）会议。召开情况分析会议，来交流和分析关于各相关方的角色、利益、知识和整体立场的信息，加强对主要项目相关方的了解。

（2）规划相关方管理的技术

规划相关方管理的技术有专家判断、会议、分析技术等。

1）专家判断。基于项目目标，项目经理应使用专家判断方法，来确定各相关方在项目每个阶段的参与程度。为了创建相关方管理计划，应该向受过专门培训或具有专业知识的小组或个人寻求专家判断和专业意见，例如：高级管理人员、项目团队成员、组织中的其他部门或个人、已识别的关键相关方、在相同领域的项目上工作过的项目经理（直接或间接的经验教训）、相关业务或项目领域的专题专家（SME）、行业团体和顾问、专业和技术协会、立法机构和非政府组织（NGO）等。可通过单独咨询（一对一会谈、访谈等）或小组对话（焦点小组、调查等），获取专家判断。

2）会议。应该与相关专家及项目团队举行会议，以确定所有相关方应有的参与程度。这些信息可用来准备相关方管理计划。

3）分析技术。应该比较所有相关方的当前参与程度与计划参与程度（为项目成功所需的）。在整个项目生命周期中，相关方的参与对项目的成功至关重要。相关方的参与程度可分为如下类别：

① 不知晓：对项目和潜在影响不知晓。

② 抵制：知晓项目和潜在影响，抵制变更。

③ 中立：知晓项目，既不支持，也不反对。

④ 支持：知晓项目和潜在影响，支持变更。

⑤ 领导：知晓项目和潜在影响，积极致力于保证项目成功。

可在相关方参与评估矩阵中记录相关方的当前参与程度，通过分析，识别出当前参与程度与所需参与程度之间的差距。项目团队可以使用专家判断来制定行动和沟通方案，以消除上述差距。

（3）管理相关方参与的技术

管理相关方参与的技术有沟通方法、人际关系技能、管理技能等。

1）沟通方法。在管理相关方参与时，应该使用在沟通管理计划中确定的针对各相关方的沟通方法。基于相关方的沟通需求，项目经理决定在项目中如何使用、何时使用及使用哪种沟通方法。沟通方法可以大致分为：

① 交互式沟通。在两方或多方之间进行多向信息交换。这是确保全体参与者对特定话题达成共识的最有效的方法，包括会议、电话、即时通信、视频会议等。

② 推式沟通。把信息发送给需要接收这些信息的特定接收方。这种方法可以确保信

息的发送，但不能确保信息送达受众或被目标受众理解。推式沟通包括信件、备忘录、报告、电子邮件、传真、语音邮件、日志、新闻稿等。

③ 拉式沟通。用于信息量很大或受众很多的情况。要求接收者自主自行地访问信息内容。这种方法包括企业内网、电子在线课程、经验教训数据库、知识库等。

2）人际关系技能。项目经理应用人际关系技能来管理各相关方的期望。例如：建立信任；解决冲突；积极倾听；克服变更阻力。

3）管理技能。项目经理应用管理技能来协调各方以实现项目目标。例如：引导人们对项目目标达成共识；对人们施加影响，使他们支持项目；通过谈判达成共识，以满足项目要求；调整组织行为，以接受项目成果。

（4）控制相关方参与的技术

控制相关方参与的技术有信息管理系统、专家判断、会议等。

1）信息管理系统。信息管理系统为项目经理获取、储存和向相关方发布有关项目成本、进展和绩效等方面的信息提供了标准工具。它也可以帮助项目经理整合来自多个系统的报告，便于项目经理向项目相关方分发报告。例如，可以用报表、电子表格和演示资料的形式分发报告。可以借助图表把项目绩效信息可视化。

2）专家判断。为确保全面识别和列出新的相关方，应对当前相关方进行重新评估。应该向受过专门培训或具有专业知识的小组或个人寻求输入，例如：高级管理人员、组织中的其他部门或个人、已识别的关键相关方、在相同领域的项目上工作过的项目经理（直接或间接的经验教训）；相关业务领域或项目领域的主题专家、行业团体和顾问、专业和技术协会、立法机构和非政府组织。可通过单独咨询（如一对一会谈、访谈等）或小组对话（如焦点小组、调查等），获取专家判断。

3）会议。可在状态评审会议上交流和分析有关相关方参与的信息。

3.3 施工项目管理基本流程

3.3.1 施工管理基本流程概述

（1）启动：企业应围绕施工合同及相关需求确定项目目标、组织机构、职责与程序，配备项目资源，建立文件化的施工管理体系。施工管理体系是指为实现施工管理目标，建立的组织机构、职责、程序、方法和资源的有机整体。企业宜对施工管理体系进行有效性评审，开展对项目经理部的检查、指导和绩效评价。

（2）策划：项目经理应组织项目管理策划活动，确保策划贯穿施工生产全过程，并形成相应的文件；项目管理策划结果应满足适宜性、充分性与有效性的要求。

施工管理策划文件可采用下列形式：1）施工管理策划书；2）施工组织设计；3）其他。

（3）实施：项目管理团队应按策划要求推进施工实施过程，收集项目信息，跟踪项目趋势，识别风险因素，进行项目实施偏差控制。项目管理实施过程宜符合企业施工管理体系规定的所有要求，企业施工管理应覆盖施工现场项目管理的全部范畴。

（4）检查与改进：企业监督与施工现场管理检查应保持融合与一致，动态评估项目实施状态，并持续改进施工管理体系。

（5）收尾：企业应实现合同各项要求，实施竣工交付，完成工程结算，进行项目总结，并按照规定完成项目解体。

3.3.2 施工项目管理基本流程的内容

在施工项目管理中，主要包括项目的启动、策划、实施、监控和收尾五个过程，这五大过程有清晰的相互区别和相互依赖关系，而且彼此之间有很强的相互作用。在项目完成之前，往往需要反复实施各个过程。各个过程之间的相互作用因项目而异，并可能按照某种特定的顺序进行。

施工项目的五个过程虽然有一定的顺序关系，但并不是绝对的串行顺序，而是在相当大的程度上有重叠。最先开始的是启动过程，然后开始的是策划过程，策划过程一直延续到接近收尾过程，这是由于在项目实施中需要根据项目的实际情况不断对项目策划作出修正，甚至是策划变更。监控过程在策划过程开始后很快就开始，一直延续到项目完全结束，以保证项目目标的最终实现。实施过程是完成项目任务的主要部分，通常工作量最大。在项目实施过程后期、主要工作量完成之后，就应开始为项目收尾做准备，因此，收尾过程并非等到全部项目任务都结束后才开始。

施工项目中工作量最大的是实施过程，时间和成本也是最高的，因此，要加强启动过程和策划过程的工作，以相对较低的代价及早发现和解决问题，降低项目风险。

1. 启动过程的内容

启动过程应明确项目概念，初步确定项目范围，识别影响项目最终结果的内外部相关方。

启动过程包含定义一个新项目或现有项目的一个新阶段，授权开始该项目或阶段的一组过程。在启动过程中，定义初步范围和落实初步财务资源，识别那些将相互作用并影响项目总体结果的内外部相关方，选定项目经理（如果尚未安排）。这些信息应反映在项目章程中。一旦项目章程获得批准，项目也就得到了正式授权。

大型复杂项目应被划分为若干阶段。在此类项目中，随后各阶段也要进行启动过程，以便确认在最初的制定项目章程中所做出的决定是否依然有效。在每个阶段开始时进行启动过程，有助于保证项目符合其预定的业务需要，核实成功标准，审查项目利益相关者的影响、动力和目标。然后，决定该项目是继续、推迟还是中止。

启动过程可以在组织、项目集或项目组合的层面上进行，因此，可超出项目控制级别。例如，在项目开始之前，可以在更大的组织计划中记录项目的高层需求；可以通过评价备选方案，来确定新项目的可行性；可以提出明确的项目目标，并说明为什么某具体项目是满足相关需求的最佳选择。关于项目启动决策的文件还可以说明初步项目范围、可交付成果、项目工期，以及为进行投资分析所做的资源预测。启动过程也要授权项目经理为开展后续项目活动而动用组织资源。

2. 策划过程的内容

策划过程包含明确项目范围、定义和优化目标，为实现目标制定行动方案的一组过程。策划过程制定用于指导项目实施的项目管理计划和项目文件。由于项目管理的复杂性，可能需要通过多次反馈来做进一步分析。随着收集和掌握的项目信息或特性不断增多，项目很可能需要进一步规划。项目生命周期中发生的重大变更，可能会引发重新进行一个或多个策划过程，甚至某些启动过程。这种项目管理计划的逐渐细化叫作"渐进明细"，表明项目策划和文档编制是反复进行的持续性活动。策划过程的主要作用是，为成功完成项目或阶段确定战略、战术及行动方案或路线。对策划过程进行有效管理，可以更容易地获取项目相关方的认可和参与。策划过程明确将如何做到这一点，确定实现期望目标的路径。

作为策划过程的输出，项目管理计划和项目文件将对项目范围、时间、成本、质量、沟通、人力资源、风险、采购和项目相关方等所有方面做出规定。

由经批准的变更导致的各种更新（一般发生在各监控过程中，也可发生在指导与管理项目工作过程中），可能从多方面对项目管理计划和项目文件产生显著影响。对这些文件的更新，意味着对进度、成本和资源的要求更加精确，以实现既定的项目范围。

在策划项目、制定项目管理计划和项目文件时，项目团队应当征求所有相关方的意见，鼓励所有相关方的参与。由于不能无休止地收集反馈和优化文件，组织应该制定程序来规定初始策划何时结束。在制定这些程序时，要考虑项目的性质、既定的项目边界、所需的监控活动及项目所处的环境等。

策划过程内各过程之间的其他关系取决于项目的性质。例如，对某些项目，只有在进行了相当程度的策划之后才能识别出风险。这时，项目团队可能意识到成本和进度目标过于乐观，因而风险就比原先估计得多。反复策划的结果，应作为对项目管理计划或各种项目文件的更新而记录下来。

3. 实施过程的内容

实施过程包含完成项目管理计划中确定的工作，以满足项目规范要求的一组过程。本过程需要按照项目管理计划来协调人员和资源，管理相关方期望，以及整合并实施项目活动。

项目实施的结果可能引发计划更新和基准重建，包括变更预期的活动持续时间、变更资源生产率与可用性，以及考虑未曾预料到的风险。实施中的偏差可能影响项目管理计划或项目文件，需要加以仔细分析，并制定适当的项目管理应对措施。分析的结果可能引发变更请求。变更请求一旦得到批准，就可能需要对项目管理计划或其他项目文件进行修改，甚至还要建立新的基准。项目的一大部分预算将花费在实施过程组中。

4. 监控过程的内容

监控贯穿于整个施工项目管理活动之中，监控过程包含跟踪、审查和调整项目进展与绩效，识别必要的计划变更并启动相应变更的一组过程。本过程的主要作用是，定期（或在特定事件发生时、在异常情况出现时）对项目绩效进行测量和分析，从而识别与项目管理计划的偏差。

监控过程不仅要监控某个过程内正在进行的工作，而且要监控整个项目工作。持续的监督使项目团队得以洞察项目的进展状况，并识别需要格外注意的方面。在多阶段项目中，监控过程要对各项目阶段进行协调，以便采取纠正或预防措施，使项目实施符合项目管理计划。监控过程也可能提出并批准对项目管理计划的更新。监控项目工作过程关注：

（1）把项目的实际绩效与项目管理计划进行比较；

（2）评估项目绩效，决定是否需要采取纠正或预防措施，并推荐必要的措施；

（3）识别新风险，分析、跟踪和监测已有风险，确保全面识别风险，报告风险状态，并执行适当的风险应对计划；

（4）在整个项目期间，维护一个准确且及时更新的信息库，以反映项目产品及相关文件的情况；

（5）为状态报告、进展测量和预测提供信息；

（6）做出预测，以更新当前的成本与进度信息；

（7）监督已批准变更的实施情况；

（8）如果项目是项目集的一部分，还应向项目集管理层报告项目进展和状态。

5. 收尾过程的内容

收尾过程包含完结所有项目管理过程的所有活动，正式结束项目或阶段或合同责任的过程。当本过程完成时，就表明为完成某一项目或项目阶段所需的所有过程均已完成，标志着项目或项目阶段正式结束。

在结束项目时，项目经理需要审查以前各阶段的收尾信息，确保所有项目工作都已完成，确保项目目标已经实现。由于项目范围是依据项目管理计划来考核的，项目经理需要审查范围基准，确保在项目工作全部完成后才宣布项目结束。如果项目在完工前就提前终止，结束项目或阶段过程还需要制定程序，来调查和记录提前终止的原因。

项目或阶段收尾时，需要进行以下工作：

（1）获得客户或发起人的验收，以正式结束项目或阶段；

（2）进行项目后评价或阶段结束评价；

（3）记录裁剪任何过程的影响；

（4）记录经验教训；

（5）对组织过程资产进行适当更新；

（6）将所有相关项目文件在项目管理信息系统中归档，以便作为历史数据使用；

（7）结束所有采购活动，确保所有相关协议的完结；

（8）对团队成员进行评估，释放项目资源。

3.4　施工项目管理原则

3.4.1　施工管理基本原则要求

（1）企业应依据招标文件、施工合同、施工图纸、工程量清单和其他文件，确定施工范围管理的工作职责和程序。企业应把范围管理贯穿施工各个阶段，确保工程管理目标的完整实现。

施工范围管理宜包括下列内容：

1）施工范围计划；

2）施工范围界定；

3）施工范围确认；

4）施工范围变更控制。

（2）项目经理部应按施工准备、实施和收尾过程进行施工管理活动。

施工管理启动阶段宜任命项目经理，明确施工管理概念，初步确定项目范围，识别影响项目最终结果的内外部相关方，确定施工管理目标责任书；策划阶段应明确施工管理范围，协调项目相关方期望，优化项目目标，为实现项目目标进行施工管理规划和施工管理配套策划；实施阶段应按项目管理策划文件的要求配置人员和资源，执行具体措施，完成施工管理策划文件中确定的工作内容；监控阶段应对照施工管理策划文件的要求，监督项目各项实施活动，分析项目进展情况，识别必要的变更需求并实施变更，确保各个阶段目标的实现；收尾阶段应完成施工全部过程或阶段的所有活动，按合同约定完成项目的实体交付、工程资料交付、质量保修和相关的服务工作，正式结束项目或阶段。

（3）企业应建立健全项目管理制度，规范施工过程的各项管理策划要求，并确保施工过程管理策划的前瞻性与完备性。

施工项目管理制度宜包括下列内容：

1）规定工作内容、范围和工作程序、方式的规章制度；

2）规定工作职责、职权和利益的界定及其关系的责任制度。

施工项目管理策划是有关策划的管理要求。企业宜根据施工管理流程的特点，对项目管理策划制度进行总体策划，特别是针对施工活动，宜实施施工过程管理策划制度，细化不同层次的项目管理策划内容与要求，并建立相应的评估与改进机制。

（4）企业应识别影响施工管理目标实现的所有过程，确定项目系统管理方法，确定其相互关系和相互作用，集成施工各阶段的管理因素，确保施工管理工作的协调、适宜与有效。企业在施工管理过程宜用系统管理方法，并宜符合下列规定：

1）在综合分析施工质量、安全、环保、工期和成本之间内在联系的基础上，结合各个目标的优先级，分析和论证项目目标的可行性，在项目目标策划过程中兼顾各个目标的内在关联和需求；

2）对项目全寿命期进行系统整合，在综合平衡项目各过程和专业之间关系的基础上，对项目实施系统性的优化组合管理；

3）对施工过程的变更风险进行管理，兼顾相关过程需求，平衡各种管理关系，确保项目偏差的系统性控制；

4）对项目系统管理过程和结果进行监督和控制，评价项目系统管理绩效。

（5）施工项目管理应围绕建设单位需求，确保发包方满意，兼顾其他相关方的期望和要求。企业应识别项目所有相关方的需求和期望，确保项目各方利益的平衡与和谐。

企业宜通过实施下列施工管理活动使相关方满意：

1）遵守国家有关法律和法规；

2）确保履行工程合同要求；

3）增强健康和安全，减少或消除项目对环境造成的影响；

4）建立与相关方互利共赢的合作关系；

5）构建良好的企业内部环境；

6）测评相关方满意度，提升相关方管理水平。

（6）企业应确保施工管理的持续改进，将外部需求与内部管理相互融合，以满足项目风险预防和企业的发展需求。企业应在施工实施前评估各项改进措施的风险，以保证改进措施的有效性和适宜性。企业应提升员工的持续改进意识，使持续改进成为全员的岗位责任，确保施工项目管理的绩效水平。

企业宜采用下列持续改进的方法：

1）采取措施纠正已经发现的不合格；

2）采取纠正措施消除不合格的原因；

3）采取措施防止潜在的不合格原因和不合格的发生；

4）采取措施持续满足施工项目管理的增值需求。

3.4.2 施工项目管理制度

1. 项目管理制度的基本内容和特点

企业应建立项目管理制度。项目管理制度是项目管理的基本保证，由组织机构、职责、资源、过程和方法的规定要求集成。项目管理制度还要切实保障员工的合法利益。科学、有效的项目管理制度可以保证项目的正常运转和职工的合法利益不受侵害。

（1）项目管理制度的基本内容

项目管理制度包括规章制度和责任制度。规章制度包括：工作内容、范围、程序、方式，如管理细则、行政管理制度、生产经营管理制度等；责任制度包括：工作职责、职权和利益的界限及其关系，如组织机构与管理职责制度、人力资源与劳务管理制度、劳动工资与劳动待遇管理制度等。其中，项目管理责任制度应作为项目管理的基本制度。

1）规章制度。规章制度是项目管理中各种管理章程、制度、标准、办法、守则等的总称，它用文字、图形、表格等形式，按照一定格式标准和表述要求，采用定量、定性等方式，详细规定项目管理活动的内容、程序和方法，是组织中员工的行为规范和准则。

① 管理细则。管理细则是实施项目管理的详细说明，能够加强项目人员对于项目管理制度的理解，理顺项目管理基本职能，优化项目管理过程，健全项目管理体系。

② 行政管理制度。行政管理制度包括考勤管理、印章管理、安全管理、档案管理等方面，如劳动纪律制度、考勤管理制度、请销假管理制度、值班管理制度、会客管理制度、门卫管理制度、计算机管理制度、办公电话管理制度、临时性辅助用工管理制度、加班管理制度等。

③ 生产经营管理制度。生产经营管理制度包括设备操作规程、产品标准、工艺流程、控制参数、安全规程、设备管理、现场管理、质量管理、产品检验等方面的制度，如技术管理制度、质量管理制度、进度管理制度、文件资料管理制度、施工现场管理制度、安全生产管理制度、机械设备管理制度、材料管理制度、成本管理制度及财务管理制度等。

④ 后勤保障管理制度。后勤保障管理制度包括着装管理、后勤管理、卫生管理、办公设备管理、办公用品管理等方面的制度，如办公室标准化管理制度、办公室卫生管理制度、办公用品管理制度、员工着装管理制度、员工胸牌管理制度、钥匙管理制度、车辆管理制度、职工宿舍管理制度、职工宿舍文明守则、职工食堂管理制度、员工就餐管理制度、职工饮水卫生管理规定、厕所卫生管理规定等。

2）责任制度。责任制度规定工作职责、职权和利益的界定及其关系，如组织机构与管理职责制度、人力资源与劳务管理制度、劳动工资与劳动待遇管理制度等。建设工程项目各实施主体和参与方应建立项目管理责任制度，明确项目管理组织和人员分工，建立各方相互协调的管理机制。

① 项目负责人责任制。《建设工程项目管理规范》2.0.11条规定：项目管理责任制是指组织制定的、以项目负责人（经理）为主体，确保项目管理目标实现的责任制度。

项目负责人责任制是项目管理责任制度的核心内容。建设工程项目各实施主体和参与方法定代表人应书面授权委托项目负责人，并实行项目负责人责任制。项目负责人应根据法定代表人的授权范围、期限和内容，履行管理职责。项目负责人应取得相应资格，并按规定取得安全生产考核合格证书。项目负责人应按相关约定在岗履职，对项目实施全过程及全面管理。

② 人力资源与劳务管理制度。人力资源管理制度包括：招聘管理、报到试工及转正管理、培训管理、考勤加班及请休假管理、调动管理、奖惩管理、离职管理和人事档案管理等方面的制度。劳务管理制度包括：劳务管理目的、组织机构分工与岗位职责、管理流程、过程要求和控制及考核制度和评判等方面的制度。

③ 劳动工资与劳动待遇管理制度。劳动工资与劳动待遇管理制度包括劳动工资管理制度、职工保险制度、各种假别制度及考勤管理制度等。

（2）项目管理制度的特点

1）项目管理制度与一般规章制度的共同点。都需要明确目的、编制依据、适用范围、单位及人员职责、实施程序、重点要求，以及解释权、生效时间等。对于更低层次的管理办法、实施细则、操作规程，因具有更强的针对性可以适度简化，但单位及人员职责、实施程序、重点要求是不能简化的。

2）项目管理制度与一般规章制度的不同点：

① 项目管理制度具有多样性和复杂性。每个工程项目特点不同，有不同的场地地质情况：有的项目涉及边坡及地下水，有的项目无边坡及地下水；有的项目需要高大模板体系和钢结构，有的项目不需要高大模板体系和钢结构；只有高层建筑才使用施工升降机和整体提升外架等。这就决定了项目管理制度的多样性和复杂性，特别是对于安全管理制度。

② 项目管理制度具有临时性。每个工程项目都是临时组织的，缺乏产品生产单位那样的连续性和稳定性，与一般企业管理制度相比，项目管理制度往往需要根据新项目的情况进行重新编制或修订，而不能照抄照搬，这与施工组织设计、施工方案有相似之处。

2. 项目管理制度的制定程序

（1）项目管理制度策划

企业应根据项目管理流程的特点，在满足合同和组织发展需求条件下，对项目管理制度进行总体策划。项目管理制度既可按项目目标（如质量管理、成本管理、进度管理、安全生产管理、信息管理、环境保护、文明施工等）划分，也可按管理层级及管理业务划分。

（2）项目管理制度初步形成与讨论

在明确项目管理责任与权限的基础上，组织相关部门结合项目合同内容和组织内部管理制度，编制项目管理制度初稿。然后，召集相关部门人员广泛征求意见，进一步完善项目管理制度。

（3）正式确定项目管理制度

在充分征求相关部门及关键人员意见的基础上，按照组织内部规章制度建立流程，最终确定项目管理制度后发布实施。

企业确定并制定规章制度和责任制度，将其付诸行动，实施项目管理制度，同时建立相应的评估与改进机制。必要时，应变更项目管理制度并修改相关文件。

3.4.3 施工项目系统管理

1. 系统管理过程

项目系统管理是围绕项目整体目标而实施管理措施的集成，包括：质量、进度、成本、安全、环境等管理相互兼容、相互支持的动态过程。系统管理不仅要满足每个目标的实施需求，而且需确保整个系统整体目标的有效实现。系统管理过程包括系统分析、系统设计、系统实施、系统综合评价4个阶段。

（1）系统分析

系统分析是指把要解决的问题作为一个系统，对系统要素进行综合分析，通过系统目标分析、系统要素分析、系统环境分析、系统资源分析和系统管理分析，准确诊断问题，深刻揭示问题起因，有效地提出解决方案和满足客户的需求。系统分析是一种研究方略，它能在不确定的情况下，确定问题的本质和起因，明确咨询目标，找出各种可行方案，并通过一定标准对这些方案进行比较，帮助决策者在复杂的问题和环境中作出科学抉择。

（2）系统设计

根据系统分析阶段所确定的新系统的逻辑模型、功能要求，在用户提供的环境条件下，设计出一个能在具体项目环境上实施的方案。

（3）系统实施

系统实施阶段是将系统付诸实现的过程。它的主要活动是根据系统设计所提供的控制结构图、系统配置方案及详细设计资料等，创建完整的管理系统，并进行系统的调试等工作，将逻辑设计转化为物理实际系统。

（4）系统综合评价

系统综合评价就是根据系统目标的要求，从系统整体最优化出发，来分析评价方案实施效果，包括经济效益、社会效益和环境效益等。

2. 系统管理方法

系统管理方法的主要特点是：根据总体协调需要，把自然科学和社会科学（包括经济学）中的基础思想、理论、策略、方法等联系起来，应用现代数学和信息技术等工具，对项目的构成要素、组织结构、信息交换等功能进行分析研究，借以达到最优化设计、最优控制和最优管理的目标。系统管理需与项目全生命期的质量、成本、进度、安全和环境等综合评价相结合。

企业在项目管理过程中应用系统管理方法，应符合下列规定：

（1）在综合分析项目质量、安全、环保、工期和成本之间内在联系的基础上，结合各个目标的优先级，分析和论证项目目标，在项目目标策划过程中兼顾各个目标的内在需求。

（2）对项目投资决策、招投标、勘察、设计、采购、施工、试运行进行系统整合，在综合平衡项目各过程和专业之间关系的基础上，实施项目系统管理。

（3）对项目实施的变更风险进行管理，兼顾相关过程需求，平衡各种管理关系，确保项目偏差的系统性控制。

（4）对项目系统管理过程和结果进行监督和控制，评价项目系统管理绩效。

3.4.4 项目管理持续改进

1. 持续改进的基本原理

持续改进是指循序渐进的质量改进，通过内部审核和外部审核，针对当前不满意（合格水平）的现状，或针对已发生的不合格（包括不合格产品和不合格过程），或针对潜在的不合格制定改进目标，分析原因并采取措施予以改进的循环过程。持续改进的核心内容是 PDCA 循环，即策划、实施、检查和处置。

（1）策划（Plan）

项目管理人员应针对项目进行全面的规划与设计，在项目开始实行之前，设定出有效的项目管理方案。具体来说包括以下方面的内容：

1）明确项目管理现状。对项目整体进行了解，包括项目的目标、内容和规模等，这样可以帮助项目管理人员认清项目的管理现状，找出项目进行过程中的缺点与不足。

2）探究项目管理中问题的原因。管理人员应对项目管理中存在的问题进行深入的探究，明确问题的本质是什么，找准产生问题的源头。

3）制定解决问题的具体方案。项目管理中存在的问题多半都是复杂多样的，因此在项目管理的过程中项目管理人员应针对问题进行解决方案的制定，从问题的实际出发，综合考虑各方面的因素，想出合理的解决措施，促进项目管理计划的完善。

（2）实施（Do）

按照既定方案有效地落实，这一环节对项目落实有至关重要的作用，包括以下方面的内容：

1）严格执行制定计划内容。在计划阶段已经对项目中可能出现的问题也做出了相应的规避方法和预防措施。因此，在项目的执行阶段，项目管理人员应严格按照计划方案内容进行项目的管理，保证项目按照计划的安排合理向前推进。

2）全程对项目进行监督、控制。为了保证项目可以顺利地实施，项目管理部门还应建立起有效的监督机制，针对项目中突发问题给予及时解决，保障计划的顺利实施。

3）对项目管理人员业务进行有效的考核。项目管理人员是具体计划的实施者，管理部门应重视项目管理人员的执行能力问题，通过定期考核成绩了解工作能力，方便项目管理人员对工作中的不足进行有效的调整。

（3）检查（Check）

对计划方案的执行情况进行检查，保证项目质量。包括以下方面的内容：

1）对比计划内容，检查执行情况。计划是持续改进的基础，对项目管理有着重要作用。因此，在执行结束后，项目管理人员应将项目执行过程中的情况，与计划方案进行详细的对比，找出执行过程中的不足与失误。

2）对项目实行的实际情况进行检查。项目执行结束后，项目管理人员应当对项目执行的实际结果进行检查，确保项目的执行效果符合预定要求。

（4）处置（Action）

根据检查的结果，总结管理过程中的经验、教训，并采取相应措施纠正问题。包括以下方面的内容：

1）总结管理过程中的经验教训。在项目的管理过程中问题是时刻存在的，想要让项目管理工作持续改进，就要对项目管理工作中层出不穷的问题进行有效的解决。而对项目管理工作中的经验教训进行总结，就为解决项目管理中存在的问题，提供了有利的依据。

2）修正项目管理计划中的缺点与不足。针对从项目管理中总结出的经验教训，项目管理人员可以明确的找出计划方案中的不足。对这些不足，项目管理人员应积极解决，并对项目管理计划方案进行有效的修正，促进下一循环的开始。

2. 持续改进方法

企业应在内部采用下列项目管理持续改进的方法：

（1）对已经发现的不合格现象予以纠正

项目管理体系运行过程中，一旦出现了不合格，就应当立即纠正。纠正是为了消除不符合所采取的补救措施，它并没有消除产生问题的根本原因。一旦出现了不合格工作，应当立即纠正，但不一定马上采取纠正措施，应通过分析不合格的类型、原因找出改进的重点并比较投入与产出的风险后，再采取纠正措施。

常见的纠正示例有：

1）返修：对工程不符合标准规定的部位采取整修等措施。

2）返工：对不合格的工程部位采取的重新制作、重新施工等措施。

3）销毁：对于通过感官检验或出厂检验为不合格品，为避免影响工程，予以销毁，同时追究该生产班组的工作责任及经济责任。

（2）针对不合格的原因采取纠正措施予以消除

当项目运行过程中，不合格现象可能再度发生时，就要执行纠正措施程序。纠正措施是找到不合格、质量缺陷的原因后，为防止不合格再度发生所采取的措施程序，一般从确定问题根本原因的调查开始。在解决复杂问题时，不合格的原因可能不止一个，往往需要成立项目小组，集中多方优势来研究、调查和分析问题。

在采取纠正措施时，因为纠正方案有多种选择，对应花费的成本和时间都不同，因此需要识别出既能消除问题根本原因，又能与问题的严重程度和风险大小相适应的有效措施，必要时加以验证。通常纠正措施会导致对原程序的修改，必须遵循文件控制程序，按规定修订文件并经批准后实施。

纠正和纠正措施是不同的。纠正是为消除已发现的不合格所采取的措施，而纠正措施是为消除已发现的不合格或其他不期望情况的原因所采取的措施。两者的区别表现在：

1）针对性不同。纠正针对的是不合格，只是"就事论事"。而纠正措施针对的是产生不合格或其他不期望情况的原因，是"追本溯源"。

2）时效性不同。纠正是返修、返工、降级或调整，是对现有的不合格所进行的当机立断的补救措施，当即发生作用。而纠正措施是针对不合格原因采取措施如通过修订程序和改进体系等，从根本上消除问题根源，通过跟踪验证才能看到效果。

3）目的不同。纠正是对不合格的处置。例如，在审核报告时发现填写有误，当即将错误之处改正过来，避免错误报告流入顾客手中。而实施纠正措施的目的是为了防止已出现的不合格、缺陷或其他不希望的情况再次发生。例如，通过建立模板来规范报告的内容，防止今后不再出现项目遗漏的错误。

4）效果不同。纠正是对不合格的处置，不涉及不合格工作的产生原因，不合格可能再发生，属于治标。纠正措施可能导致文件、体系等方面的更改，切实有效地纠正措施由于从根本上消除了问题产生的根源，可以防止同类事件的再次发生，属于标本兼治。

（3）对潜在的不合格采取措施进行预防

项目一旦确定了潜在不合格的原因，就应当及时制定预防措施。预防措施是问题还没有发生，为防止发生所采取的措施程序，是事先积极主动去识别并分别潜在不合格，并加以改进的措施和过程，属于主动式的工作。目的是对项目质量不断改进，保障项目管理体系运行的有效性。预防措施也是纠正措施之后开展的一项重要的质量控制活动。

预防措施实施应包括两个阶段：第一个阶段是启动阶段或准备工作，第二个是实施控制阶段。启动阶段做好策划，调查研究和分析，对人员进行必要的动员和培训，并在此基础上制定计划。实施阶段做好人员职责分工，对发现潜在不合格、缺陷的责任部门必须分析原因，及时采取有针对性的经济有效的预防措施，并明确期限及责任者。具体实施预防措施后，还要对实施结果跟踪记录，评价预防措施的有效性。

预防措施提出的方式可以分为口头方式和书面方式：

1) 口头方式：有关人员可以以口头方式向有关领导提出预防措施建议；管理人员在其职权范围内可以以口头方式向下属提出预防措施命令。口头提出的，一般限于轻微的、容易消除的或急需解决的不合格缺陷。

2) 书面形式：当潜在的不合格、缺陷较严重，或在内审和专题调研中发现的问题，一般采用书面方式，由技术部出具《纠正与预防措施报告单》，相关责任单位填写原因分析、纠正措施及完成日期、预防措施及完成日期。技术部负责对纠正与预防措施的技术验证。

（4）针对项目管理的增值需求采取措施予以持续满足

工程项目的增值需求表现在工程建设和运行两方面。工程建设增值需求包括确保工程建设安全、提高工程质量、投资控制、进度控制；工程运行增值需求包括确保工程使用安全、节能、环保、满足最终用户的使用工程，降低运营维护成本和运维难度。持续对项目实施过程中的方式、行为、机制及沟通效果的有效性进行改进，对产品和服务进行持续检查，不断完善流程和组织结构，对改善结果进行检查评估，形成系统的、全过程的改进机制。不仅可以保证项目建设的基本需求，也可以不断实现建设和运维过程中对投资、进度、节能、环保等内容的增值需求，进一步提高客户满意度和项目竞争力。

4 施 工 准 备

4.1 一般规定

4.1.1 施工准备应是为项目满足施工需要而实施的确定与提供资源、方法、途径的准备工作，包括施工管理组织、施工组织设计、施工临时设施提供、施工资源准备。

【规程解读:】

一般情况下，施工合同签订后，项目即进入施工准备阶段。由于各工序都有可能需要经过施工准备才能进行开工，因此施工准备可能贯穿施工全过程。

施工准备工作是为了保证工程顺利开工和施工活动正常进行而必须事先做好的各项准备工作。它是施工程序中的重要环节，不仅存在于开工之前，而且贯穿在整个施工过程之中。为了保证工程项目顺利地进行施工，必须做好施工准备工作。做好施工准备工作具有以下意义:

（1）遵循建筑施工程序。"施工准备"是建筑施工程序的一个重要阶段。现代施工过程是十分复杂的生产活动，其技术规律和社会主义市场经济规律要求工程施工必须严格按建筑施工程序进行。只有认真做好施工准备工作，才能获得良好的施工实施效果。

（2）降低施工过程风险。就工程项目施工的特点而言，其生产受外界干扰及自然因素的影响较大，因而施工中可能遇到的风险就多。只有充分做好施工准备工作、采取预防措施，加强应变能力，才能有效地降低风险损失。

（3）创造工程开工和顺利施工条件。工程项目施工中不仅需要耗用大量材料，使用许多机械设备、组织安排各工种人力。涉及广泛的社会关系，而且还要处理各种复杂的技术问题，协调各种配合关系，因而需要通道统筹安排和周密准备，才能使工程顺利开工，开工后能连续顺利地施工且能得到各方面条件的保证。

（4）提高企业工程项目经济效益。做好工程项目施工准备工作，能够调动各方面的积极因素，合理组织资源进度、提高工程质量、降低工程成本，从而提高企业经济效益和社会效益。

实践证明:施工准备工作的好与坏，将直接影响建筑产品生产的全过程。凡是重视和做好施工准备工作，积极为工程项目创造一切有利的施工条件，则该工程能顺利开工、取得施工的主动权;反之如果违背施工程序，忽视施工准备工作或工程仓促开工，必然在工程施工中受到各种矛盾掣肘、处处被动，以致造成重大的经济损失。

4.1.2 施工准备依据应包括下列内容:

1 施工合同;

2 施工图纸与规范标准;

3 施工组织设计;

4 施工进度与变更计划；

5 成本控制计划；

6 其他。

【规程解读：】

施工准备必须依据规定的要求形成基本的实施运行规则。这些规则的有效性、充分性与适宜性直接决定了施工准备的风险与成果。

施工合同是建设单位授权施工企业实施施工的依据，是项目的基本章程。施工企业的项目管理行为必须符合施工合同的要求。

施工图纸与规范标准是建设单位发布的施工作业文件，直接规定了施工产品的技术要求，是产品质量、安全、进度、成本的基本依据，也是施工企业实施施工过程的基本规则。

施工组织设计是施工单位根据招标文件、施工合同、施工图纸、国家规范标准编写的施工作业方法，是施工企业自身规定的施工依据。

施工进度与变更计划是施工企业施工进度管理的基本依据。施工进度实施与施工进度变更应该按照施工进度与变更计划实施，以免造成工程进度及相关的过程风险。

施工成本计划是施工企业效益管理的基本依据。没有一个具有经济价值的项目成本，施工企业的项目管理实际是不可持续的。因此落实有执行施工成本计划，是施工企业的基本需求。

本条款中的"其他"是指由于项目特殊需要应该满足的情况。包括：可能的项目相关方要求、特殊时期的管理需求、可能的社会责任等。

4.1.3 施工准备实施应满足下列工作要求：

1 确定组织机构与职责规定；

2 策划施工方式与方法；

3 落实资源提供与配置计划；

4 确保施工现场平面布置满足持续施工的需求。

【规程解读：】

施工准备实施体现了施工企业实施施工准备的基本要求。由于施工准备的特殊性，往往在施工准备阶段：一方面项目的人员、基础设施等条件处于十分简陋的情况，另一方面施工的许多条件可能模糊不清。因此确定组织机构与职责规定是在人员不到位或者没有完全到位的情况下必须首先确定的关键性问题；其次合理确定施工方式方法是直接影响施工全过程包括施工招标发包、施工过程管理效果的重要环节；再次，落实资源提供与配置计划是十分重要的影响施工开展的基础性条件，必须切实到位；最后，科学策划施工现场平面布置，确保具有适宜施工工序交叉转移的前瞻性，是施工准备的关键性工作。这些工作不仅是施工准备实施的核心，而且是确保施工过程可靠性的关键条件。

4.1.4 项目经理部应按照下列程序实施施工准备活动：

1 收集项目信息，分析相关施工准备需求；

2 图纸会审与设计交底，明确相关施工图纸要求；

3 识别施工现场条件及项目风险管理需求；

4 策划施工组织设计；

5 明确施工过程的资源需求，细分施工工序及活动，协调资源配置与使用条件；

6 确定施工现场平面布置，形成施工现场临时设施计划；

7 识别资源准备的适宜途径，评估不同方式方法的相互影响；

8 确定资源提供计划及相关验收标准，评价其技术经济水平；

9 编制资源提供计划，实施资源提供并予以监控；

10 评价与改进施工准备工作的绩效。

【规程解读：】

施工准备程序是实施施工准备的基本顺序与要求。项目经理部是实施施工准备工作的具体载体。按照施工准备流程进行施工是项目经理部的责任。本条款规定了 10 条工作程序，体现了施工准备工作的基本特点。其中 1～3 条款体现了识别确定施工准备基本需求的活动，4～6 条款体现了根据项目需求确定施工招标要求的活动，7～9 条款体现了施工准备过程的资源提供的重点工作要求，10 条款体现了施工准备不断提升工作质量的要求。通过这些程序的实施，可以有效地落实施工准备的各项工作，为施工过程的开展提供前提条件。

4.1.5 现场基础条件提供应确保施工现场条件、现场季节性和特殊施工条件满足施工需求。

1 现场基础施工条件应满足下列要求：

1） 施工现场应完成三通（五通）一平工作，清理场地内有关施工障碍物，规划场区大门、围墙、临时道路的相关要求；

2） 施工现场应确定施工平面布置，规定现场区域功能，完成临时用水、用电和排水设施建设；

3） 施工现场应完成办公区、生活区、施工区和其他设施建设；

4） 施工现场应根据施工消防要求，完成消防设施建设，配备足够的消防器材、沙箱、消防水源；

5） 施工现场应综合考虑各种危险因素叠加的可能性，建立应急响应机制，配置各类应急响应资源；

6） 施工现场应完成各种标志、标识、警示、提示标志的设置；

7） 施工现场应完成其他满足生产需要的设施搭建工作。

2 现场季节性和特殊施工条件应满足下列要求：

1） 针对季节性和特殊条件施工现场，项目经理部应建立气象信息沟通渠道，根据气象部门预报信息采取防范措施和适宜安排生产；

2） 结合施工现场所处的寒冬地域环境，项目经理部应制定低温专项施工措施，准备现场各种防冻材料及设备；

3） 针对高温施工特点，项目经理部应配备高温施工资源，落实防暑降温措施；

4） 根据大雪、大雨、大风、台风、雷击和雾霾可能造成的影响，项目经理部应准备符合要求的防雪、防汛、防风、防台、防雷和防雾霾设备、物资及应对预案方案，落实各项季节性和特殊施工条件下的准备措施。

【规程解读：】

现场基础条件提供是指施工临时设施的基础内容与状态，包括现场基础施工设施与现场季节性施工与消防设施的提供，其中可能是建设单位、发包方的工作，也可能是施工企业的工作，但是根据合同，企业都有必要实施或者配合实施。这些工作实际是施工临时设施管理的一部分，也是施工临时设施的基础和条件。

本条款围绕现场基础条件提供进行了专项要求。现场基础条件提供应确保施工现场条件、现场季节性和特殊施工条件满足施工需求。

（1）现场基础条件包括7项具体要求，这些要求是开展施工活动的基本需求，如果不能按照这些要求实现施工准备，施工过程的各项风险必将无法规避。

（2）现场季节性和特殊施工条件既包括冬季雨季、高温施工以及台风、雾霾等，共计4个方面的管理内容，充分体现了施工准备对于特殊施工条件下的工作特点，说明了施工准备的工作重点。

4.2 施工管理组织

施工管理组织是施工企业经营管理的一个重要组成部分。企业为了完成建筑产品的施工任务，从接受施工任务起到工程验收止的全过程中，围绕施工对象和施工现场而进行的生产事务的组织管理工作。

施工管理组织第一步应收集与分析项目管理信息并构建施工项目管理制度，企业应确定项目管理目标责任书，将项目管理目标并分解到施工全过程，通过各项管理措施实现项目管理目标。

编制项目组织手册，组织手册包含了项目组织模式、聘用项目经理的条件和选聘程序、确定项目经理部岗位设置、确定项目经理部岗位职责，构建项目文化以突出文化引领作用、应明确团队管理原则，规范团队运行，提升项目团队建设能力。

4.2.1 施工项目信息管理是指项目经理部以项目管理为目标，以施工项目信息为管理对象所进行的有计划地收集、处理、储存、传递、应用各类各专业信息等一系列工作的总和。收集与分析项目管理信息应遵守下列原则：

（1）企业应收集与分析施工项目的所有相关信息。

（2）项目信息收集，应围绕项目信息收集的目的，以经济的方式准确、及时、系统、全面地收集适用的数据。

（3）信息的来源应包括内部信息和外部信息两类。

（4）企业应实施项目信息的收集与分析活动，项目信息收集与分析宜包括下列内容：

1）施工管理策划需要的市场、项目和相关方信息；

2）施工管理需要的工程安全、质量、进度、环境、成本和其他信息；

3）施工管理需要的检查与改进信息。

施工企业应注重信息的收集和管理，并对涉及企业商业机密的信息进行管控。涉及军民融合项目、国家保密工程的项目，要建立信息代码机制，不对外做业绩宣传和推广，坚决贯彻"只干不说"。

信息系统突发事件应急预案管理的原则包括：

（1）预防为主原则。立足安全防护，加强预警，重点保护基础信息网络和重要信息系统，从预防、监控、应急处理、应急保障等环节，采取多种措施，共同构筑网络与信息系统保障体系；

（2）快速反应原则。在网络与信息系统突发事件发生时，按照快速反应机制，及时获取充分而准确的信息，迅速处置，最大限度地减少危害和影响；

（3）分级负责原则。按照"谁使用谁负责"的原则，建立和完善安全责任制及联动工作机制。根据部门职能，各司其职，加强协调与配合，形成合力，共同履行应急处置工作的管理职责。

4.2.2 为进一步提高施工项目经理部管理水平，促进项目管理的科学化、制度化、规范化，施工项目经理部应根据上一级企业制度在施工项目开工后一个月内编制施工项目管理制度，项目管理制度是企业制度的延伸和细化，并形成项目级施工管理制度汇编并成册。项目部员工不得无视《管理制度汇编》中的各项管理规定及制度措施，必须认真履行各自岗位职责，对项目部工作负责。

规章制度的管理，包含党团、工会和纪检监察工作相关规章制度的管理。制度全周期管理包括制度的立项、起草、评审、审批、发布、培训、执行、监督检查、评价与改进等九个环节。

制度文件包含以下要素（按照在制度中出现的顺序）：封面，目次，前言，范围，规范性引用文件及术语和定义，职责，目的，管理原则，主要风险（可选），规定要求内容，信息与沟通管理，监督检查与奖惩机制，报告和记录及必要的附录。

制度可根据内容需要设章、节、条、款、项，即首先分章，章下可设节，节下设条，条下设款，款下设项，可以顺序编号形式编写，也可直接以条（款）项顺序编写。

制度的名称应简短明确，确切反映管理活动的主题，一般采用管理活动的主题与"管理制度"、"管理规定"、"管理办法"、"管理标准"等词汇的组合，如财务管理制度、干部管理规定、合同管理办法、档案管理标准等。规章制度管理风险见表 4-1。

规章制度管理风险控制矩阵 表 4-1

风险编号	风险描述	风险类别	发生概率	影响程度	风险等级	控制编号	控制点	控制措施	责任部门
R01	制度体系建设缺少有效的系统性顶层设计，可能产生系统性设计缺陷	运营	3	7	极高风险	C01	制度管理体系建设须有顶层设计	标准与制度管理委员会需对每年的制度制定/修订计划进行评审，从顶层设计上把控制度体系建设，对制度体系的充分性、适应性和有效性进行把控	标准与制度管理委员会
R02	用制度代替管理标准，对相关工作指导性不足	运营	2	5	中风险	C01	设置年度制度制定/修订计划的审议要点	标准与制度管理委员会对标准与制度管理委员会办公室上报的年度制度制定/修订计划进行评审，对制度和管理标准进行区分，避免应该制定为管理标准的变为规章制度	标准与制度管理委员会
R03	制度年度计划未经主管领导审批同意，缺乏严肃性、权威性	运营	1	4	中风险	C02	审批计划	主管领导对制度年度计划进行审批，给出同意与否的意见	集团公司领导

风险编号	风险描述	风险类别	发生概率	影响程度	风险等级	控制编号	控制点	控制措施	责任部门
R04	制度发布未经集团领导审批，影响制度的严肃性和权威性	运营	3	4	高风险	C03	制度发布前须经集团领导审批	针对不同的制度类型，须经集团不同领导审批	标准与制度管理委员会办公室
R05	制度发布后培训宣贯不及时，导致制度的作用发挥不及时	运营	3	4	高风险	C04	制度发布后及时组织培训宣贯	制度制定部门应及时制定制度培训计划，明确培训形式和考核方式，指定人员严格执行培训计划、并对参训人员进行考核	制度制定部门
R06	制度体系的评价与持续改进机制不健全，导致制度无法持续满足企业发展需要	运营	3	4	高风险	C05	制度执行过程中需对制度进行评价和持续改进	标准与制度管理委员会办公室每年组织编制制度的自评价报告，对企业规章制度体系运行的充分性、适宜性和有效性进行持续的监督与改进	标准与制度管理委员会办公室

注：
1. 风险类别：按性质分别选填战略、财务、市场、运营、法律。
2. 发生概率按从小到大分为1～5级，影响程度按事项对本流程控制目标的影响严重程度从低到高分为1～5级。
3. 风险等级划分标准：极高风险、高风险、中风险、低风险、极低风险。风险判定标准：极低风险：风险评分＜3分；低风险：3分≤风险评分＜6分；中风险：6分≤风险评分＜12分；高风险：12分≤风险评分＜20分；极高风险：风险评分≥20分（风险评分＝发生概率×影响程度）。

构建施工项目管理制度应符合下列规定：

（1）企业应在工程施工准备阶段，构建施工管理制度，并在施工过程阶段逐步细化完善。

（2）施工管理制度应保持与企业各专业制度指导思想、管理原则、管理理念相一致，宜结合工程实际突出个性化、高效实用和可操作性强的特点。

（3）施工管理制度应结合工程规模、工程地域、施工条件和其他特点进行编制，分管理专业、管理阶段、管理岗位制定，以满足不同规模、不同类型项目的需求。

（4）施工管理制度应顺应施工过程、企业管理、发包方及监理方要求的变化情况，做到动态完善与提升。

（5）施工管理制度应包括下列内容：

1）项目管理岗位责任制度；

2）项目技术与质量管理制度；

3）图纸和技术档案管理制度；

4）计划、统计与进度报告制度；

5）项目成本核算制度；

6）材料、机械设备管理制度；

7）项目安全管理制度；

8）现场文明和环境管理制度；

9）项目信息管理制度；

10）例会和组织协调制度；

11）分包和劳务管理制度；

12）沟通与协调管理制度；

13）其他管理制度。

4.2.3 企业应确定项目管理目标并分解到施工全过程，通过各项管理措施实现项目管理目标。项目管理目标应满足下列要求：

（1）进度管理目标应体现施工合同进度实施要求，满足均衡施工、集成推进的进度管理原则。目标进度管理是运用在大型工程项目上，采用科学的方法确定进度目标，编制经济合理的进度计划，并据以检查工程项目进度计划的执行情况，若发现实际执行情况与计划进度不一致，及时分析原因，并采取必要的措施对原工程进度计划进行调整或修正的过程。目的是缩短工期。

目标进度管理是一个动态、循环、复杂的过程，一般包括计划、实施、检查、调整四个过程。

计划 Plan：指根据施工项目的具体情况，合理编制符合工期要求最优计划；

实施 Do：指进度计划的落实与执行；

检查 Check：指在进度计划与执行过程中，跟踪检查实际进度，并与计划进度对比分析，确定两者之间的关系；

调整 Adjust：指根据检查对比的结果，分析实际进度与对比进度的偏差对工期的影响，采取切合实际的调整措施，使计划进度符合新的实际情况，在新的起点上进行下一轮控制循环，如此下去，直至完成任务。

随着信息化水平的提高，华途 Bigant Project 为常用软件，使一般的管理人员均可借助专门的工具来提高任务的执行，从而降低了科学管理的准入门槛。

操作步骤为：

1）创建项目，项目经理根据项目目标创建项目，并做针对项目总体做出规划。

2）分配任务，将具体任务分配给每个项目目标相关成员，相关成员再根据任务大小确定计划，制定出与之相关的可行性目标计划。

3）管理执行，项目经理针对每个项目成员的情况总体调配。

（2）质量管理目标应体现施工合同质量标准要求，满足结构安全、功能可靠的质量管理原则；

要实现质量管理目标，重在建立质量履约监控体系，并结合样板工程、实测实量、第三方评估、飞行检查、QC 活动等活动开展质量管理目标的管理。

质量这个概念和全部管理目标的实现有关。质量管理目标应涵盖如下五个方面的特性：

1）全面性：是指全面质量管理的对象，是企业生产经营的全过程。

2）全员性：是指全面质量管理要依靠全体职工。

3）预防性：是指全面质量管理应具有高度的预防性。

4）服务性：主要表现在企业以自己的产品或劳务满足用户的需要，为用户服务。

5）科学性：质量管理必须科学化，必须更加自觉地利用现代科学技术和先进的科学管理方法。

（3）目标成本控制法起源于日本，现在已在世界上许多行业中被广泛应用。奔驰、丰田、克莱斯勒汽车公司，松下、夏普电子公司，康柏、东芝等计算机公司，中国的邯郸钢铁公司，美菱集团等均运用了目标成本法进行成本控制和绩效管理，均取得了显著成效。成本管理目标应体现施工合同造价要求，满足质量和工期规定基础上合理节约的成本管理原则。

目标成本管理就是在企业预算的基础上，根据企业的经营目标，在成本预测、成本决策、测定目标成本的基础上，进行目标成本的分解、控制分析、考核、评价的一系列成本管理工作。它以管理为核心，核算为手段，效益为目的，对成本进行事前测定、日常控制和事后考核，从而形成一个全企业、全过程、全员的多层次、多方位的成本体系，以达到少投入多产出获得最佳经济效益的目的。

目标成本控制是指在企业生产经营过程中，按照预先制定的成本计划来调节影响成本费用的各种因素，以达到企业内部各部门各种耗费控制在计划范围内，从而达到使企业降低成本费用，提高经济效益的目的。

目标成本控制法首先以市场营销和市场竞争为基础确定产品市场销售价，然后以具有竞争性的市场价格和目标利润倒推出产品的目标成本，体现了市场导向。目标利润则是企业持续发展目标的体现，因此，目标成本控制法是将企业经营战略与市场竞争有机结合起来的全面成本管理系统。

目标成本的计算公式为：目标成本＝用户可以接受的价格－目标利润－税金

要使目标成本控制有效，必须遵循目标成本控制的原则。全面性原则、开源与节流相结合的原则、责、权、利相结合的原则、职能控制的原则，它要求按成本目标衡量成本计划的完成情况并纠正成本计划执行中的偏差，以确保成本目标的实现、目标管理的原则，它要求成本控制以目标成本为依据，对企业的各项成本开支进行严格地限制、监督和指导，力求以最少的成本耗费，获得最佳的经济效益。

（4）安全、职业健康和环境管理目标应体现施工合同及相关方要求，满足过程风险预防与绩效持续改进的管理原则。

应建立与之匹配的管理标准清单：

1）安全生产管理标准；

2）安全目标管理标准；

3）安全创优管理标准；

4）安全教育培训管理标准；

5）生产安全事故应急救援预案管理标准；

6）生产安全事故报告及调查处理管理标准；

7）安全生产约谈管理制度；

8）总承包项目安全管理标准；

9）施工现场危险作业管理标准；

10）安全检查及隐患治理管理标准；

11）施工现场安全标识管理制度；

12）施工现场生活区、办公区安全健康管理制度；

13）消防安全管理标准；

14）化学危险品管理标准；

15）节能环保管理标准；

16）污染物控制管理制度。

4.2.4 常用的组织机构模式包括职能组织机构、线性组织机构和矩阵组织机构。职能组织机构是一种传统的组织机构模式。在职能组织机构中，每一个工作部门可能有多个矛盾的指令源，适用于小型的项目。线性组织机构，来自于军事组织系统。在线性组织机构中，每一个工作部门只有一个指令源，避免了由于矛盾的指令而影响组织系统的运行，适用于中型项目。矩阵组织机构，是一种比较新型的组织机构模式。这种组织结构设纵向和横向两种不同类型的工作部门，在矩阵组织机构中，指令来自于纵向和横向工作部门，因此其指令源有两个，适用于大型项目。确定项目组织模式应遵守下列原则：

（1）企业应确定项目管理组织的职责、权限、利益和承担的风险。

（2）企业应按项目管理目标对项目进行协调和管理。

（3）企业的项目管理活动应符合下列规定：

1）制定施工管理制度；

2）实施施工计划管理，保证资源的合理配置和有序流动；

3）对项目管理层的工作进行指导、监督、检查、考核和服务。

（4）应根据企业管理制度确定组织形式，组建项目管理机构。

（5）项目经理应根据企业法定代表人授权的范围、时间和项目管理目标责任书中规定的内容，从项目启动至项目收尾，对工程项目实行全过程、全面管理。

4.2.5 建造师是一种建筑类执业资格，分为两个等级，分别为一级建造师与二级建造师，只有建造师才可以担任项目经理，建造师主要从事项目管理，适用于施工单位。一级建造师全国通用，二级建造师只能在报考所在地使用。一级注册建造师可以担任《建筑业企业资质等级标准》中规定的特级、一级建筑业企业资质的建设工程项目施工的项目经理。二级注册建造师可以担任二级建筑业企业资质的建设工程项目施工的项目经理。

后备项目经理的培养，经选拔进入后备项目经理人才库的人员，企业应制定具体的培养计划，并安排到技术主任、项目总工、项目副经理等重要岗位予以锻炼，注重加强对后备项目经理在理论上与实践上的培养。企业根据工程施工需要，优先从后备项目经理人才库中选拔、调配人员予以聘任项目经理，履行项目管理职责。

聘用项目经理的条件和选聘程序应符合下列规定：

（1）聘用的项目经理应满足以下要求：

1）具有相应的技术职称、专业、执业资格并取得安全生产考核合格证书；

2）具备决策、组织、领导、沟通与应急能力，能正确处理和协调与项目发包人、项目相关方之间及企业内部各专业、各部门之间的关系；

3）具有工程项目管理及相关的经济、法律法规和规范标准知识；

4）具有类似项目的管理和经验；

5）具有良好的信誉。

对符合以下项目建设工程的项目经理选择应优中选优，项目经理人选由人力资源部会同各部门核实各项业绩，经企业研究批准后，正式行文任命。

① 单个工程合同额在 10 亿元人民币及以上的；

② 单个工程且一次性开工建筑面积在 50 万 m^2 及以上的；

③ 建筑高度在 300m 及以上的；

④ 其他特大型工程、重点工程及对企业有较大影响的工程（由企业总经理办公会确定）。

（2）企业法定代表人应按照规定程序，采用直接委派或竞争上岗方式选聘项目经理，并明确项目经理的管理范围、职责、权限，签署工程项目委托聘用书和项目管理目标责任书。

1）选聘项目经理程序

① 依据工程开工情况，召开集体动议会议，研究项目经理考察方式、考察方案，提出项目经理任免意见。经组织提名的考察人选，意见较为集中的，可直接提交党委常委会议表决是否考察，平调的项目经理经党委常委会议通过后下文聘任；

② 企业党委常委会对提出的方案或人选进行表决，最终决定项目经理选拔方案和拟提拔人选；

③ 企业人力资源部按照党委常委会议决定的考察方案和拟提拔人选，启动考察程序，产生初步考察人选名单；

④ 企业人力资源部向集体动议小组汇报人选情况，集体动议小组分析初步人选情况，研究后提交党委常委会；

⑤ 企业党委常委会议确定考察对象；

⑥ 考察组进行公示，并开展考察、民主测评，形成考察报告，并向集体动议小组汇报考察结果；

⑦ 企业集体动议小组确定提交党委常委会研究的人选任免建议；

⑧ 二级单位党委常委会讨论、决定任免事项；

⑨ 企业党委常委会作出任免决定后，二级单位党委书记、总经理或指定专人进行任前谈话，纪委进行廉政谈话，新任项目经理进行表态；

⑩ 企业人力资源部依据党委决定，下发任用文件。

项目经理继续被聘任的，须满足以下条件：

① 满足本规程规定规定的项目经理聘任资格；

② 所负责的上一工程无重大安全、质量事故；

③ 所负责的上一工程完成竣工结算或收款金额已超过封账成本。

项目经理在新开工程中获得续聘的，仍对其所负责的上一工程相关事宜全权负责。

2）项目经理免职

项目经理出现以下情况之一的，企业或所属单位应对项目经理予以免职。

① 因管理不善，项目出现亏损，给公司带来损失的；

② 负责的项目发生重大安全、质量事故的；

③ 企业考核结果显示项目经理不合格的；

④ 企业随机抽查和重点核查，发现项目管理存在重大问题的；

⑤ 其他应当免职的情形（如触犯法律、法规等）。

3）项目经理岗位禁入

被免职的项目经理实施岗位禁入，原则上两年内不得在企业范围内再次担任项目经理或同等及以上职务，因玩忽职守、滥用职权等造成的后果十分恶劣的，实行岗位终身禁入。

4）项目经理调配

企业中途不得随意更换项目经理，有特别原因需要跨区域调配项目经理的，须报集团公司审批，同时告知建设方及相关方，并负责到住建部门办理项目经理变更报备手续。

对竣工存在潜亏的项目经理，企业要坚持不提拔，不调配的原则，不予办理跨区域调动手续。确定项目亏损或扭亏无望的，予以免职和实行岗位禁入。

项目经理跨区域调配应坚持"证随人走、人证合一"的原则，即项目经理建造师证书应随同项目经理一起调配，杜绝"人证分离"的现象。

项目经理跨区域调配的，须进行离任审计，审计存在问题的不予调配；同时，原单位须出具项目经理评价结论并报送企业公司人力资源部，评价结论包括项目的盈亏情况、技术质量情况、生产进度情况、安全生产情况等项目整体状况。

5）项目经理考核

企业应建立项目经理考核办法并报集团公司备案，考核设立创效与创誉两个指标，对收入、支出、资金、工期、质量、安全、文明施工、劳务管理、人才建设等各个方面进行全面考核，并依据考核结果及时奖惩。

企业须留存考核记录，不定期对考核结果进行随机抽查。对工程施工结束存在亏损情况的项目经理，组织审计、纪监、经济等部门予以重点核查。

随机抽查和重点核查中发现问题的按照企业有关办法处理，责令项目经理予以整改。

企业要切实对项目经理履职进行有效的考核监督，对所负责工程出现重大质量、安全问题及亏损的项目经理，要及时掌握动态情况，根据相关办法予以责任追究。对发现问题隐瞒不报的，追究项目经理的责任。

6）项目经理审计

企业直接聘任的项目经理，由审计部牵头审计。建立或完善对项目经理的日常审计机制，履行对项目经理的审计监督职能。遇项目经理调配、离任、离职、退休等不再履行原工程项目经理职责时，审计部提交项目经理审计报告。审计发现问题的，按企业有关规定处理。

4.2.6 确定项目管理目标责任书内容应遵守下列要求：

（1）项目管理目标责任书应由企业法定代表人或其授权人在项目实施之前，与项目经理协商制定。项目管理目标责任书应属于企业内部明确责任的系统性管理文件，其内容应符合企业制度要求和项目自身特点。

（2）编制项目管理目标责任书应依据下列信息：

1）施工合同文件；

2）企业管理制度；

3）施工组织设计；

4）企业经营方针和目标；

5）项目特点和实施条件与环境。

（3）项目管理目标责任书宜包括下列内容：

1）项目管理实施目标，包括现场安全、质量、进度、环境、成本和社会责任目标；

2）企业和项目经理部职责、权限和利益的界定；

3）项目设计、采购、施工、试运行管理的内容和要求；

　　4）项目所需资源的获取和核算办法；

　　5）法定代表人向项目经理委托的相关事项；

　　6）项目经理和项目经理部应承担的风险；

　　7）项目应急事项和突发事件处理的原则和方法；

　　8）项目管理效果和目标实现的评价原则、内容和方法；

　　9）项目实施过程中相关责任和问题的认定和处理原则；

　　10）项目完成后对项目经理的奖惩依据、标准和办法；

　　11）项目经理解职和项目管理机构解体的条件及办法；

　　12）缺陷责任期、质量保修期及之后对项目经理的相关要求。

　　（4）企业应对项目管理目标责任书的完成情况进行考核和认定，并对项目经理和项目管理团队进行奖励或处罚。项目管理目标责任书应根据项目变更进行补充和完善。

4.2.7　确定项目经理部岗位设置应遵行可靠与效率原则，并符合下列规定：

　　（1）项目经理部岗位可由项目经理、项目副经理、技术负责人、施工员、安全员、材料员、质检员、资料员、合同管理员和其他岗位构成；

　　（2）项目经理部岗位设置应满足责任与权力对等、资源与需求一致的要求。

4.2.8　确定项目经理部岗位职责应遵行合理与可行原则，宜符合下列要求：

　　（1）项目经理应履行并不限于下列职责：

　　1）根据企业授权，组织制定项目总体规划和项目施工组织设计，全面负责项目经理部安全、质量、进度、环境、成本和其他技术与管理工作；

　　2）推进合同履约管理，保证施工管理成果达到国家规定的规范、标准和合同要求；

　　3）负责项目各种施工技术方案、危险性较大工程专项施工方案、进度计划的工作安排和落实，以及根据授权组织施工图纸的编制和实施；

　　4）实施生产要素管理，组织、计划、指挥、协调、控制，确保工程质量和安全，做到进度均衡、文明施工、保护环境与成本控制，保证项目效益；

　　5）负责组织完成项目资金计划编制和成本核算工作，审核项目各项费用支出、回收工程款并结算款项；

　　6）负责组织项目风险识别与评估工作，实施项目风险应对措施。

　　（2）项目副经理应履行并不限于下列职责：

　　1）协助项目经理按照合同、建设单位和企业要求，组织、落实项目施工生产；

　　2）协助项目经理根据企业施工生产计划，组织编制项目经理部年、季、月度生产计划，实施施工组织协调工作；

　　3）协助项目经理按照企业安全、质量、环境管理及安全标准工地建设要求，组织项目经理部的施工生产，实施施工现场管理，监督检查项目经理部安全、质量、进度、环境管理制度的贯彻执行情况并满足规定要求；

　　4）负责在分管工作范围内，与建设、设计、勘察、监理、分包单位及项目经理部各协作单位的沟通协调工作，负责解决项目施工生产中出现的具体问题。

　　（3）技术负责人应履行并不限于下列职责：

　　1）组织贯彻执行企业技术管理制度及国家颁布的有关行业标准规范，实现设计意图；

　　2）负责组织审核或者根据授权编制设计文件，核对工程内容，正确解决施工图纸中的疑问；

　　3）参加施工调查，组织施工复测，具体编制施工组织设计，并按照规定编制施工临时设施建设计划、专项施工方案、质量计划、创优规划和其他专项方案，按程序报批后组织实施；

　　4）指导技术人员的日常工作。组织、实施或复核重点环节、关键工序的专项方案和施工技术交底，解决相关技术问题；

　　5）检查、指导现场施工人员对施工技术交底的执行落实情况，纠正现场的违规操作；

　　6）办理变更设计及索赔有关事宜。

　　（4）施工员应履行并不限于下列职责：

　　1）确保责任范围内的施工活动符合工程强制性标准、规范、图纸和施工组织设计的要求；

　　2）参加图纸会审、隐蔽工程验收、技术复核、设计变更签证、中间验收、竣工结算和其他工作，收集所有技术资料并整理归档；

　　3）编制专业生产计划、施工方案和安全、技术交底，组织落实施工工艺、质量及安全技术措施；

　　4）组织协调根据工程进度要求的劳动力安排和机械设备、材料的进出场；

　　5）熟悉图纸及施工规范，实施工程施工部位测量、放线工作，并保证其准确性；

　　6）对各分部、分项工程及检验批，应依据相关的规范标准组织施工，并确保安全生产与环境保护工作。

　　（5）安全员应履行并不限于下列职责：

　　1）贯彻执行建筑工程安全生产法令、法规，详细落实各项安全生产规章制度；

　　2）参与协调各种专项安全施工措施的编制，监督安全技术交底工作，对施工过程安全条件实行管理控制，并保存安全记录；

　　3）监督安全设施的设置与提供情况，对施工全过程安全状态进行跟踪检查。对照项目施工组织设计、施工方案和安全技术规范，检查并识别危险源和事故隐患，有权采取相关应急措施，并向项目经理汇报，协助和参加对相关问题的处理；

　　4）落实现场各项安全检查、考核评定、现场签证工作。

　　（6）材料员应履行并不限于下列职责：

　　1）负责工程材料询价、采购、工具管理、劳保用品、机械设备和周转材料的购置与租赁、材料的存放保管；

　　2）掌握施工需要的各种材料需用量及对材质的要求，了解材料供应方式，合理安排材料进场，实施现场材料的数量、规格、质量的验收工作。规范现场物资保管过程，减少损失浪费，防止丢失；

　　3）确保采购的建筑材料质量满足国家及行业标准，依据图纸、设计及变更的规格型号规定；

　　4）确保采购的材料接受各方监督，同时应配合有关人员实施材料的取样复试工作。材料如有质量或数量偏差，应按照规定联系采购部门进行退换货处理。

　　（7）质检员应履行并不限于下列职责：

　　1）执行有关工程质量的方针政策、施工验收规范、质量检验评定标准及相关规程，对施工质量负有监督、检查与内部验收的责任；

2）参与并监督质量计划的交底与实施过程，参加质量检查和重点工序、关键部位的质量复检工作，负责对单位工程和分部、分项、隐蔽工程检验记录的签证；

3）对违反国家规定、规范和忽视工程质量的有关单位和个人提出批评和处理意见，对不符合质量标准的施工结果，有权责令停工，行使质量否决权并向项目经理汇报；

4）负责整个施工过程的日常质量检查工作；

5）熟悉工程图纸、规程、规范，监督施工员按图施工，有权纠正错误施工，必要时可令其停工，同时向项目经理汇报。

（8）资料员应履行并不限于下列职责：

1）负责工程项目的所有图纸的接收、清点、登记、发放、归档、管理工作，并协助项目经理部竣工资料的移交；

2）登记整理工程施工过程中所有工程变更、洽商记录、会议纪要和其他资料并归档；

3）监督检查施工过程各项施工资料的编制、管理，做到完整、精准，与工程进度同步，保证施工资料的真实性、完整性、有效性。

（9）合同管理员应履行并不限于下列职责：

1）负责施工合同与分包合同管理的日常工作；

2）负责准备并参与施工过程合同变更的评审工作；

3）评估合同履约及实施情况，提出合同执行报告；

4）组织协调索赔、签证、变更、合理化建议工作；

5）与发包方沟通，协助项目经理催要预付款、回收工程款。

（10）项目经理部需要的其他岗位职责。

4.2.9 项目团队建设应明确团队管理原则，规范团队运行，并满足下列管理要求：

（1）项目管理团队成员应围绕项目目标协同工作并有效沟通。

（2）项目团队建设应符合下列规定：

1）建立团队管理机制和工作模式；

2）各方步调一致，协同工作；

3）制定团队成员沟通制度，建立畅通的信息沟通渠道和各方共享的信息平台。

（3）项目经理应对项目团队建设负责，组织制定明确的团队建设目标、合理高效的运行程序和完善的工作制度，定期评价团队运作绩效。

（4）项目经理应统一团队思想，营造集体观念，和谐团队氛围，提高团队运行效率，并确立符合项目实际的项目团队价值观，以科学价值观防范项目风险的突发。

（5）项目团队建设应利用团队成员集体的协作成果，开展绩效管理。

（6）项目团队冲突处理应符合下列规定：

1）通过现场会议或其他途径，建立团队成员的工作联系和沟通方式，制定团队目标，建立个人和集体的职责体系，明确技术及管理程序；

2）建立沟通联系和协商机制，畅通沟通渠道，营造协同工作的团队氛围；

3）有效利用激励机制激发团队成员的积极性；

4）通过缓和或调停淡化冲突双方的分歧，强调在争议问题上的共同性，寻找方案有效化解并恰当解决相互间的冲突和分歧；

5) 利用合理方法缓解冲突气氛，为冲突双方提供和平共处的机会。借助或利用组织的力量解决群体间的冲突；

6) 有效利用谈判和磋商机制，强调合作、直面冲突、辨明是非，找出分歧的原因，促进相互理解，解决争议，化解矛盾；

7) 强化舆情监控和应急处理机制，避免或减少不利舆论影响。

4.2.10 以打造具有先进性、国际性、包容性、独特性的企业文化为着眼点，以员工全面发展为核心，以打造核心竞争力为重点，内聚动力、外塑形象，为集团公司全面、协调、可持续发展提供强有力的文化支撑。项目文化构建应突出文化引领作用，并遵守下列要求：

（1）以企业文化为统领，应营造良好的工程项目建设氛围，融合项目相关方文化，增强团队凝聚力和向心力。

（2）着力培养全体员工的团队进取精神，应将企业精神与项目文化的实际相结合，培育全体员工发扬艰苦奋斗、团结协作、勇争第一的优良传统。

（3）不断拓展企业品牌，应营造具有企业特色的质量文化、安全文化、诚信文化。

（4）坚持诚信共赢、以人为本、风险预防的理念，应通过理念凝聚共同价值观，调动员工的积极性和创造性，合力推动施工生产顺利实施。

（5）实施项目形象建设，应科学合理规划施工区域，彰显企业风采。根据企业文化建设要求，合理设置项目驻地，使施工工地条块分明，功能清晰，互不干扰，充分展示企业形象，营造出团结拼搏、健康向上的良好氛围。

（6）统一企业文化识别标准，应强化视觉系统的整齐划一，因地制宜建设工地文化，图、表、栏、牌、板应标准划一，给人以舒适的视觉印象。

（7）坚持规范作业和文明施工，应执行工序交接班和"工完料净场地清"制度，材料堆放在指定区域，堆码整齐，确保工地整洁卫生，井然有序。

（8）发挥企业文化的管理功能，应坚持从施工实际出发，采用下列措施促进企业文化与项目管理的全方位结合：

1) 完善并制定项目管理制度，形成完整的制度体系；

2) 完善岗位职责，悬挂岗位职责牌和操作规程牌，使现场人员明确自身岗位、技术要求、操作流程和目标责任；

3) 依据项目目标、岗位规范、工作业绩、系统奖惩管理规定，将项目目标完成情况与物质激励和精神鼓励紧密结合，严格考核，奖惩兑现；

4) 通过现场人员行为规范和激励约束机制培育良好习惯，将人员的行为准则融入企业的价值观；

5) 推进现场人员素质教育、思想政治教育和职业道德教育，强化企业文化灌输，增强企业文化认同感。实施教育培训，提供交流沟通平台，增强现场人员对企业文化的认同感、归属感和忠诚度；

6) 注重礼仪规范，引导和教育现场人员遵守礼仪规范，树立企业形象，扩大企业的对外影响力。

（9）推进项目文化建设的创新与提升，应以人为本，落实项目知识管理，实施企业文化内涵建设，构建协作与团队精神。通过项目文化熏陶，提高队伍的整体素质和凝聚力。

1）企业文化建设管理原则

① 坚持以人为本。企业文化建设的根本是人，只有坚持以人为本，才能形成强大的凝聚力和执行力。要重视员工价值的实现，搭建员工发展平台，提供员工发展机会，挖掘员工潜能，增强员工的主人翁意识和社会责任感，激发员工的积极性、创造性和团队意识，以员工的发展带动企业发展，以企业发展促进员工的发展，打造强大凝聚力和向心力。

② 坚持全员参与。企业文化根植于广大员工生产经营实践，越到基层越丰富，越到项目越精彩。要尊重员工的首创精神，发挥好员工的主体作用，发动员工广泛参与、积极践行。要从基层抓起，集思广益，群策群力，全员共建，用员工创造的企业文化成果指导员工的实践，形成上下同心、共谋发展的良好氛围。

③ 坚持整体推进。企业文化是一个包含物质层、行为层、制度层和精神层的有机整体。在深化企业文化建设中，要整体推进、系统运作，不能畸轻畸重。要使企业文化建设与企业生产经营管理融为一体，与党的建设、思想政治工作和精神文明建设等紧密结合，扩大效果和影响。

④ 坚持继承创新。挖掘企业自身的宝贵文化资源，汲取中国传统文化的思想精华，传承和弘扬优秀文化，根据企业实际和发展需要，不断赋予铁道兵精神和企业核心价值观以新的时代内涵。要以开放、学习、兼容、整合的态度，广泛借鉴国内外先进企业的优秀文化成果，博采众长，不断创新企业文化建设的内容、载体、方式方法。

⑤ 坚持务求实效。借助必要的载体和抓手，围绕企业深化改革的重点和难点，把企业倡导的价值理念付诸实践，融入具体规章制度中，渗透到相关管理环节，使其落地生根，切实约束企业和全体员工的行为，从而真正促进企业和员工的全面发展。

2）实施企业文化传播

组织企业文化活动。组织开展企业文化主题实践活动，广泛开展形式多样、寓教于乐的群众性文体活动，不断满足广大员工日益增长的精神文化需求。开展企业文化传播。构建企业文化传播平台，充分利用广播影视等各种媒体媒介，特别是有效运用新媒体，讲好精彩故事，做好品牌传播，与社会公众之间搭建起有价值认同的信任合作关系，为企业发展创造良好的外部环境。

3）推进企业文化落地

加大执行力建设。各级领导要带头学习、宣讲和践行企业文化，坚持用优秀的企业文化武装人、凝聚人、鼓舞人、塑造人，推动建设一支高素质的员工队伍，持续提升执行力、创新力和战斗力。讲好企业文化故事。坚持传承和弘扬企业传统优秀文化，加强对鲜活故事的收集和整理，注重把抽象的文化理念故事化、具体化、人格化，将企业文化故事作为教育员工和对外传播的生动素材。开展企业文化培训。把企业文化内容纳入培训体系，利用书籍、画册、影像、展览馆、媒体等各类载体，通过各类会议、培训班，对全体员工进行企业文化培训，引导广大员工了解企业文化的重要意义、基本内涵，认同和遵循公司的核心价值理念，自觉践行公司倡导的企业文化。

4.3 施工组织设计

本规程施工组织设计包含了设计任务及管理目的、编制原则、企业及项目经理部对施工管理需求信息的收集和分析、施工图纸会审与设计交底、施工组织风险识别与评价、施工组织设计结构、施工组织设计内容有效性、施工组织设计审核与批准程序、施工组织设计动态调整共十个方面的内容。

4.3.1 施工组织设计任务及管理目的应符合下列规定：

1 施工组织设计的基本任务应是根据国家有关技术政策、建设项目要求，结合工程的具体条件，确定经济合理的施工方案，对拟建工程在人力和物力、时间和空间、技术和组织方面统筹安排，以保证按照既定目标，优质、低耗、高速、安全地完成施工任务。

2 施工组织设计的管理目的应是为了提高施工组织设计管理水平与编写质量，明确编制内容、方法、审核及审批程序，规范实施和变更管理行为。

4.3.2 施工组织设计编制应符合下列原则：

1 符合施工招标文件或施工合同中有关工程安全、质量、进度、环境、成本和社会责任方面的要求，并提出切实的保障措施；

2 开发、使用新技术和新工艺，推广应用新材料和新设备；

3 依据科学施工程序和合理施工顺序，采用流水施工和网络计划及其他方法，科学配置资源，合理布置现场，采取季节性施工措施，实现均衡施工，达到合理的经济技术指标；

4 采取先进合理的技术和管理措施，推广绿色建造、智能建造、精益建造、装配式建筑和其他适宜方法；

5 与质量、环境和职业健康安全管理体系有效结合，形成集成化管理效力，履行企业社会责任；

6 确保施工组织方法与项目成本管理有机结合，在履行合同承诺的基础上，实现项目成本的合理优化；

7 特殊情况下，施工组织设计可按照逐步具备的条件分阶段编制。

4.3.3 企业及项目经理部应针对施工管理需求收集下列信息并进行分析：

1 工程所在地和行业的法律、法规；

2 项目招标投标文件及相关资料、施工合同；

3 项目所在地的自然环境、社会环境、项目周边环境因素；

4 工程勘察、设计文件及有关资料；

5 与项目施工相关的资源配置及整合情况；

6 与工程有关的各项施工手续、资质、人员配置及相应岗位证书和其他资料；

7 项目技术特点、难点及管理情况。

4.3.4 项目经理部应参加施工图纸会审与设计交底，明确项目图纸详细要求，以保证施工组织设计编制满足设计的相关要求。

4.3.5 施工组织风险识别与评价应遵守下列规定：

1 施工组织设计编制前，编制人员应按照风险管理程序对工程项目进行风险识别与评价，针对需要控制的风险因素确定应对策略。

2 对于技术比较复杂的建设项目，编制人员应围绕技术风险预防，明确施工技术的应用方法。

4.3.6 施工组织设计结构策划应符合下列要求：

1 施工组织设计按编制对象，可分为施工组织总设计、单位工程施工组织设计和施工方案。

2 施工组织设计按照编制阶段的不同，分为投标阶段施工组织设计和实施阶段施工组织设计。实施阶段施工组织设计应是投标阶段施工组织设计的延伸与优化。

3 施工组织设计表现形式可采用表格、平面图形、三维图形和其他形式并辅以文字说明，电子施工组织设计可以插入动画进行表达。

4 企业宜规定施工组织设计的结构组成与相互作用，明确各阶段与对象关联因素之间的逻辑关系，确保施工组织设计策划成果满足有效性、充分性与适宜性的要求。

4.3.7 施工组织设计内容应确保满足施工管理的各项规定要求。

1 编制依据应符合下列文件和资料的要求：

1） 与工程建设相关的法律、法规、规章、制度；工程所在地区建设行政主管部门文件；

2） 与本行业相关的现行标准、规范、图集和其他要求；

3） 招投标文件、施工合同及其补充文件；

4） 工程设计文件及图纸会审结果；

5） 施工企业内部标准；

6） 其他相关方合理需求。

2 工程概况应包括下列内容：

1） 项目基本情况与背景；

2） 项目主要施工条件；

3） 其他。

3 施工部署应符合下列要求：

1） 对项目总体施工做出宏观部署，根据施工合同的约定和政府行政主管部门的要求，确定项目质量、安全文明施工、工期等方面的管理目标，要求指标清晰，目标明确；规定施工段划分、施工顺序和相关内容，明确项目分阶段计划，住宅工程和一般公用工程编制进度计划横道图，大型公共工程绘制网络图；

2） 针对施工过程的重点和难点进行精准分析，重难点分类可按实体工程、非实体工程分，也可以按照结构、装饰、机电、室外工程分，并提出应对措施、方法；整个施工组织设计中关键方案应围绕重难点给出进一步的解决方案。

3） 明确项目管理组织机构形式，宜采用框图的形式表示；

4） 对用于施工过程的新技术、新工艺、新材料、新设备做出部署；

5） 对主要分包项目施工单位的资质和能力提出明确要求；

【规程解读：】

施工分包企业需提报证件包含：营业执照、资质证书、安全生产许可证、税务登记证、组织机构代码证、银行账户信息、入籍备案证明文件（如工程所在地需要）。如施工分包企业所施工内容，按照住房和城乡建设部印发的资质管理规定，明确不需要资质证书和安全生产许可证的，可不上需提供。

企业分包管理部门根据本单位施工分包资源需求，建立分包资源库，负责对施工分包入库注册申请进行审查，审查内容包含但不限于：施工分包企业资质、资格文件的真实性和有效性；施工分包企业的管理能力和施工能力；施工分包企业施工业绩；抽取施工分包企业在施工程进行实地考察；施工分包企业有无不良记录。施工分包企业注册成功后需上报下属施工队长信息，经企业分包管理部门审批通过后，施工队长方可具备施工资格。

6）确定施工过程的进度、安全、质量、环境与技术经济目标。

【规程解读：】

为实现各项目标，项目主要管理措施包括以下几项：

（1）工期保证措施；

（2）质量保证措施；

（3）安全保证措施；

（4）消防保卫措施；

（5）文明施工措施；

（6）环保环卫和防尘降噪及防污染措施；

（7）成品保护措施；

（8）节约成本措施；

（9）项目总承包管理。

4 施工进度计划的编制方法应符合下列要求：

1）应按照项目总体施工部署的安排进行编制；既可以正排计划，也可以采用"以终为始"的方法倒排计划。

2）可采用网络图或横道图表示，并对进度计划中的关键线路工作进行文字说明。

【规程解读：】

网络计划图分为单代号网络计划图和双代号网络计划图，项目管理中常采用双代号网络计划图。

双代号网络图亦称"箭线图法"。用箭线表示活动，并在节点处将活动连接起来表示依赖关系的网络图。仅用结束-开始关系及用虚工作线表示活动间逻辑关系。其中，因为箭线是用来表示活动的，有时为确定所有逻辑关系，可使用虚拟活动。

（1）箭线：在双代号网络中，工作一般使用箭线表示，任意一条箭线都需要占用时间，消耗资源，工作名称写在箭线的上方，而消耗的时间则写在箭线的下方。

（2）虚箭线：是实际工作中不存在的一项虚设工作，因此一般不占用资源，不消耗时间，虚箭线一般用于正确表达工作之间的逻辑关系。

（3）节点：反映的是前后工作的交接点，节点中的编号可以任意编写，但应保证后续工作的节点比前面节点的编号大，即图 4-1 中的 i<j。且不得有重复。

（4）起始节点：即第一个节点，它只有外向箭线（即箭头离向接点）。

（5）终点节点：即最后一个节点，它只有内向箭线（即箭头指向接点）。

（6）中间节点：即，既有内向箭线又有外向箭线的节点。

（7）线路：即网络图中从起始节点开始，沿箭头方向通过一系列箭线与节点，最后达到终点节点的通路，称为线路。一个网络图中一般有多条线路，线路可以用节点的代号来表示，比如 A-B-C-D-E-H-I-K-L-N-M 线路的长度就是线路上各工作的持续时间之和。

（8）关键线路：即持续时间最长的线路，一般用双线或粗线标注，网络图中至少有一条关键线路，关键线路上的节点叫关键节点，关键线路上的工作叫关键工作。图 4-1 中 A-B-C-H-I-K-L-N-M 就是关键线路，关键线路上的工作叫关键工作。

常山县青石镇柚香路道路整治工程施工进度网络图
总工期90天
3 6 9 12 15 18 21 24 27 30 33 36 39 42 45 48 51 54 57 60 63 66 69 72 75 78 81 84 87 90
内容：施工准备
所需时间：3d
内容：挖路基土方
所需时间：12d
内容：排水工程
所需时间：21d
内容：路基填方
所需时间：24d
内容：防护工程
所需时间：30d
内容 路基整形
所需时间：9d
内容：人行道及其他附属工程
所需时间：22d
内容：路面工程
所需时间：26d
内容：路灯安装
所需时间：5d
内容：绿化
所需时间：7d
内容：收尾验收
所需时间：3d
A B C D E F G H I J K L N M

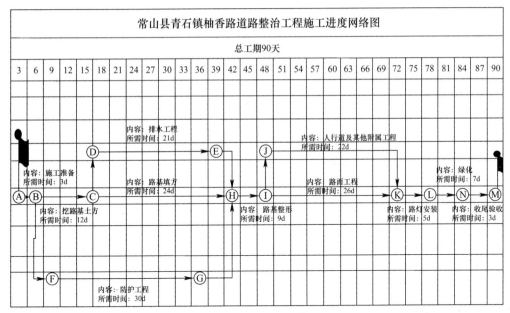

图 4-1 施工进度网络图

横道图又称为甘特图（Gantt chart）、条状图（Bar chart）。其通过条状图来显示项目、进度和其他时间相关的系统进展的内在关系随着时间进展的情况。以提出者亨利·劳伦斯·甘特（Henry Laurence Gantt）先生的名字命名。

甘特图以图示通过活动列表和时间刻度表示出特定项目的顺序与持续时间。一条线条图，横轴表示时间，纵轴表示项目，线条表示期间计划和实际完成情况。直观表明计划何时进行，进展与要求的对比。便于管理者弄清项目的剩余任务，评估工作进度。见图 4-2。

常山县青石镇柚香路道路整治工程施工进度计划横道图

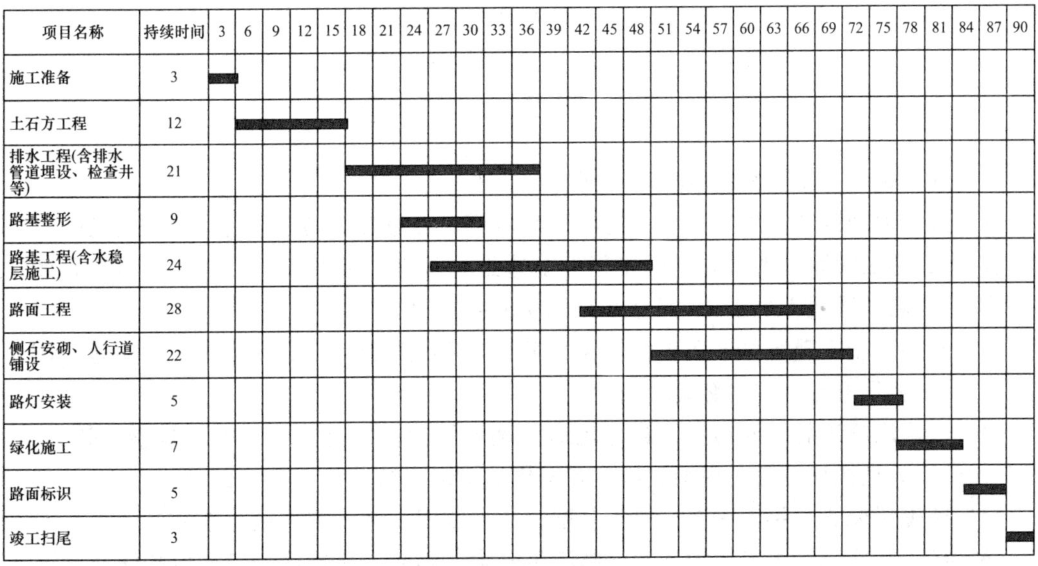

项目名称
持续时间
3 6 9 12 15 18 21 24 27 30 33 36 39 42 45 48 51 54 57 60 63 66 69 72 75 78 81 84 87 90
施工准备 3
土石方工程 12
排水工程(含排水管道埋设、检查井等) 21
路基整形 9
路基工程(含水稳层施工) 24
路面工程 28
侧石安砌、人行道铺设 22
路灯安装 5
绿化施工 7
路面标识 5
竣工扫尾 3

注：1. 本工程总工期为90日历天，具体开工日期以监理单位的开工令为准。
2. 由于本工程为道路整治工程，施工时根据现场实际情况分段、分半副施工。

图 4-2 横道图

（1）图形化概要，通用技术，易于理解。

（2）中小型项目一般不超过 30 项活动。

（3）有专业软件支持，无须担心复杂计算和分析。

5 施工准备与资源配置计划应包括下列内容：

1）应包括技术准备、施工机具与设施准备、材料准备、资金准备、劳动力准备及其他内容，各项准备应满足分阶段施工的需要；

2）应满足施工不同工艺方法的各项需求。

6 施工方法应遵守下列要求：

1）应对项目涉及的单位工程和主要分部分项工程所采用的施工方法进行说明；

2）应对脚手架工程、起重吊装工程、临时用水用电工程、季节性施工及其他专项工程所采用的施工方法进行说明；

3）应对危险性较大或技术比较复杂的分部分项工程所需采用的施工方法重点进行说明，并与相关专项施工方案进行衔接。

【规程解读：】

分部分项工程施工方法：一般工程的主要施工方法和技术措施，应按以下所列的内容进行编写，具体可根据工程实际情况对内容进行增减。其中，建筑工程的主要施工方法包括：测量工程、降水工程、护坡工程、土（石）方工程、钢筋工程、模板工程、混凝土工程、钢结构工程、脚手架工程、防水工程、装修工程、机电设备安装工程、特殊项目工程、冬雨期施工方案等；道路工程的主要施工方法包括：测量工程、土（石）方工程、护坡工程、路基工程、路面工程、排水工程、其他特殊项目工程、冬雨期施工方案等；桥梁工程的主要施工方法包括：测量工程、土（石）方工程、基础工程、墩（台）柱工程、上部梁体工程、桥面系工程、其他特殊项目工程、冬雨期施工方案等；地下综合管廊及涵洞工程的主要施工方法包括：测量工程、降水工程、附属及管线工程、其他特殊项目工程、冬雨期施工方案等；机场场道工程的主要施工方法包括：测量工程、土（石）方工程、护坡工程、道面基础工程、道面工程、排水工程、围界及围场路工程、其他特殊项目工程、冬雨期施工方案等。注意"建筑业 10 项新技术"及其他行业、地区新技术的应用。

7 施工现场总平面布置应符合下列规定：

1）应根据项目总体施工部署，绘制现场不同施工阶段（期）的总平面布置图；根据工程包含的施工阶段（地基与基础工程、主体结构工程、装饰装修工程）需要分别绘制，总平面布置图的图幅不小于 **A3** 尺寸。见图 4-3～图 4-6；

2）应确保施工现场总平面布置图绘制符合国家相关标准要求（应注明图签、图例、指北针及主要尺寸等）并附必要说明；

3）应保证施工总平面布置图包含场地内地形情况、拟建的建（构）筑物位置、临时施工设施、大型机械位置、用地红线、场地周边的既有建（构）筑物信息；

4）应确保施工总平面布置，科学合理，减少临时占地，提高运行效率；

5）应保证施工平面布置的各类设施满足安全、消防、环境保护和社会责任的要求。

8 施工管理计划应符合下列要求：

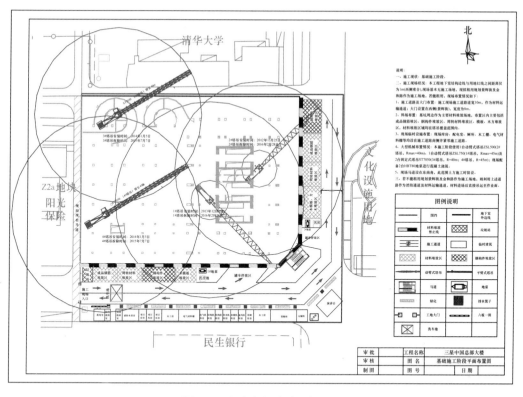

图 4-3 基础阶段总平面布置图

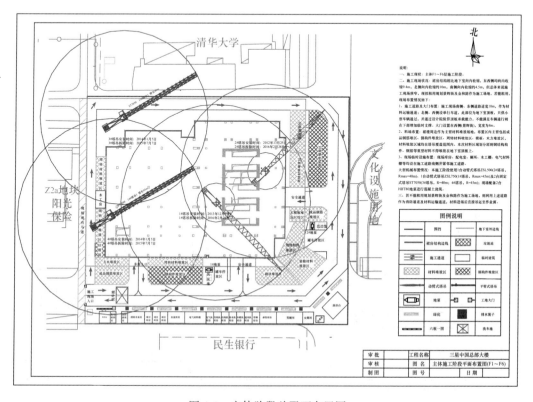

图 4-4 主体阶段总平面布置图

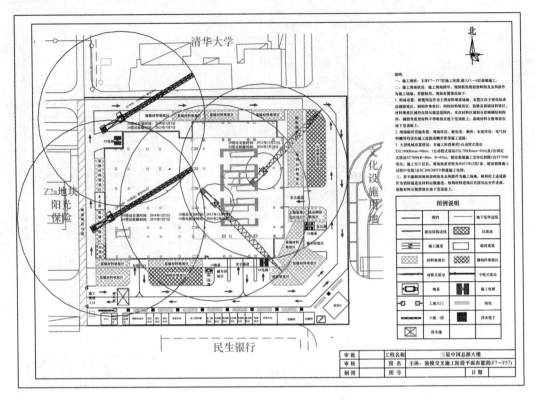

图 4-5　主体、装修交叉阶段

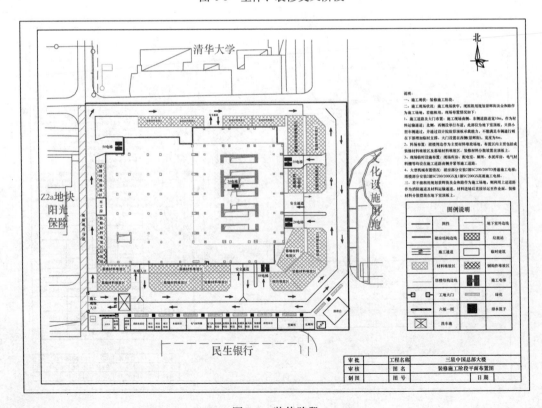

图 4-6　装修阶段

1）应确立系统、适用、配套的计划体系：包括进度管理计划、质量管理计划、安全管理计划、环境管理计划、成本管理计划、信息技术与应用管理计划、沟通管理计划及其他管理计划；

2）应具备明确的目标、组织结构、岗位职责、管理制度和保障措施；

3）应确保计划内容根据项目特点、工程类型和发包方需求有所侧重；

4）应满足项目管理目标分解及相关控制措施的衔接要求。

4.3.8 施工组织设计编制实施应符合下列规定：

1 实施阶段施工组织设计，应在各项管理目标、资源配置、主要施工方法和其他关键指标上与投标阶段施工组织设计保持一致。

2 施工组织设计的内容宜统一格式。编制格式应符合相关标准要求。

4.3.9 施工组织设计审核与批准应符合下列个规定：

1 施工组织设计文件编写完成后，应由企业技术负责人或由其授权的技术人员在规定范围内进行审批。

2 企业审批通过的施工组织设计文件，应报送建设单位或监理单位项目负责人审核，并形成审核意见，批准或修改后再批准。

4.3.10 施工组织设计实施过程，发生下列情况之一时，施工组织设计应进行修改或补充，修改或补充的施工组织设计应重新履行报审程序：

1 工程设计有重大修改；

2 有关法律、法规、规范和标准实施、修订和废止；

3 主要施工方法有重大调整；

4 主要施工资源配置有重大调整；

5 施工环境有重大改变。

【规程解读：】

（1）动态调整分级管理

施工组织设计执行过程中，施工条件、总体施工部署或主要施工方法发生变化时，项目总工程师应对施工组织设计的有关内容进行修改，留存修改记录。具体分以下情况：

1）局部非重要性修改，由项目经理部自行审核、审批；

2）对于施工方法的重大修改，需要重新编制、履行报审手续；

3）因业主要求、设计变化等因素造成施工方法有本质变化的，要重新编制、履行报审手续。

（2）施工组织设计的管理目的与风险

施工组织设计管理的目的是为了提高施工组织设计管理工作水平，提高施工组织设计的编写质量，明确施工组织设计编制、审核及审批程序，规范施工组织设计实施和动态管理，确保工程按施工组织设计组织施工。

1）企业施工组织设计管理的关键绩效指标包括：

① 施工组织设计编制及审批及时性；

② 集团重点工程施工组织设计是否经过企业技术负责人审批；

③ 施工组织设计执行的效果；

④ 施工组织设计调整的合规性。

2）施工组织设计管理需应对的主要风险包括：

① 项目经理部施工组织设计编制或审批通过时间不及时，可能造成工程无法正常施工；

② 各级管理部门对施工组织设计文件的审核、审批不及时，可能造成工程无法正常施工；

③ 施工组织设计落实、执行不到位，可能导致工程施工无法达到施工组织设计确定的目标。

为逐步提升施工组织设计编制及管理水平，企业应建立年度优秀施工组织评优机制。见表4-2。

优秀施工组织设计评选标准 表 4-2

序号	评定项目	权重	一等奖标准	二等奖标准
1	方案的创新性和针对性	30%	方案能够紧密结合工程具体情况进行编制，重点、难点突出，施工技术有明显创新，采用了新颖、明了的表达方式	方案能够针对工程具体情况进行编制，重点、难点比较突出，施工技术有一定创新
2	方案的可操作性和指导性	30%	具有良好的可操作性和明显的经济性，对现场施工具有很好的指导作用	方案具有可操作性和一定的经济性，对现场施工具有一定的指导作用
3	方案的文字表达	10%	编目清晰、章节顺序组织合理、文字表达准确、图表直观	方案编目比较清晰、章节顺序基本合理、文字图表表达比较准确
4	方案的落实情况与实施效果	20%	现场实际施工情况与方案完全一致。实施效果良好	现场实际施工情况与方案基本一致。实施效果正常
5	方案编制及更新的及时性	10%	方案在规定的时间之内完成编制与审批。审批一次通过。执行过程中由于设计变更或施工现场条件变化导致施工方法发生变化时，能够及时对方案进行更新并履行报审手续	方案在规定的时间之内完成编制与审批。审批一次通过。执行过程中由于设计变更或施工现场条件变化导致施工方法发生变化时，能够及时对方案进行更新并履行报审手续

4.4 施工临时设施提供

本规程临设提供包含企业建立管理制度，编制实施计划，并确保施工临时设施提供满足规定要求；施工临时设施计划应系统完整、重点突出，确保编制依据、内容、流程、方式；施工平面布置与施工临时设施安排；施工临时设施建设；项目网络与可视化建设应满足信息化管理的需求，确保管理制度、控制方法和实施过程符合规定要求；项目信息技术与信息安全保障建设工六个方面的内容。

4.4.1 企业应建立施工临时设施管理制度，实施施工临时设施计划，并确保施工临时设施提供满足规定要求。

1 施工项目临时设施提供应遵循下列依据：

1）工程类型、工程性质、工程规模、工程环境、施工条件；

2）施工合同、法律法规；

3）安全性、环保性、先进性、实用性、经济性要求；

　　4）智慧型项目信息化建设需求；

　　5）发包方、监理方要求与企业自身品牌形象构建需求。

　　2　施工临时设施提供应依据下列流程实施：

　　1）踏勘施工现场；

　　2）分析施工现场临时设施需求；

　　3）编制施工临时设施计划；

　　4）实施并动态完善施工临时设施计划；

　　5）持续确保施工临时设施满足施工需求。

4.4.2　施工临时设施计划应系统完整、重点突出，确保编制依据、内容、流程、方式满足管理需求。

　　1　施工临时设施计划编制依据应符合下列要求：

　　1）工程规模、工程性质；

　　2）自然地理、水文地质与区位情况；

　　3）社会安全与周边环境；

　　4）法律法规、施工合同和其他要求。

　　2　施工临时设施计划应包括下列内容：

　　1）临时设施目标与时间安排；

　　2）临时设施施工任务及职责分配；

　　3）临时设施平面布置；

　　4）临时设施提供方法与措施；

　　5）其他。

　　3　施工临时设施计划编制应遵循下列流程：

　　1）施工现场勘查与现场因素分析；

　　2）施工现场平面布置安排策划；

　　3）确定施工现场临时设施建设内容与进度；

　　4）确定施工现场临时设施专项措施；

　　5）形成施工临时设施计划；

　　6）经授权人批准后实施。

　　4　施工临时设施计划可与施工组织设计或专项施工方案结合编制。

4.4.3　施工平面布置与施工临时设施安排应符合下列规定：

　　1　项目经理部应通过拟建项目的施工总平面图完成施工临时设施提供，对施工现场的道路交通、材料仓库、临时房屋、临时水电管线做出系统的规划布置。

　　2　项目经理部应规定工程施工期间所需各项设施和永久建筑、拟建工程之间的空间关系与运作规则。

　　3　项目经理部应随着工程的进展，按不同阶段对施工总平面图进行调整和修正，以满足不同施工条件下的实施需求。

　　4　施工总平面布置与施工临时设施安排应满足下列要求：

　　1）减少施工用地，少占农田，使平面布置紧凑合理；

　　2）合理组织运输，减少运输费用，保证运输方便通畅；

3）施工区域的划分和场地的确定，应符合施工流程要求，杜绝或减少专业工种和各工程之间的干扰；

4）利用各种永久性建筑物、构筑物和原有设施为施工服务，降低临时设施的费用；

5）各种生产、生活设施应便于员工日常生产与生活；

6）符合安全防火、劳动保护要求。

4.4.4 施工临时设施建设应符合下列规定：

1 施工现场临时设施应结合工程规模、施工周期、现场实际进行建设，满足生产区域与项目办公、生活区域分开设置的要求；

2 施工现场临时设施建设可利用施工现场原有安全的固定建筑或自建；

3 施工现场临时设施建设应系统规划、统筹落实，符合施工临时设施计划与施工组织设计的策划要求。

4 施工临时设施应按照下列要求进行建设：

1）项目办公区、生活区应与原有建筑、交通干道、高墙、基坑保持一定的安全距离；

2）禁止设置在高压线下，不得建设在挡土墙下、围墙下、沿河地区、雨季易发生滑坡泥石流地段和其他危险处；

3）不得设置在沟边、崖边、江河岸边、泄洪道旁、强风口处、已建斜坡、高切坡附近和其他影响安全的地点，应充分考虑周边水文、地质情况，以确保安全可靠。

5 自建临时设施应在开工前完成。自建临时设施完工后，项目经理部应组织内部有关人员进行验收，未经验收或验收不合格的临时设施不得投入使用。

6 自行建设或拆除临时设施时，项目经理部应保持与发包方、监理方的沟通渠道，并应安排专业技术人员监督指导。

4.4.5 项目网络与可视化建设应满足信息化管理的需求，确保管理制度、控制方法和实施过程符合规定要求。

1 项目经理部应确保下列项目网络建设工作满足要求：

1）建立信息化管理制度，确定信息化组织机构、信息职能分配工作，并制定、实施项目网络建设方案；

2）在规定时间内建成计算机局域网，宜确保互联网和相互间信息共享。

【规程解读：】

建立覆盖整个项目施工管理机构的计算机网络系统，对内构建一个基于计算机局域网的项目管理信息交流平台，覆盖总承包商、专业分包方、业主现场办公室、施工监理方，达到施工信息的快速传递和共享，对外联通国际互联网，实现与业主的快速沟通，并且接入公司 VPN（虚拟专用网），与公司相联，实现项目与公司的信息快速沟通与共享。见图 4-7。

项目系统以进度计划为主线，以安全、质量控制为核心，以成本管理为载体，不仅实现成本、进度、质量、安全、合同、信息、沟通协调、工程资料等工程业务处理细节，实现项目全方位管理，而且实现资金、人力、材料、库存、机械设备各个方面的生产资源统一管理。

该系统主要功能模块包括：项目（4D）进度管理；安全管理（现场监控）；质量管理；成本管理；合同管理，材料管理；机电设备管理；资料管理等主要模块。

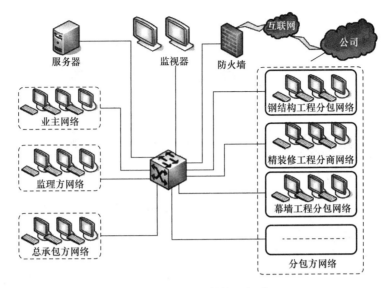

图 4-7 局域网结构示意图

项目管理人员可以根据各自专业进入相关操作界面，依据项目进度，进行相关文件的审批，上传和下载等操作。业主、监理也可以从门户网站入口进入该系统，浏览、审批下载相关文件。

2 为掌握工程形象进度，监督施工过程安全、质量，在施工现场安装远程视频监控系统。这套系统通过计算机网络传送高品质图像，进行实时动态影像监控。它是基于国际互联网和项目内部局域网运行的，能够使获得授权的用户通过网页浏览器，利用施工现场项目局域网或互联网控制设置在施工现场的监控摄像机，可调节摄像头垂直/水平的摄像角度和镜头焦距，能够全方位多角度察看异地施工现场的实际工作情况，达到视频监控的目的，满足现场和远程异地视频监控的要求。施工现场可视化管理应确保下列建设活动满足要求：

1） 施工现场视频监控仪器应分别安装在项目经理部大门口、施工工地大门口、人员进出场刷卡门口、项目经理部会议室、工地最高点、材料储备区、存在重大危险源的专业分包、劳务分包及其分部、分项工程作业面的关键位置；

2） 通过监控仪器进行实时监控，项目经理部可获得施工生产的各项动态信息，对施工现场情况实现全天候、全方位远程视频监控，以控制各类事故的发生频率；

3） 施工管理系统平台架构可分为工地现场、电信网络和信息中心三个层次；

4） 安装在工地现场的网络摄像头，宜通过交换机接入宽带网络或视频专网；

5） 与信息中心的网络平台服务器一体机对接，可在管理中心实时监控建筑工地各个点位的现场情况；

6） 对于接入网络较难的工地点位，可采用无线接入网关，通过智能手机实时查看现场情况。

见图 4-8。

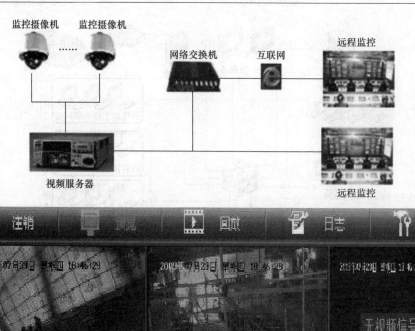

图 4-8 视频监控系统

4.4.6 项目信息技术与信息安全保障建设应遵守下列要求：

1 企业应制定信息化工作管理规划、信息化管理标准，对企业计算机网络平台的建设提出统一要求，明确应采集的项目信息，对项目管理软件提出修改和完善意见，以提高和改进项目管理软件的功能。

2 项目经理部应管理所需各种信息，并将这些信息的提供任务分解到项目经理部岗位人员。确认每种信息包括文字、报表、图片、视频、音像资料收集的方式、提供的时间频度和提供的对象。

3 项目经理部应对各方面收集到的数据和信息进行鉴别、选择、核对、合并、排序、更新、计算、汇总，生成不同形式的数据和信息，以提供给项目管理人员及相关方。

4 项目信息安全保障应包括下列具体内容：

1） 企业负责信息化设备实施保障、维修，确保正常运行；

2） 项目经理部负责信息存储，施工过程处理后的项目信息按照统一编码、固定的格式进行存储，宜存储备份；

3） 项目经理部在信息化管理过程执行法律法规要求，确保施工现场员工的个人权益；

4） 项目经理部承建的保密工程、国防工程及其他特殊工程施工信息的处理，按发包方要求、国家信息安全规定及法律法规执行。

4.5 施工资源准备

施工资源准备的过程就是对施工项目资源管理即对项目所需人力、材料、机具、设备、技术和资金所进行的计划、组织、指挥、协调和控制等活动。

对项目资源进行准备重点是对资源进行优化配置，对资源进行优化组合，通过以往项目的经验总结反馈在资源准备阶段的动态调整，制定对资源合理和高效利用的措施。

4.5.1 技术准备应遵守下列规定：

1 企业应收集施工现场需要的各项技术标准与规范，了解工程地质及环境情况，建立项目技术保障条件。

2 企业应组织并参加图纸会审与设计交底，与相关方沟通和施工图纸有关的信息，充分理解设计要求，消除可能的障碍与不一致，形成项目精准施工的技术前提。

3 项目经理部技术人员应熟悉施工图和有关技术资料，汇集相关的技术资料与报告，营造项目技术信息平台。

4 项目经理部应完善实施阶段施工组织设计，编制分部分项施工方案，编制各专业施工计划和配合计划，使各项技术文件具备实施条件。

5 项目经理部应实施工程测量和有关技术资料移交、确认，进行测量放线、建立坐标控制点，轴线控制系统，高程控制系统；确保施工现场开工基准准确无误。

6 项目经理部应编制各种检测、检验、配合比设计的实施计划，保证进场施工材料符合技术标准。

7 企业应确定大型及特殊工程项目的科研课题、资金投入和研究方案，构建施工过程技术支持条件。

4.5.2 设备运动过程可分为两种状态，即设备的实物形态和价值形态。选择设备、正确使用设备、维护修理设备以及更新改造设备全过程的管理工作。施工机具与设施准备应符合下列规定：

1 企业应编制施工机具与设施提供计划，确定合格供应方，确保施工机具与设施满足施工准备要求。

2 项目经理部应按照施工进度计划，安排施工机具与设施进场，并进行检查验收。

3 项目经理部应验证进场施工机具与设施的状态，掌握相应的运行档案情况，确认施工机具与设施的安全可靠程度。

4 项目经理部应策划、落实设备配置型号、数量和规格，实施维护维修，确保机械设备处于正常工作状态。其目的是使设备的可靠性、维修性工艺性、安全性、环保性等性能和精度处于良好的技术状态，确保设备的输出效能最佳。

4.5.3 劳动力准备应符合下列规定：

1 项目经理部应根据施工组织设计拟定的劳动力计划，确定劳动力配备与使用计划，确保劳动力投入符合施工需求。劳动力应在需用计划基础上再具体化，防止漏配，必要时根据实际情况对劳动力计划进行调整。

2 企业和项目经理部应根据分包要求选择劳务队伍，宜选择长期合作单位，确保劳动力的质量与数量符合工程需求。配置劳动力应积极可靠，让工人有超额完成的可能，以获得奖励，进而激发出工人的劳动热情。应保持劳动力和劳动组织保持稳定，防止频繁调动。

3 项目经理部应按照规定办理各项保险与手续，实行实名制管理。

4 项目经理部应确保劳动力的劳动条件与生活条件符合国家有关要求。

5 项目经理部应确保施工现场劳动力准备满足提前进场、流动有序的要求。

【规程解读：】

为保证作业需要，尽量使人力资源均衡配置，以便于管理，使劳动力资源强度适当，达到节约的目的。

当前劳动力的组织模式组要分三类：

（1）专业班组，即按施工工艺由同一工种（专业）的工人组成的班组。专业班组只完成其范围内的施工过程。

（2）混合班组，它由相互联系的多工种工人组成，可以在一个集体中进行混合作业，工作中可以打破每个工人的工种界限。

（3）大包对，这实际上是扩大了的专业班组或混合班组，适用于一个单位工程或部分工程的作业承包，该队内还可以划分专业班组。

在施工前应对劳动力资源进行培训，企业本着安全第一，预防为主的原则，在施工之前，应对全体劳动力资源及管理人员进行严格的安全教育，并组织书面考核，合格后方可组织上岗作业。对于特种作业需持证人员，要严格对其操作证进行检查，项目经理要严格禁止无证操作。项目经理应积极支持劳动者参加各种文化及专业技术的学习和培训，提高他们的综合素质，使劳动者向知识化、专业化的方向发展，更应倾斜政策培养产业工人。

4.5.4 材料供应准备应符合下列规定：

1 根据施工材料需求计划，材料需用量计划包括材料需用量的总计划、年度计划、季度计划、月计划。企业或项目经理部应编制进场的材料供应计划，合理选择材料供应方，确保材料供应满足施工需求。

2 根据施工组织设计的材料质量验收要求，企业和项目经理部应选择和确定供应商，签订材料供应合同，明确双方合同责任。

【规程解读:】

施工项目所需要的主要材料和大宗材料(A类材料)应由企业物资部门订货或市场采购,按计划供应给项目经理部。施工项目所需的特殊材料和零星材料(B类和C类材料)应按承包人授权由项目经理部采购。

3 项目经理部应组织进场材料的质量检测与验收工作,审查相关部门提供的建筑材料和其他复检资料,完成设置现场材料检验试验状态的标识准备工作。

4 项目经理部应确保施工现场进场材料经检验合格后方可使用;材料数量、规格、型号应符合相关规定的要求。

【规程解读:】

材料的验收计量设备必须经具有资格的机构定期检验,确保计量所需要的精确度,检验部合格的不允许使用。进入现场的材料应有审查厂家的材质证明(包括厂名、品种、出厂日期、出厂编号、试验数据)和出厂合格证。

4.5.5 道路交通、办公、生活及仓库设施准备应符合下列规定:

1 施工现场平面布置应规划现场道路交通、办公区、生活区及仓库设施,规定现场运作规则,完成相关标识设置。

2 现场道路交通应方便物流运输、便于资源调配,有利作业转换。材料仓库的选择应选有利于材料的进出和存放,符合防水、防雨、防盗、防风、防变质的要求。

3 办公设施应与信息技术紧密结合,设置专人负责,形成智慧型管理方式,提供高效的办公信息系统。

4 卫生间、食堂、体育场所应安全布局,卫生清洁。食堂应取得食品卫生许可证。

5 仓库应确保合理设置,安全可靠,存储方式适宜,便于施工资源存储、搬运与使用。

6 危险化学品的储存、搬运、使用应符合国家相关规定。

5 施 工 过 程

5.1 一般规定

5.1.1 施工过程管理应遵守下列原则：

1 施工过程管理应是围绕施工合同，依据项目管理目标，系统实施项目管理的活动，包括施工过程管理策划、资源提供与实施、进度管理、质量管理、成本管理、职业健康安全与环境管理、风险管理及合同管理。

2 施工合同应是施工过程管理的基本准则。企业应把合同管理贯穿施工管理的全过程，把项目管理与发包方要求相结合，确保施工过程管理与合同管理融合集成。

【规程解读：】

施工过程是施工管理的关键性环节。施工过程必须遵行相关的管理原则。没有管理原则作为引领，施工过程管理将会陷入混乱失控的局面。无论从项目管理、还是从利益层面，施工合同都理所当然地成为施工过程管理的基本原则，是施工全过程贯穿始终的核心灵魂。施工企业及项目管理团队应该形成以合同为核心的管理价值观与理念，构建工程合同管理体系，围绕施工合同，依据项目管理目标，系统实施项目管理的活动。

（1）施工合同管理重要性的体现

应该指出的是，本规程把合同管理作为特殊内容进行了处理。因为施工规程编写的特点，经过反复论证，决定把合同管理分为两部分进行编写：

1）一部分是基本合同管理要求，主要放在了施工过程。明确提出施工过程应以合同管理贯穿整个施工过程，规定施工合同是施工项目管理的依据与准则，并且提出了施工过程的基本合同管理要求。

2）另一部分是工程结算要求，主要放在了施工收尾。重点规定了与建设单位的结算和与施工分包的工程结算要求。

为了与上述编写方法相对应，本施工规程在一般规定中把通用的管理依据、流程、内容及要求与后面的具体条款要求进行衔接，确保前呼后应，彼此支撑。比如：5.1一般规定提出了合同管理作为施工过程管理的基本准则，贯穿整个施工过程管理，并且提出了施工过程管理必须以合同管理为依据。在前面的施工准备、后面的施工收尾都提出了合同管理作为关注依据的要求，施工过程重要部分更加突出了合同管理的重要性，包括施工组织设计、施工过程策划、施工资源使用管理、施工进度、成本、质量、安全等都编写以施工合同为依据的要求。

上述编写方式的优点是：过程活动清楚明了，管理规范逻辑合理。不仅保留了合同管理的核心要求，而且把合同管理与施工过程管理融合一起，不仅贯穿而且提升了合同管理的有效性与适宜性。为了照顾中小型施工企业的情况，特别是在相关条文说明中对应相关合同管理的细节进行了补充。

（2）建设工程施工合同具有以下特点

1）合同标的的特殊性

施工合同的标的是各类建筑产品，建筑产品是不动产，建造过程中往往受到自然条件、地质水文条件、社会条件、人为条件等因素的影响。这就决定了每个施工合同的标的物不同于工厂批量生产的产品，具有单件性的特点。所谓"单件性"指不同地点建造的相同类型和级别的建筑，施工过程中所遇到的情况不尽相同，在甲工程施工中遇到的困难在乙工程不一定发生，而在乙工程施工中可能出现甲工程没有发生过的问题，相互间具有不可替代性。

2）合同履行期限的长期性

建筑物的施工由于结构复杂、体积大、建筑材料类型多、工作量大，使得工期都较长（与一般工业产品的生产相比）。在较长的合同期内，双方履行义务往往会受到不可抗力、履行过程中法律法规政策的变化、市场价格的浮动等因素的影响，必然导致合同的内容约定、履行管理都很复杂。

3）合同内容的复杂性

虽然施工合同的当事人只有两方，但履行过程中涉及的主体却有许多种内容的约定还需与其他相关合同相协调，如设计合同、供货合同、本工程的其他施工合同等。

5.1.2 施工合同管理应符合下列规定：

1 企业应建立健全项目合同管理制度，设立合同管理组织机构负责项目合同管理。

2 企业应根据签约前合同评审的风险结果，确保总承包合同与分包合同责任权利的分配遵循公平、公正和效率原则。

3 企业应保证合同符合主体合格、内容合法、语言表述准确、权利义务清晰以及符合合同当事人需求的基本条件。

4 企业应实施总包合同交底和分包、分供合同交底，落实企业与项目合同履约的责权利规定。

5 企业应保持与发包方的沟通渠道，按照施工合同及工程进度要求确保工程进度款和预付款的精准到位。

6 企业应按合同约定全面履行合同义务、行使合同权利，确保分包、分供方选择、签约、进场、过程管理、退场、结算及履约考核符合合同规定要求。项目经理部负责施工现场分包、分供合同日常履约管理。

7 企业应按照合同约定的方法，与发包方办理索赔、签证、变更事宜，提出合理化建议，协调工作关系，解决合同纠纷，并进行工程结算。

【规程解读：】

施工合同管理具有重要的实践意义。合同在施工管理中的作用包括：

（1）合同是建设项目管理的重要内容

在市场经济条件下，建设项目的实施几乎都是通过签订一系列的合同来实现的。严格履行合同的内容、范围、成本、进度和质量标准、合同的条款等，才能保证项目的正常运行。可以说，离开合同，施工的效果就无法保障，也没有对进度与费用的管理，更不用说采购、人力资源、沟通、风险管理范围。另一方面，合同的成立必须以市场为前提，没有市场，就没有合同。企业承诺的兑现，企业的诚信建设，企业品牌和形象的提升，使企业的市场地位更加牢固，实现可持续发展。合同管理的重要性和必要性在于：

1）依据市场标准建立和规范企业行为，以满足市场的需求，适应市场，参与市场竞争，提高企业的竞争力；

2）企业在履行过程中维护自己的合法权益，提高企业经济效益。

（2）合同是建设项目实施过程的基本依据

在建设工程中合同是必要的实施条件，是处理纠纷的基本依据。建设之初做好合同的制订和签订工作，可有效减少相关纠纷的产生。在建筑市场经济活动中，参建方缺乏法律概念和诚信意识，是不正当竞争行为发生的主要原因。过去很长一段时间内，一些企业在建设领域法律意识不强，合同概念模糊，产生了很多不必要的纠纷，影响了工程质量、进度及成本。在施工合同履行过程中，施工条件由于受内外部环境的影响，会出现不可预料的变化，且发包人的要求也会出现相应的变化，这就决定了工程施工具有不确定性。这种不确定性可能会使履行合同的环境与签约时有较大变化，从而影响承发包双方的利益。为了顺利地履行合同，就需要签订正规专业的合同。

（3）合同是建设项目实施过程的法律保障

建设工程实施过程中，合同已经成为重要的法律保障。在建设前期及准备阶段，将项目中涉及的一些重要事宜以明确的书面形式作出规定，有利于工程建设的顺利实施。通过合同谈判及签订，合理配置双方责任风险，界定权利与义务的基本关系，可大幅减少后期合同纠纷和违约风险。发包单位和承包单位应全面履行合同约定的义务，否则将承担违约责任。依据《合同法》及相关建筑法，合同是双方当事人行为的最高标准，是项目成功的法律保障。

本条款通过7个子条款体现了施工合同管理的基本要求，系统突出了施工合同管理的关键性要求。实践过程，施工企业应在落实7个子条款的要求基础上，重点实施以下3个方面的施工合同管理措施：

（1）确保合同签订质量，合同签订审核规范化

企业签订施工合同时，最重要的要根据各工程的特点，应选择恰当的发包方式和价款调整条件（即工程设计变更或工程签证导致工程增减的结算条件和结算方法），因为不同的发包方式和价款调整条件，直接关系工程造价的控制效果。

在合同正式签订前应进行严格的审查把关。其要点是：施工合同是否合法，业主的审批手续是否完备健全，合同是否需要公证和批准；合同是否完整无误，包括合同文件的完备和合同条款的完备；合同是否采取了示范文本，与其对照有无差异；合同双方责任和权益是否失衡，确定如何制约；合同实施会带来什么后果，完不成的法律责任是什么以及如何补救；双方合同的理解是否一致，发现歧义及时沟通。

（2）严格管理合同履行，合同实施交底制度

在施工合同管理中，合同交底更为重要，只有按合同施工才能在执行合同时不出或减少偏差。合同依法签订后，保证合同实施过程中的日常工作有序地进行，使工程建设项目处于受控状态，以保证合同目标的实现。建设单位首先要作合同交底，分解合同责任，按合同的有关条款做质量、进度、投资、安全等目标工作流程图，抓好各目标的事前、事中、事后控制，特别是事前控制。对签订的各项条款必须牢记，找合同履行中可能出

现的薄弱环节，提前制定各种减少合同纠纷的预防措施。在工程进展中，通过检查发现合同执行过程中存在的问题，并根据法律、法规和合同的规定加以解决，以提高合同的履约率。

（3）确保合同实施管理，加强合同变更与索赔管理

在合同变更中，最频繁的是工程变更，它在工程索赔中所占的份额也最大。合同变更意味着索赔机会，所以必须加强合同变更管理。合同管理人员应记录、收集、整理所涉及的各种文件，如图纸、会议纪要、技术说明、规范和业主的变更指令，并对变更部分的内容进行审查和分析。以作为工程变更调整费用、工程索赔的基本依据。

工程合同一经签订，确定了合同价款和结算方式之后，影响工程造价的主要因素便是工程设计变更或签证，以及工程实施过程中的不确定因素，理解合同的每一个条款，作好处理合同纠纷的各种准备，特别是索赔与反索赔的研究在工程造价控制管理中是非常重要的，是合同管理的一个重要内容，是合同双方攻与守的关系，是矛与盾的关系。工程发承包的实践经验证明，没有一个承包商不要求索赔，即要求调增合同价款，因此，要搞好工程造价控制，就必须进行索赔与反索赔的研究。

5.1.3 施工过程管理依据与内容应符合下列要求：

1 企业应组织施工合同履约风险评估，明确项目合同详细要求，解决内部相关问题，以保证施工过程管理与合同要求一致。

2 施工过程管理依据应包括以下内容：

1） 施工合同；

2） 施工图纸与规范标准；

3） 施工组织设计；

4） 其他。

【规程解读：】

施工过程管理依据与内容是施工管理的过程控制的基本条件。施工合同、施工图纸与规范标准、施工组织设计等其他内容都直接针对施工过程产生关键性影响。这些内容应该确保准确性、完整性与前瞻性。

施工合同管理主要是由建设工程合同的特点决定的，同时也决定了施工合同管理与其他合同管理的不同。

（1）建设工程项目的完成是一个渐进的过程。在这个过程中，完成工程项目持续的时间要比完成其他合同时间长，特别是建设工程承包合同的有效期最长，一般的建设项目要一两年的时间，有的工程长达 5 年甚至更长。以施工合同为例，施工合同不仅包括施工期限，还包括保修期。当然如果加上招标投标期，合同谈判与签订期，施工合同的生命期会更长。由此决定建设工程合同的管理是个较长的过程。

（2）由于工程价值量大、合同价格高，因此合同管理对经济效益影响较大。对于承包人来说，合同管理得好，不但可以避免承包人亏本，还可以使承包人赢得利润。反之，则会使承包人蒙受较大的经济损失。在现代工程中，由于竞争激烈，合同价格中包含的利润越来越少，合同管理中稍有失误就可能导致工程亏损。

（3）工程合同变动较为频繁。这主要是由于工程在完成过程中受内部与外部干扰的事件多造成的。因此，加强合同控制与变更管理就十分重要。

（4）工程合同管理工作极为复杂。因此对工程合同管理就必须严密、细致、准确地管理。首先是因为工程体积庞大、结构复杂，要求技术标准和质量标准很高，这就给工程合同管理提出了一个新的要求：合同实施的技术水平和管理水平都要提高，才能满足工程管理的要求。其次，由于资金来源渠道多，有许多融资方式和承包方式，使工程项目合同关系越来越复杂。再次，合同条件也越来越多，不同的合同其条件也不同。工程项目的参加单位和协作单位也多，可能涉及十几家甚至几十家。由此涉及的合同文件也异常的多，这就更需要进行科学合理的协调和管理，保证工程的有序进行。

（5）合同风险大。由于合同自身具有的实施时间长，实施变动大，涉及面广外，导致合同受外界环境（如经济条件、社会条件、法律和自然条件等）影响大，引起的风险也大，所以，加强建设工程合同管理对减少和降低风险是至关重要的。

任何工程都有风险，需通过风险评估与管理的手段将风险降至"可接受"的程度。无视风险存在的态度，是风险最大的来源，通过系统化的风险评估与管理，可识别及分析风险发生概率及后果，评价风险对策的成本与效益，寻求可行的风险处理措施，达到防止损失或补偿损失的目的。

施工合同评审是施工企业合同风险管理的重要组成部分。世界上不存在一份"完美"的合同，在施工合同签订之前，对合同的可信性、可操作性、合法性和抗风险性进行严格审核，甚至苛刻的"挑刺"是一道必不可少的程序。虽然无法预测可能发生的所有情况，也不能把所有的风险挡在公司门外，但至少会让我们及时堵住可能存在的漏洞和不该发生的失误，为合同的履行奠定基础。具体包括如下工作内容：

（1）对签订主体资格进行必要的考察

签约过程中，大家注意的重点是合同的内容，对施工企业而言，建设单位就是上帝，而忽视了对合同主体资格的审查。有时为了促成合作或碍于情面，往往是"走过场"，这样的做法容易导致主体缺陷而使合同归于无效或难以履行，达不到预期目的。因此应该重视合同主体资格的审查，首先，要审查对方的营业执照及年检情况，了解其主体的合法性，如是否合法注册，是否存在未年检而被吊销执照，是否具有资金能力，注册资金的到位情况。其次，要审查对方是否具有从事合同业务的相关资质及目前的效力，特别是在特许行业和分包合同签订中更应注意。

（2）施工合同内容的审查是重点

首先，要审查合同内容是否合法，有无违反法律法规的强制规定，是否存在危害社会公共利益或以欺诈、胁迫手段订立合同损害国家利益，是否存在重大误解和显失公平等情况。其次，要审查合同主要条款是否完备、明确，具有可执行性。各评审部门要根据自己的职责和掌握的公司资源情况对合同各条款进行甄别，确认是否齐备，表述是否清楚可行，公司现有资质能否满足，并列明应注意事项。施工合同应特别注意以下内容的审查：

1）施工范围界定与投标报价或合同价款是否一致及有无动态约定；

2）双方权利义务约定是否明确，用户应该提供的设计文件、原始资料等接点规定是否清楚，是否影响工期；

3）对用户提出的技术标准及质量、安全等目标要求，能否满足及注意事项；

4）价款、支付条件及方式、结算方式，公司能否满足及接受；

5）索赔程序是否明确可行；

6) 合同是否采用格式合同及专用条款、补充条款，表述是否准确，不存歧义；

7) 纠纷解决方式约定是否合法有效，是否存在风险；

8) 识别出新的、不熟悉的、公司缺乏经验的材料、设备、施工工艺、验收标准及超出常规的特殊要求，并进行交底和指导履行；

9) 违约责任约定是否对等，如果有严厉的违约责任应明确提出注意事项等等。

（3）审查签约人有无签约权限

多数情况下合同是由一方或者双方授权代表签署的。此时应当审查代理人的资格和权限，对于初次合作的单位，这些工作非常重要，即要对代理人身份、有无代理权、代理权限范围、期限等进行必要的审查，否则可能会发生没有代理权或超越代理权而导致合同效力受到质疑。需要注意的是，单位的部门或办事处是没有对外签约权力的，而分支机构签订合同时也需由法人授权。

（4）其他注意事项

1) 签章。合同对方如果是企业法人或其他组织，在签章处应当加盖单位印章及授权代表签字，如果是自然人，则要求本人签名并加摁手印。所有的印章和签字应当清晰、完整。

2) 合同附件。要审查附件的内容是否与主合同一致，并应给与足够重视，要加盖相应印章以确认内容。

3) 签约时间和地点。合同落款处应当有签订的具体时间，并按要求填写签约地点，这关系到合同生效的时间、履行期限、履行地点及纠纷解决方式等问题的确定，不可小视。

4) 强化合同评审工作。在施工合同签订过程中，评审程序中各评审部门要给合同多挑刺，挑刺实际就是风险识别，察觉隐患，防止盲目签订合同，从而规避合同带来的风险。包括：法律风险；经营成本风险；防范经营风险。随着我国法制建设的不断完善，法制意识的不断加强，经过建筑市场的不断锤炼，建筑施工企业越来越重视施工合同的评审工作，尤其是法律评审。对于建设工程施工合同进行法律评审的主要目的就是发现合同中的法律风险。其实狭义的施工合同法律风险是指合同、合同体系中存在的违反《合同法》第五十二条及其他法律法规强制性规定的不合法条件以及合同签订之时存在重大风险的效力待定条款。广义的施工合同中的法律风险是指凡是涉及工程承包范围、质量、工期、安全、保险等实质性内容，合同条款以及条款之间、合同体系中约定的有关质量、工期、价格、安全等方面对企业存在风险，企业在签订合同时没有发现或者发现后没有采取预控措施的合同瑕疵。可以说，强化合同评审不仅是合同管理的需要，而且是企业防范风险的需要。

5.1.4 施工过程管理应依据下列程序实施：

1 掌握并分解工程合同要求，进行合同交底；

2 明确施工过程管理目标，细分施工过程及活动的管理因素；

3 识别施工过程管理的实施途径，评估不同方法对于合同履约的影响；

4 分析施工过程管理方法的风险；

5 确定施工过程管理要求及过程验收标准；

6 评价分包方能力与信用，确保分包合同及履约符合规定要求；

7 落实施工过程实施要求并对照合同及相关要求予以监控；

8 实施分包工程验收与分包合同结算；

9 保证工程变更控制措施得到有效实施；

10 兑现工程合同履约承诺，确保实现施工过程管理的各项目标；

11 检查、评价施工过程管理绩效。

【规程解读：】

施工管理是一项综合性较强、工艺要求高、交叉施工影响大，追求质量完美、讲求细节与整体效果相结合的复杂过程。本条款具体明确了 11 项施工管理的程序要求，突出了施工过程管理的核心环节。按照本规程规定的实施程序，施工企业还应重点关注下列工作：

（1）施工图纸及相应计划工作的策划管理。一是要熟悉把握图纸，领会设计人员的设计意图。二是要进行现场的勘探，对施工现场的地形地貌进行全面的了解，对各类的控制点及中心桩进行复核。三是根据施工的具体要求对控制网进行加密，对护桩或主控点进行加固，并且对主控点的位置进行检查和核对，并做好相关的记录；根据施工方案的设计要求，对施工进度进行安排，选择适当的施工机械并安排好进场和放置位置。从实际的情况出发，并按照设计的标准，科学合理的制定出施工进度计划，对施工预算进行评估，并编制出主要材料报表，然后再对施工材料进行采购和订货；组织适当的人员进行项目的设计及开发，并对某些技术性的施工人员进行相关的岗前培训，提高施工人员的素质。

在现场开工之前，项目管理人员要组织技术人员和相关施工队伍负责人，对于施工图纸进行详细的分析，细化图纸内容，严格按照图纸进行施工，避免随意篡改图纸，变更设计。施工图纸上存在的问题，要尽可能地在施工之前进行解决，并且确保所用图纸都经过相应的会审。技术人也要与工程的相关负责人进行沟通，就施工中可能会出现的一系列问题和需要注意的事项进行明确，避免由于施工现场管理不当对工程造成影响。针对施工的周期，管理人员要结合不同阶段的施工需求，制定出科学的施工进度计划，并且严格督促进行落实，避免由于工期安排不当所造成的抢工期行为对整个工程的质量产生影响，同时也可以有效地避免作业安排不科学对于后期工程的特殊工序造成影响。

（2）施工组织文件的施工策划管理。施工文件是一种指导性文件，对整个工程的施工都有着指导作用，因此，在施工之前，项目部的人员需要对施工文件进行熟悉和了解。管理层需要将施工技术方案和施工工艺向施工人员进行交底，并指导和监督施工人员进行施工，在具体的施工过程中，必须根据施工图纸、操作规程、施工工艺、技术性的交底文件展开施工。

（3）施工进度计划与施工前期工作的管理。在施工过程中，按照 PDCA 管理循环，贯彻"科学管理 诚信守法 优质高效 安全健康 保护环境 持续改进"的方针，控制关键点是不断修订的计划落实与过程施工质量细节的把关检验。对于施工项目来说，施工的前期要进行充足的准备，对于不同的分项工程进行科学的协调，确保后续施工过程中不同的部门和项目可以有序地进行配合，提高施工组织设计的合理性。在施工前期，要对施工的概预算进行科学的设计和制定，并且对施工现场的场地情况、材料需求、机械设备需求以及施工人员队伍等多方面内容进行全面的准备。结合工程项目的工期安排，对于材料、人员以及设备的进场制定相应的计划，提高施工过程的连续性，让施工行为可以高效、快速地开展。

（4）施工各阶段的系统性管理活动。施工阶段的管理工作是整个施工现场管理工作的重中之重，也是各项管理措施执行的第一线阵地。对于建设工程来说，施工现场管理水平直接影响了项目的整体质量，并且对于工程的经济效益也会带来很大的影响。目前很多工程项目的现场管理水平存在很大的不足，项目建设中技术水平较低，质量和消耗不能得到有效的控制。针对这种施工过程中出现的种种问题，现场管理人员要提高重视程度，加强前期施工组织设计和管理，严格贯彻执行相关的规范和标准，让各项规章制度得到落实。在施工开始之后，对于相关的问题，技术人员要进行全面的跟踪和指出，并且责令限时进行整改。对于施工现场的入场材料，有关的质量管理人员要进行严格细致的现场检查，对于不合格的材料予以清除，严禁进场使用。对于一些植物材料的选择上，要严格地进行筛选，并且提前对于所选择材料的情况进行确认，确保施工材料的选择符合相关的设计需求和施工需求。

（5）施工质量检验与改进活动。在施工人员每完成一项施工工序后，都要进行自检，质量检验部门再组织相关人员根据相关检验标准进行抽检，当工序的质量达不到设计要求时，可以责令其返工或进行返修，再次检验合格后才能进入到下一道工序的施工。

对于一些关键性分部分项方面的施工，项目管理人员应该要求有关施工单位对于相关项目提供样板，并且在验收合格之后，才能开展大面积的施工。提前验收有助于避免后期验收时的问题，减少了返工行为，提高了工程质量的可控性。施工单位要对于施工的方案进行细致的处理，并且提交相关工程管理人员进行审核。在完成施工之后，总包要组织有关人员对于施工进行验收，对一些不符合施工设计需求和标准的问题进行指出整改，再另行组织二次验收。针对施工过程中，擅自使用未经认可的原材料、施工质量问题、擅自变更设计图纸施工、上一道工序未经验收擅自进行下一道工序施工的、施工单位不积极配合整改或未采取有效措施整改的、出现质量安全事故的要立即停止施工，并且提出相应的处理措施，严格根据有关制度进行处理。在整个施工完成之后，施工单位应对于工程项目先提取进行自检，在通过自检之后，再提交申请项目的管理单位进行初检。在初检通过完成之后，要对于相关意见对于工程进行相应的调整和完善。可以说，项目经理部应通过这些工作确保工程质量符合施工合同的全部要求。

5.2　施工过程管理策划

5.2.1　施工过程管理策划基本要求应确保策划制度、流程、方法符合下列规定：

1　施工过程管理策划应是围绕施工过程，为实现施工目标而进行的具体详细的策划活动；由施工过程实施风险识别与分析、施工流程细分与管理目标分解、施工方案策划、施工工序管理策划组成。

2　企业应建立施工过程管理策划制度，应用适宜技术与管理手段，实施工程系统分析，确保项目管理策划持续可靠。

3　项目经理部应建立施工过程管理策划流程，明确策划方法，完善策划责任制度，并负责施工过程实施策划的具体落实。

4　项目经理部应参加图纸会审，确保提出的所有与施工过程有关问题均已明确，并在施工前得到妥善解决。图纸会审结果应形成文件，且得到有效控制。

5 项目经理部应按照规定对项目涉及的施工技术、管理方法、管理手段及相关的技术、管理资源进行合理策划，实施案例对比，确保施工过程策划的有效性、适宜性与前瞻性。

6 项目经理部宜根据信息技术与智慧型项目的工序控制标准，针对影响结构安全和主要使用功能的分部、分项工程、关键工序做法、作业人员的操作行为及工程实体控制结果实施动态策划。

【规程解读：】

施工过程是构成施工管理的基本单元。施工过程策划是施工管理的重要活动，直接关系工序管理的实施效果。施工过程策划的基本要求应确保策划制度、流程、方法符合规定要求。策划制度宜规定施工过程策划的基本要求，策划流程宜规定过程策划的实施程序，策划宜规定施工过程策划的应用途径。并且根据信息化的运用需求，本规程强调了信息技术与智慧型项目施工过程策划的动态管理要求，与当前项目管理信息化的发展趋势紧密融合。

5.2.2 施工过程管理策划依据、内容和程序应系统、严谨、可靠，满足过程控制的规定要求。

1 施工过程管理策划应依据下列要求：

1） 施工合同；

2） 施工组织设计；

3） 国家相关标准规范；

4） 施工现场相关需求。

2 施工过程管理策划应包括下列内容：

1） 施工过程进度、安全、质量、环境、成本目标及分解要求；

2） 施工过程施工技术、采购、进度、安全、质量、环境、成本、合同管理的工作职责及权限；

3） 项目关键与特殊过程，适用的施工技术、质量验收规范文件，需使用技术文件的层次、深度及范围；

4） 施工过程所需的管理方法与风险控制措施；

5） 所需管理人员、操作人员、设备机具、周转材料、工程用料及相关资源计划。

3 施工过程管理策划应按照下列程序实施：

1） 识别施工过程；

2） 分析施工过程影响因素；

3） 确定管理优先顺序；

4） 规定技术与管理措施；

5） 评估实施风险。

【规程解读：】

施工过程管理策划是决定工序活动成果的关键性工作，其依据、内容和程序的系统性、严谨性、可靠性，是满足过程控制规定要求的重要环节。应该说，策划依据是确保施工管理准确性、充分性、前瞻性的基本条件，策划内容是确保施工管理完整性、有效性、适宜性的重要基础，策划程序是确保施工过程策划正确性、规范性、有效性的关键桥梁。本条款针对施工过程策划的依据、内容和程序详细规定了实施规则，体现了施工过程管理策划的基础性要求。

5.2.3 施工过程管理风险识别与评价应符合下列规定：

1 施工企业应根据项目合同、规范、标准及国家相关要求，识别施工过程的重大风险，评价相关影响，并在指导项目的相关文件中明确施工过程风险的识别与评价结果。

2 项目经理部应根据施工现场条件、施工图纸、施工组织设计、企业要求和相关需求，研究施工过程的变化趋势，识别并确定施工过程管理风险的具体特点与内容，保证施工过程风险变化识别与评价的有效性。

3 项目经理部应针对施工实施过程风险，界定风险水平，确定风险控制优先顺序的控制权重，确保施工实施过程策划的充分性。

【规程解读：】

施工过程管理风险明显。因此识别与评价风险是施工过程策划的前期性工作，风险不确定的施工过程管理策划一定是盲目的和鲁莽的。本条款提出了3个方面的具体管理规定，着力突出施工过程管理策划的风险意识与风险防范的价值观，规范施工过程策划风险管理的基本行为。

风险评价方法可以参考本规程风险管理的相关条款。

风险水平是衡量风险状态是否可以接受的重要指标，因此应客观准确的进行评价确定。确定风险控制优先顺序的控制权重是针对应对措施、合理配置资源的关键工作，应与风险水平的控制需求保持一致。

5.2.4 施工流程细分与管理目标分解应符合下列要求：

1 项目经理部应识别并分析影响项目管理目标实现的所有过程及其相互关系，界定关联因素，并采取适宜的方法对各个过程进行细分。

2 项目经理部应按照企业项目管理目标要求，根据施工流程细分结果分解相应的过程或工序管理目标，并形成必要的文件。

3 项目经理部应确保施工流程细分与管理目标分解的结果符合项目管理的深度需求，流程与相应目标对应，满足施工过程风险控制的规定要求。

【规程解读：】

施工流程细分与管理目标分解是施工过程管理策划的基础性活动，其目的是明确施工过程的详细工作活动，并且与相应的管理目标相对应，以便系统考虑施工过程管理策划的基本方向。同时通过施工流程细分与管理目标分解体现施工过程管理的基本规律，确保策划工作扎实有序、充分可靠。

施工流程细分与管理目标分解是施工过程管理策划的基础工作。没有这项工作的开展，也就无法解决施工过程管理策划实施内容的基本载体问题，其重要意义是不言而喻的。

5.2.5 施工方案策划应确保依据、内容和方法满足规定要求。

1 施工方案应是详细规定施工具体要求的专项性策划，其策划依据应包括下列内容：

1）施工合同；

2）项目管理范围；

3）施工流程细分与管理目标分解结果；

4）施工组织设计；

5）项目管理策划的其他结果；

6）企业有关施工实施过程策划规定；

7）法律法规及标准规范。

2 施工方案应基于针对性与可操作性，具体包括下列内容：

1）施工实施过程管理目标与分解要求；

2）需要采用的相关技术以及相应的管理措施；

3）资源安排与费用估算；

4）新技术、新工艺、新材料、新设备应用计划；

5）施工实施过程管理职责与权限；

6）风险分析与应对措施。

3 施工方案的结果应形成文件，并经过企业或者项目经理部授权人批准。形成的文件应至少包括下列内容：

1）施工管理目标；

2）施工措施实施计划；

3）施工过程实施的技术方法与管理措施。

4 对于结构复杂、技术难度大、重要部位的特殊结构和涉及安全功能的施工过程，项目经理部应根据规定制订专项施工方案，必要时组织外部专家进行论证，其内容必须符合国家相关要求。

【规程解读：】

施工方案是施工过程的重要策划成果。施工方案往往是满足危险性比较大，或者是技术比较复杂的分部分项、单位工程施工的应用需求。因此对于施工过程策划来讲，施工方案是具有一定技术含量的施工过程管理策划。本条款从 4 个方面规定了施工方案策划与编制的要求，展现了施工方案策划充分性、有效性、适宜性的需求。

施工方案一般是针对分部分项的施工过程管理策划成果，但是特殊情况下，施工方案也可以在一定条件下针对一个单位工程进行编制，也就是与施工组织设计融合编制。

5.2.6 施工工序管理策划应确保工序管理有序可控、适宜合理。

1 施工准备阶段，项目经理部应根据项目施工组织设计、项目专项施工方案，确定施工工序管理策划的实施安排。施工工序管理策划应包括下列活动：

1）技术交底；

2）技术复核；

3）工序控制；

4）技术核定；

5）工程变更。

2 施工工序管理策划的依据应符合下列文件和资料的要求：

1）施工流程细分与管理目标分解结果；

2）施工图纸和标准、规范；

3）施工组织设计；

4）施工专项方案；

5）其他。

3 项目经理部应根据施工工序管理策划的安排，策划各项施工工序管理活动。具体应包括下列内容：

1）施工工序实施、控制目标及责任要求；

2）工序技术方案和技术文件；

3）图纸会审及设计交底的内容；

4）技术交底和技术复核的管理方法；

5）技术核定和工程变更的管理方式；

6）施工工艺和技术方法的控制模式；

7）施工工序实施资料的管理细节；

8）技术开发和新技术的应用手段。

4 项目经理部实施技术交底策划，策划活动应满足下列要求：

1）确保技术交底内容符合规定要求，并在施工前实施；

2）所有规定应进行技术交底的要求均得到有效实施；

3）确保所有相关人员了解技术要求并在施工过程中正确执行；

4）技术交底形成文件，并得到有效控制；

5）技术交底由项目技术负责人或其授权人组织进行；

6）项目经理部保存相关的交底记录。

5 项目经理部实施技术复核策划，策划活动应满足下列要求：

1）技术复核在施工前进行，或者经过批准在施工过程实施；

2）所有规定应进行技术复核的要求均应得到有效实施；

3）技术复核的项目和内容应在复核实施前予以明确，并形成文件；

4）实施技术复核的人员具备相应的专业能力，设备符合规定要求；

5）项目经理部保存有关技术复核的记录。

6 项目经理部实施施工工序控制策划，策划活动应满足下列要求：

1）确定施工工序控制措施需求，制定技术与管理措施；

2）确保技术与管理措施充分、适宜，并得到有效实施。必要时应进行评审和验证；

3）确定新技术应用的实施与风险防范措施；

4）评估施工工序控制策划的执行情况并持续改进。

7 项目经理部实施技术核定与工程变更策划，策划活动应满足下列要求：

1）工程变更出具技术核定单，其内容得到发包方和相关单位的确认；

2）工程变更应在施工前完成并保存相关记录；

3）必要时，应评估工程变更对其他施工过程带来的影响，并采取相应措施。

8 项目施工工序资料应确保内容全面、清晰、真实、完整及可追溯性，以保证施工工序管理策划的依据充分有效，策划绩效准确可靠。

【规程解读：】

施工工序管理策划包括：技术交底、技术复核、工序控制、技术核定、工程变更等。是施工过程管理策划的一部分，落脚点是施工工序。每个工序的策划活动对于施工过程的影响十分重要。因此本条款突出了施工工序管理策划的基本要求。特别是围绕施工工序的重点难点，指出了每项活动的策划条件与管理要求，可操作性比较适宜，展现了施工工序管理策划的基本管理要求。

（1）技术交底是在分部分项工程施工前，由技术责任人或者被授权人向参与施工人员进行的技术说明、沟通或培训，其目的是使其掌握工程特点、技术要求、施工方法和其他相关要求，以便科学地组织施工，实现项目各项目标。技术交底是施工过程管理、特别是工序管理的基本要求，展现了施工工序控制的基本特点。

（2）技术复核是在工程施工前或施工过程中，对施工过程质量和安全进行复查核对的技术性工作，旨在控制施工过程缺陷或失误，满足工程的质量和安全需求。其中的关键是针对特定事项的复合核对工作，这种工作是应对技术风险的基本保障。

（3）技术核定是在工程变更前，针对施工过程所拟采取施工措施的合理性进行的核准确定。这种技术核定不仅关系项目技术管理的风险预防，而且事关合同双方的经济利益，往往需要建设单位或者监理单位进行确认，否则可能得不到应有的补偿或者认可。

施工工序管理的基本落脚点是施工工序，施工工序策划的关键是项目团队，因此本条款的8项内容集中体现了施工工序策划的管理重点，着重规范工序控制所涉及的8项活动，为有效控制施工工序奠定了基本条件。前7项从策划内容、批准条件、人员要求、变更控制等进行了详细规定，第8项重点强调施工工序各项策划共同的基础性要求：施工工序资料应确保内容全面、清晰、真实、完整及可追溯性，以确保施工工序策划的质量水平。

下边提供2个案例对相关内容进行说明，案例1为模板工程专项施工方案，案例2为桩基施工技术交底记录。

案例1：模板工程专项施工方案

某模板工程专项施工方案

一、工程概况

上海××校区文艺中心工程位于××南大门，由温州××投资建设，××设计研究院设计，××监理公司监理，××集团组织施工。本工程为3层框架结构，局部地下一层，总建筑面积16600m²，分A、B两区。

二、模板设计配制原则

1. 保证混凝土结构和构件形状、尺寸和相互位置的正确。

2. 具有足够强度、刚度和稳定性，能可靠地承重混凝土浇筑时产生的竖向荷载和侧压力。

3. 构造尽可能简单、支拆方便，并便于钢筋的绑扎与安装及混凝土的浇筑和养护工艺要求。

4. 模板接缝严密，无漏浆。

5. 拼制模板时，板边要找平刨直。木料上有节疤、缺口等弊病的部位，应放在模板反面或截去，钉子长度宜为模板厚度的2～2.5倍。合理安排进度。

6. 针对工程结构的具体情况，在确保工期、质量的前提下，尽量减少一次性投入，增加模板周转，减少支拆用工，并实现文明施工。

三、模板支设材料

本工程剪力墙，现浇底模采用木胶合板，柱子采用木模＋槽钢，木档搁栅采用 50×100 松木方料，支架采用 ϕ48（3～3.5mm 壁厚）钢管，扣件，ϕ12～ϕ14 对拉螺栓（或止水螺栓），螺栓@200mm，热轧普通槽钢。

四、模板支设方法

1. 基础模板

混凝土底板外侧模，反地梁和反承台侧模采用 240 砖墙，砖墙必须按底板边线砌筑，砖缝密缝，内侧为正墙。

2. 柱模板支设

本工程普通矩形柱，均采用木模支设，采用四块或多块长柱头板拼装，外加型钢抱箍。对于层高 3.8m，350×400 的柱（梁高 600mm），松木方料内楞为 4 条，ϕ48（3～3.5mm 壁厚）钢管柱箍间距为 500mm。对于 350×500 的柱（梁高 600mm），松木方料内楞间距为 150mm，ϕ48（3.5mm 壁厚）钢管柱箍间距为 500mm。

施工要点：

（1）安装前先在基础面上弹出纵横轴线和四周边线。

（2）排柱模板，应先安装两端柱模板，校正固定，拉通长线校正中间各柱模板。

（3）为便于拆模，柱模板与梁模板连接时，梁模宜缩短 2～3mm 并锯成不斜面。

3. 梁、板模板支设

为保证混凝土结构的工程质量，提高混凝土表面观感，在本工程是将使用平整度光洁度好、硬度、强度高的多层夹板用于梁板支模，采用 100×50 方木搁栅和钢管扣件支撑。

所有模板均由木工绘制翻样图，经施工、技术人员复核。模板在木工车间内加工预制，现场实地拼装。为了控制现浇梁板的梁与柱节点的制模质量，保证梁柱节点尺寸准确，大梁底板和侧边模板、整块与柱搭接，镶接点设在梁中。跨度中间起拱，起拱设计为全跨长度的 1/100～3/1000。模板支设步骤：

（1）排间距，板底钢管立柱间距为 1.2，梁底钢管排架立柱：对于 240×600 的梁，垂直梁方向为 0.8m，沿梁方向为 1.2m。

对于 240×600 的梁，梁底及侧面方条间距为 300mm，梁侧设 ϕ12 对拉螺栓一道，间距 600mm。

（2）支模架搭设时，立柱间距严格控制，纵横拉麻线确保顺直。

（3）离地面 200mm 处设置扫地杆一道，对于层高 3.8m 的部位，立杆步距 1.4m，在步距处用钢管纵横拉结，使模架支撑体系形成一个整体，并加设水平向剪刀撑（间距 9m）。

（4）支撑架搭设完成确定水平标高后，架设梁底钢管，水平方木搁栅，然后铺设底模。

（5）所有模板按部位支撑完毕后，复核垂直度并水平拉通线，验收合格后方可转入下一道工序。

4. 楼梯模板支设

（1）根据大样划好平台标高，先支设基础梁，平台梁平台模板，再支设楼梯底板模板。

（2）支撑底板的搁栅间距为300mm，支撑搁栅的横木托带间距为1m，托带两端用斜支撑支住，下用单楔楔紧，斜撑间用牵杠互相拉牢，搁栅外面钉上外帮板，其高度与踏步上齐。

五、施工中应注意

1. 模板安装前，项目施工技术人员须审核木工翻工图，对操作班组人员就施工技术专项方案，搭设要求，构造要求和安全质量注意事项等进行书面技术交底，交底双方履行签字手续。

2. 柱子混凝土先浇筑完毕的，在柱子混凝土达到拆模强度时，最上一段板保留不拆，以利于梁模相接。

3. 模板制作：

（1）在现场木工车间进行，木工间必须进行封闭隔离，木工间内严禁吸烟，并配合足够的灭火器具，做到工完料清，木屑及时清理。

（2）木工机械设置防护罩，木工操作时要求思想集中，以免发生意外。

（3）模板堆放整齐，地面堆入高度小于2m。

4. 模板支撑系统的搭设须严格按方案执行，钢管立杆的间距，材质，纵横拉杆的设置应符合要求，立杆底部用木板垫实，严禁用砖作垫高处理；外架及支模架上的堆载严格控制，施工荷载不超过设计规定，堆料均匀。

5. 支模架钢管、扣件必须有产品合格证和法定检测单位的检测检验报告，生产厂家必须具有技术质量监督部门颁发的生产许可证。钢管、扣件使用前，项目部须按照《金属材料拉伸试验》GB/T 228，《钢管脚手架扣件》GB 15831 和《建筑施工扣件式钢管脚手架安全技术规范》JGJ 130 对钢管、扣件质量进行抽样检测，合格后方可使用。

6. 现场建立钢管、扣件使用台账，落实专人加强钢管、扣件的维修保养工作。凡有裂纹、结疤、分层、错位、硬弯、毛刺、深划道和外径、壁厚端面偏差超过规范要求的钢管，有裂缝、变形、螺栓出现滑丝的扣件必须报废。

7. 现场配备力矩扳手等检测工具，承重支模架使用前必须组织有关人员进行验收，验收不合格的严禁投入使用。

六、模板的拆除

1. 拆模流程示意图（略）

2. 拆模程序

拆模应遵循：分段分区块拆除、平面上先拆临边跨再拆内部跨、垂直方向分层分皮自上而下拆除、先拆非承重模板再拆除承重模板；拆梁底模应从梁跨的中间向两边拆除，拆悬臂梁梁底的模板时应从悬臂端向支座端拆除；同时拆除模板时应随拆随清理并堆放整齐，拆模操作顺序如下：（1）柱模板：搭设作业平台→拆除斜撑/支撑水平杆→自上而下拆除柱箍或横楞→拆除模板间连接螺栓或回形销→拆除模板→清理模板并分类堆放。

（2）梁、顶板模板：搭设作业平台→拆梁侧支模水平杆/斜撑→拆除梁侧模→板底承重水平横杆→对搭接立杆可拆除上立杆或适当下放上立杆→拆顶板底模板→拆梁底承重水平横杆→拆梁底模板→拆支模架剪刀撑→拆支模架横杆→拆支模架立杆。

3. 拆模安全防护措施

（1）上岗作业人员必须是已经过三级安全教育并经考试合格的人员。

（2）拆模前应履行拆模审批手续。施工员（或木工翻样）应确认构件强度必须达到（设计和施工规范）允许拆模强度值，作业环境防护符合安全要求后，方可批准拆模。

（3）拆模前应做好临边防护和洞口防护。

（4）在拆模前项目部必须对木工和架子班组进行分部分项安全交底，交底应交到班组所有作业人员。上岗时作业人员必须正确使用安全防护用品。严禁酒后作业，严禁睡眠严重不足人员上岗。

（5）拆模时必须严格遵守拆模方案和操作规程。

（6）拆模时下方不能有人，拆模区应设警戒线，以防有人误入被砸伤。

（7）拆模时拆模工人必须有可靠的立足点。对高度超过 2m 的模板拆除无安全防护时操作工人必须正确佩戴安全带。

（8）拆模应遵循先拆非承重模板再拆除承重模板，拆梁底模应从梁跨的中间向两边拆除，拆悬臂梁梁底的模板时应从悬臂端向支座端拆除。

（9）拆模操作时应按顺序分段进行，严禁猛撬、硬砸或大面积撬落、拉倒；作业间断时，现场不得留有松动或悬挂的模板。

（10）拆下的模板应及时运到指定地点集中有序堆放，防止钉子扎脚。

（11）项目安全员（包括班组长、班组兼职安全员）必须对模板拆除作业进行巡视，发现有不安全行为或现象时必须立即给予阻止。

七、梁木模板计算书

（一）梁模板荷载标准值

模板自重＝0.340kN/m²；

钢筋自重＝1.500kN/m³；

混凝土自重＝24.000kN/m³；

施工荷载标准值＝2.500kN/m²；

强度验算要考虑新浇混凝土侧压力和倾倒混凝土时产生的荷载；挠度验算只考虑新浇混凝土侧压力。

新浇混凝土侧压力计算公式为下式中的较小值：

$$F = 0.22\gamma_c t\beta_1\beta_2 \sqrt{V} \quad F = \gamma H$$

其中　γ_c——混凝土的重力密度，取 24.000kN/m³；

　　　t——新浇混凝土的初凝时间，为 0 时（表示无资料）取 200/(T+15)，取 6.600h；

　　　T——混凝土的入模温度，取 15.000℃；

　　　V——混凝土的浇筑速度，取 2.500m/h；

　　　H——混凝土侧压力计算位置处至新浇混凝土顶面总高度，取 0.700m；

　　　β_1——外加剂影响修正系数，取 1.000；

　　　β_2——混凝土坍落度影响修正系数，取 1.150。

根据公式计算的新浇混凝土侧压力标准值 F_1＝16.790kN/m²

实际计算中采用新浇混凝土侧压力标准值 F_1＝16.800kN/m²

倒混凝土时产生的荷载标准值 F_2＝6.000kN/m²。

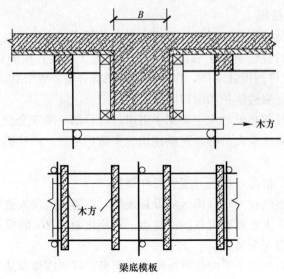

图 5-1 梁底模面板示意图

（二）梁模板底模计算

梁底模板的高度 $H=18mm$；

梁底模板的宽度 $B=240mm$；

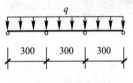

图 5-2 梁底模面板
计算简图

本算例中，面板的截面惯性矩 I 和截面抵抗矩 W 分别为：

$W=30.00\times1.80\times1.80/6=16.20cm^3$；

$I=30.00\times1.80\times1.80\times1.80/12=14.58cm^4$；

梁底模板面板按照三跨度连续梁计算，计算简图如图 5-2：

1. 强度计算

强度计算公式要求：$f=M/W<[f]$

其中　f——梁底模板的强度计算值（N/mm²）；

　　　M——计算的最大弯矩（kN·m）；

　　　q——作用在梁底模板的均布荷载（kN/m）；

$q=1.2\times[0.34\times(0.24+2\times0.60)+24.00\times0.24\times0.60+1.50\times0.24\times0.60]+$

　　$1.4\times2.50\times0.24=8.17kN/m$

最大弯矩计算公式如下：

$$M_{max}=-0.10ql^2$$

$$M_{max}=-0.10\times8.170\times0.24^2=-0.074kN\cdot m$$

$$\sigma=0.074\times106/16200.0=4.539N/mm^2$$

梁底模面板计算强度小于 15.00N/mm²，满足要求！

2. 挠度计算

最大挠度计算公式如下：

$$V_{max}=0.677\frac{ql^4}{100EI}$$

式中　$q=0.34\times(0.24+2\times0.60)+24.00\times0.24\times0.60+1.50\times0.24\times0.60=5.933N/mm$

三跨连续梁均布荷载作用下的最大挠度：

$$v = 0.677 \times 5.933 \times 300.04/(100 \times 6000.00 \times 145800.0) = 0.372\text{mm}$$

梁底模板的挠度计算值：v＝0.372mm 小于 ［v］＝300/400，满足要求！

（三）梁模板底木方计算

梁底木方的高度 H＝100mm；

梁底木方的宽度 B＝50mm；

本算例中，面板的截面惯性矩 I 和截面抵抗矩 W 分别为：

$$W = 5.00 \times 10.00 \times 10.00/6 = 83.33\text{cm}^3;$$

$$I = 5.00 \times 10.00 \times 10.00 \times 10.00/12 = 416.67\text{cm}^4;$$

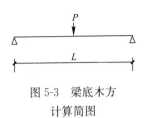

图 5-3 梁底木方
计算简图

梁底木方按照集中荷载作用的简支梁计算，计算简图如图 5-3：

1. 强度计算

强度计算公式要求：$f = M/W < [f]$

式中　f——梁底模板的强度计算值（N/mm²）；

　　　M——计算的最大弯矩（kN·m）；

　　　P——作用在梁底木方的集中荷载（kN/m）；

　　　$P = \{1.2 \times [0.34 \times (0.24 + 2 \times 0.60) + 24.00 \times 0.24 \times 0.60 + 1.50 \times$
　　　　　$0.24 \times 0.60] + 1.4 \times 2.50 \times 0.24\} \times 0.24 = 2.451\text{kN}$

最大弯矩计算公式如下：

$$M = \frac{PL}{4}$$

式中　L——梁底木方的跨度，L＝300＋2×300＝900mm

$$M = 2.451 \times 900.000/4 = 0.551\text{kN·m}$$

$$\sigma = 0.551 \times 106/83333.3 = 6.617\text{N/mm}^2$$

梁底木方计算强度小于 13.00N/mm²，满足要求！

2. 挠度计算

最大挠度计算公式如下：

$$v = \frac{PL^3}{48EI} \leqslant [v]$$

其中　$P = [0.34 \times (0.24 + 2 \times 0.60) + 24.00 \times 0.24 \times 0.60 + 1.50 \times 0.24 \times 0.60] \times$
　　　　$0.24 = 1.780\text{kN}$

最大挠度：

v＝1779.900×900.03/(48×9500.00×4166666.8)＝0.683mm

梁底木方的挠度计算值：v＝0.683mm 小于 ［v］＝900/400，满足要求！

（四）梁模板侧模计算

梁侧模板龙骨按照三跨连续梁计算，计算简图如图 5-4：

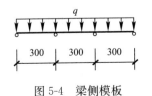

图 5-4 梁侧模板
龙骨计算简图

1. 强度计算

强度计算公式要求：$f = M/W < [f]$

式中　f——梁侧模板的强度计算值（N/mm²）；

　　　M——计算的最大弯矩（kN·m）；

　　　q——作用在梁侧模板的均布荷载（N/mm）；

$$q=(1.2×16.80+1.4×6.00)×0.60=19.992N/mm$$

最大弯矩计算公式如下：

$$M_{max}=-0.10ql^2$$
$$M=-0.10×19.992×0.2402=-0.180kN·m$$
$$σ=0.180×106/37800.0=4.760N/mm^2$$

梁侧模面板计算强度小于 $15.00N/mm^2$，满足要求！

2. 挠度计算

最大挠度计算公式如下：

$$V_{max}=0.677\frac{ql^4}{100EI}$$

其中　$q=16.80×0.60=11.76N/mm$

三跨连续梁均布荷载作用下的最大挠度：

$$v=0.677×11.760×300.04/(100×6000.00×340200.0)=0.316mm$$

梁侧模板的挠度计算值：$v=0.316mm$，小于 $[v]=300/400$，满足要求！

（五）穿梁螺栓计算

穿梁螺栓承受最大拉力 $N=(1.2×16.80+1.4×6.00)×0.60×0.60/1=12.00kN$

穿梁螺栓直径为 12mm；

穿梁螺栓有效直径为 10.4mm；

穿梁螺栓有效面积为 $84.300mm^2$；

穿梁螺栓最大容许拉力值为 14.331kN；

穿梁螺栓承受拉力最大值为 11.995kN；

穿梁螺栓的布置距离为侧龙骨的计算间距 600mm。

每个截面布置 1 道穿梁螺栓满足要求。

穿梁螺栓强度满足要求！

八、梁模板扣件钢管高支撑架计算书

高支撑架的计算参照《建筑施工扣件式钢管脚手架安全技术规范》JGJ 130—2011。

支撑高度在 4m 以上的模板支架被称为扣件式钢管高支撑架，对于高支撑架的计算规范存在重要疏漏，使计算极容易出现不能完全确保安全的计算结果。本计算书还参照《施工技术》2002 年 3 期《扣件式钢管模板高支撑架设计和使用安全》，供脚手架设计人员参考。

模板支架搭设高度为 3.8m。

基本尺寸为：梁截面 $B×D=240mm×600mm$，梁支撑立杆的横距（跨度方向）$l=1.20m$，立杆的步距 $h=1.30m$。

采用的钢管类型为 $\phi48×3.5$。

（一）梁底支撑大横杆的计算

作用于大横杆的荷载包括梁与模板自重荷载，施工活荷载等，通过木方的集中荷载传递。

1. 木方荷载的计算

（1）钢筋混凝土梁自重（kN）：

$$q_1=25.000×0.600×0.240×0.240=1.575kN$$

（2）模板的自重荷载（kN）：

$$q_2 = 0.350 \times 0.240 \times (2 \times 0.600 + 0.240) = 0.179\text{kN}$$

（3）活荷载为施工荷载标准值与振倒混凝土时产生的荷载（kN）：

经计算得到，活荷载标准值 $P_1 = (1.000 + 4.000) \times 0.240 \times 0.240 = 0.450\text{kN}$

2. 木方楞传递集中力计算

$$P = (1.2 \times 1.575 + 1.2 \times 0.179 + 1.4 \times 0.450)/2 = 1.367\text{kN}$$

3. 大横杆的强度计算

大横杆按照集中荷载作用下的简支梁计算

集中荷载 P 取木方传递力，$P = 1.37\text{kN}$

大横杆计算简图如图 5-6：

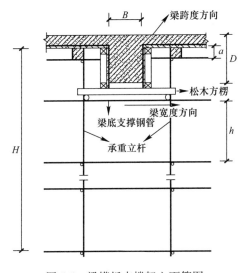

图 5-5　梁模板支撑架立面简图

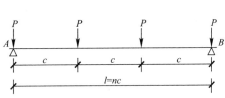

图 5-6　大横杆计算简图

梁底支撑钢管按照简支梁的计算公式：

$$R_A = R_B = \frac{n-1}{2}P + P$$

$$M_{max} = \begin{cases} \dfrac{(n^2-1)Pl}{8n} & (n \text{ 奇数}) \\[2mm] \dfrac{nPl}{8} & (n \text{ 为偶数}) \end{cases}$$

其中 $n = 1.20/0.30 = 4$

经过简支梁的计算得到：

支座反力 $R_A = R_B = (4-1)/2 \times 1.37 + 1.37 = 3.42\text{kN}$

通过传递到立杆的最大力为 $2 \times 2.05 + 1.37 = 5.47\text{kN}$

最大弯矩 $M_{max} = 4/8 \times 1.37 \times 1.20 = 0.82\text{kN} \cdot \text{m}$

截面应力 $\sigma = 0.82 \times 106/4491.0 = 182.65\text{N/mm}^2$

水平支撑梁的计算强度小于 205.0N/mm^2，满足要求！

（二）梁底支撑小横杆计算

小横杆只起构造作用，通过扣件连接到立杆。

（三）扣件抗滑移的计算

纵向或横向水平杆与立杆连接时，扣件的抗滑承载力按照下式计算（《扣件式规范》5.2.5）：

$$R \leqslant R_c$$

式中　R_c——扣件抗滑承载力设计值，取 8.0kN；

　　　R——纵向或横向水平杆传给立杆的竖向作用力设计值。

计算中 R 取最大支座反力，$R = 5.47$kN

单扣件抗滑承载力的设计计算满足要求！

当直角扣件的拧紧力矩达 40～65N·m 时，试验表明：单扣件在 12kN 的荷载下会滑动，其抗滑承载力可取 8.0kN；双扣件在 20kN 的荷载下会滑动，其抗滑承载力可取 12.0kN。

（四）立杆的稳定性计算

立杆的稳定性计算公式

$$\sigma = \frac{N}{\phi A} \leqslant [f]$$

其中 N——立杆的轴心压力设计值，它包括：

横杆的最大支座反力 $N_1 = 5.47$kN（已经包括组合系数 1.4）

脚手架钢管的自重 $N_2 = 1.4 \times 0.129 \times 5000 = 0.903$kN

楼板的混凝土模板的自重 $N_3 = 2.100$kN

$N = 5.468 + 0.903 + 2.100 = 8.471$kN

ϕ——轴心受压立杆的稳定系数，由长细比 l_0/i 查表得到；

i——计算立杆的截面回转半径（cm）；$i = 1.60$

A——立杆净截面面积（cm²）；$A = 4.24$

W——立杆净截面抵抗矩（cm³）；$W = 4.49$

σ——钢管立杆受压强度计算值（N/mm²）；

$[f]$——钢管立杆抗压强度设计值（N/mm²）；$[f] = 205.00$

l_0——计算长度（m）；

如果完全参照《扣件式规范》不考虑高支撑架，由公式（5-1）或（5-2）计算

$$l_0 = k_1 \mu h \tag{5-1}$$

$$l_0 = (h + 2a) \tag{5-2}$$

k_1——计算长度附加系数，按照表 5-1 取值为 1.167；

μ——计算长度系数，参照《扣件式规范》表 5.3.3；$\mu = 1.75$

a——立杆上端伸出顶层横杆中心线至模板支撑点的长度；

$a = 0.30$m；

模板支架计算长度附加系数 k_1　　　　　　　　　　　　　　表 5-1

步距 h(m)	$h \leqslant 0.9$	$0.9 < h \leqslant 1.2$	$1.2 < h \leqslant 1.5$	$1.5 < h \leqslant 2.1$
k1	1.243	1.185	1.167	1.163

公式（5-1）的计算结果：$\sigma = 120.8$，立杆的稳定性计算 $\sigma < [f]$，满足要求！

公式（5-2）的计算结果：$\sigma = 168.2$，立杆的稳定性计算 $\sigma < [f]$，满足要求！

如果考虑到高支撑架的安全因素，适宜由公式（5-3）计算

$$l_0 = k_1 k_2 (h + 2a) \tag{5-3}$$

k_2——计算长度附加系数,按照表 5-2 取值为 1.000;

公式(5-3)的计算结果:$\sigma = 144.66$,立杆的稳定性计算 $\sigma < [f]$,满足要求!

模板承重架应尽量利用剪力墙或柱作为连接连墙件,否则存在安全隐患。

模板支架立杆计算长度附加系数 k_2 表 5-2

$h+2a(\mu'h)$(m)	H_0(m)	4	6	8	10	12	14	16	18	20	25	30	35	40
1.35		1.0	1.014	1.026	1.039	1.042	1.054	1.061	1.081	1.092	1.113	1.137	1.155	1.173
1.44		1.0	1.012	1.022	1.031	1.039	1.047	1.056	1.064	1.072	1.092	1.111	1.129	1.149
1.53		1.0	1.007	1.015	1.024	1.031	1.039	1.047	1.055	1.062	1.079	1.097	1.114	1.132
1.62		1.0	1.007	1.014	1.021	1.029	1.036	1.043	1.051	1.056	1.074	1.090	1.106	1.123
1.80		1.0	1.007	1.014	1.020	1.026	1.033	1.040	1.046	1.052	1.067	1.081	1.096	1.111
1.92		1.0	1.007	1.012	1.018	1.024	1.030	1.035	1.042	1.048	1.062	1.076	1.090	1.104
2.04		1.0	1.007	1.012	1.018	1.022	1.029	1.035	1.039	1.044	1.060	1.073	1.087	1.101
2.25~2.55		1.0	1.007	1.010	1.016	1.020	1.027	1.032	1.037	1.042	1.057	1.070	1.081	1.094
2.70~3.36		1.0	1.007	1.010	1.016	1.020	1.027	1.032	1.037	1.042	1.053	1.066	1.078	1.091

以上表参照:《扣件式钢管模板高支撑架设计和使用安全》。

(五)梁和楼板模板高支撑架的构造和施工要求

除了要遵守《扣件架规范》的相关要求外,还要考虑以下内容:

1. 模板支架的构造要求

(1)梁板模板高支撑架可以根据设计荷载采用单立杆或双立杆;

(2)立杆之间必须按步距满设双向水平杆,确保两方向足够的设计刚度;

(3)梁和楼板荷载相差较大时,可以采用不同的立杆间距,但只宜在一个方向变距、而另一个方向不变。

2. 立杆步距的设计

(1)当架体构造荷载在立杆不同高度轴力变化不大时,可以采用等步距设置;

(2)当中部有加强层或支架很高,轴力沿高度分布变化较大,可采用下小上大的变步距设置,但变化不要过多;

(3)高支撑架步距以 0.9~1.5m 为宜,不宜超过 1.5m。

3. 整体性构造层的设计

(1)当支撑架高度≥20m 或横向高宽比≥6 时,需要设置整体性单或双水平加强层;

(2)单水平加强层可以每 4~6m 沿水平结构层设置水平斜杆或剪刀撑,且须与立杆连接,设置斜杆层数要大于水平框格总数的 1/3;

(3)双水平加强层在支撑架的顶部和中部每隔 10~15m 设置,四周和中部每 10~15m 设竖向斜杆,使其具有较大刚度和变形约束的空间结构层;

(4)在任何情况下,高支撑架的顶部和底部(扫地杆的设置层)必须设水平加强层。

4. 剪刀撑的设计

(1)沿支架四周外立面应满足立面满设剪刀撑;

(2)中部可根据需要并依构架框格的大小,每隔 10~15m 设置。

5. 顶部支撑点的设计

（1）最好在立杆顶部设置支托板，其距离支架顶层横杆的高度不宜大于 400mm；

（2）顶部支撑点位于顶层横杆时，应靠近立杆，且不宜大于 200mm；

（3）支撑横杆与立杆的连接扣件应进行抗滑验算，当设计荷载 $N \leqslant 12kN$ 时，可用双扣件；大于 12kN 时应用顶托方式。

6. 支撑架搭设的要求

（1）严格按照设计尺寸搭设，立杆和水平杆的接头均应错开在不同的框格层中设置；

（2）确保立杆的垂直偏差和横杆的水平偏差小于《扣件架规范》的要求；

（3）确保每个扣件和钢管的质量是满足要求的，每个扣件的拧紧力矩都要控制在 45～60N·m，钢管不能选用已经长期使用发生变形的；

（4）地基支座的设计要满足承载力的要求。

7. 施工使用的要求

（1）精心设计混凝土浇筑方案，确保模板支架施工过程中均衡受载，最好采用由中部向两边扩展的浇筑方式；

（2）严格控制实际施工荷载不超过设计荷载，对出现的超过最大荷载要有相应的控制措施，钢筋等材料不能在支架上方堆放；

（3）浇筑过程中，派人检查支架和支承情况，发现下沉、松动和变形情况及时解决。

九、柱模板支撑计算书

（一）柱模板荷载标准值

强度验算要考虑新浇混凝土侧压力和倾倒混凝土时产生的荷载；挠度验算只考虑新浇混凝土侧压力。

新浇混凝土侧压力计算公式为下式中的较小值：

$$F = 0.22 \gamma_c t \beta_1 \beta_2 \sqrt{V} \qquad F = \gamma H$$

式中　γ_c——混凝土的重力密度，取 24.000kN/m³；

　　t——新浇混凝土的初凝时间，为 0 时（表示无资料）取 $200/(T+15)$，取 6.600h；

　　T——混凝土的入模温度，取 15.000℃；

　　V——混凝土的浇筑速度，取 2.900m/h；

　　H——混凝土侧压力计算位置处至新浇混凝土顶面总高度，取 3.800m；

　　β_1——外加剂影响修正系数，取 1.000；

　　β_2——混凝土坍落度影响修正系数，取 1.000。

根据公式计算的新浇混凝土侧压力标准值 $F_1 = 59.340kN/m^2$；

实际计算中采用新浇混凝土侧压力标准值 $F_1 = 59.340kN/m^2$；

倒混凝土时产生的荷载标准值 $F_2 = 4.000kN/m^2$。

（二）柱模板计算简图

柱箍是柱模板的横向支撑构件，其受力状态为拉弯杆件，应按拉弯杆件进行计算。

柱模板的截面宽度 $B = 350mm$；

柱模板的截面高度 $H = 500mm$；

柱模板的高度 $L = 3800mm$；

柱箍的间距计算跨度 $d = 500mm$。

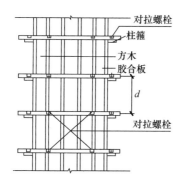
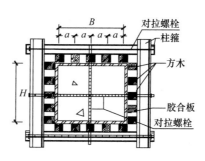

图 5-7 柱箍计算简图

（三）木方（面板）的计算

木方直接承受模板传递的荷载，应该按照均布荷载下的两跨度连续梁计算，计算如下：

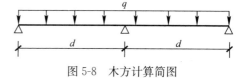

图 5-8 木方计算简图

1. 木方强度计算

支座最大弯矩计算公式：

$$M_1 = -0.125qd^2$$

跨中最大弯矩计算公式：

$$M_2 = 0.007qd^2$$

其中 q 为强度设计荷载（kN/m）；

$$q = (1.2 \times 59.34 + 1.4 \times 4.00) \times 0.15 = 11.52 \text{kN/m}$$

d 为柱箍的距离，$d = 500 \text{mm}$；

经过计算得到最大弯矩 $M = 0.125 \times 11.521 \times 0.35 \times 0.50 = 0.360 \text{kN} \cdot \text{M}$

木方截面抵抗矩 $W = 50.0 \times 100.0 \times 100.0 / 6 = 83333.3 \text{mm}^3$

经过计算得到 $= M/W = 0.370 \times 106 / 83333.3 = 4.320 \text{N/mm}^2$

木方的计算强度小于 13.0N/mm^2，满足要求！

2. 木方挠度计算

最大挠度计算公式

$$w = \frac{0.521qd^4}{100EI} \leqslant [w]$$

式中：q——混凝土侧压力的标准值，$q = 59.340 \text{kN/m}$；

E——木方的弹性模量，$E = 9500.0 \text{N/mm}^2$；

I——木方截面惯性矩 $I = 50.0 \times 100.0 \times 100.0 \times 100.0 / 12 = 4166667.0 \text{mm}^4$；经过

计算得到 $w = 0.521 \times 59.340 \times 500.04 / (100 \times 9500 \times 4166667.0) = 0.488 \text{mm}$

$[w]$——木方最大允许挠度，$[w] = 500.000 / 400 = 1.25 \text{mm}$；

木方的最大挠度满足要求！

（四）B 方向柱箍的计算

本算例中，柱箍采用钢楞，截面惯性矩 I 和截面抵抗矩 W 分别为：

钢柱箍的规格：圆钢管 $\phi 48 \times 3.5 \text{mm}$；

钢柱箍截面抵抗矩 $W = 4.49 \text{cm}^3$；

钢柱箍截面惯性矩 $I = 10.78 \text{cm}^4$；

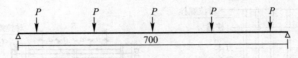

图 5-9　B 方向柱箍计算简图

其中 P 为木方传递到柱箍的集中荷载（kN）；

$$P=(1.2\times59.34+1.4\times4.00)\times0.15\times0.35=5.76\text{kN}$$

经过连续梁的计算得到：

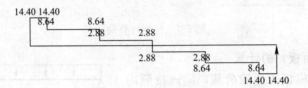

图 5-10　B 方向柱箍剪力图（kN）

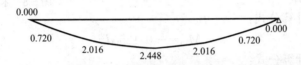

图 5-11　B 方向柱箍弯矩图（kN·m）

最大弯矩 $M=2.448\text{kN·m}$

最大支座力 $N=14.402\text{kN}$

柱箍截面强度计算公式：

$$\frac{M_{\text{x}}}{\gamma_{\text{x}}W}\leqslant f$$

其中　M_{x}——柱箍杆件的最大弯矩设计值，$M_{\text{x}}=2.45\text{kN·m}$；

　　　x——截面塑性发展系数，为 1.05；

　　　W——弯矩作用平面内柱箍截面抵抗矩，$W=17.96\text{cm}^3$；

柱箍的强度设计值（N/mm²）：$[f]=205.000$；

B 边柱箍的强度计算值 $f=129.83\text{N/mm}^2$；

B 边柱箍的强度验算满足要求！

（五）B 方向对拉螺栓的计算

B 方向没有设置对拉螺栓！

（六）H 方向柱箍的计算

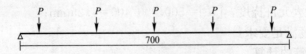

图 5-12　H 方向柱箍计算简图

其中 P 为木方传递到柱箍的集中荷载（kN）；

$$P=(1.2\times59.34+1.4\times4.00)\times0.15\times0.50=5.76\text{kN}$$

经过连续梁的计算得到

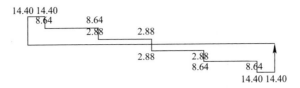

图 5-13 H 方向柱箍剪力图（kN）

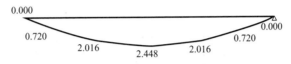

图 5-14 H 方向柱箍弯矩图（kN·m）

最大弯矩 $M=2.448\text{kN·m}$

最大支座力 $N=14.402\text{kN}$

柱箍截面强度计算公式：

$$\frac{M_x}{\gamma_x W} \leqslant f$$

式中　M_x——柱箍杆件的最大弯矩设计值，$M_x=2.45\text{kN·m}$；

　　　γ_x——截面塑性发展系数，为 1.05；

　　　W——弯矩作用平面内柱箍截面抵抗矩，$W=17.96\text{cm}^3$；

柱箍的强度设计值（N/mm²）：$[f]=205.000$

H 边柱箍的强度计算值 $f=129.83\text{N/mm}^2$；

H 边柱箍的强度验算满足要求！

十、墙模板的木模板计算书

（一）荷载计算

强度验算要考虑新浇混凝土侧压力和倾倒混凝土时产生的荷载；挠度验算只考虑新浇混凝土侧压力。

新浇混凝土侧压力计算公式为下式中的较小值：

$$F=0.22\gamma_c t\beta_1\beta_2\sqrt{V} \qquad F=\gamma H$$

式中　γ——混凝土的重力密度，取 24.000kN/m³；

　　　t——新浇混凝土的初凝时间，为 0 时（表示无资料）取 200/(T+15)，取 6.600h；

　　　T——混凝土的入模温度，取 15.000℃；

　　　V——混凝土的浇筑速度，取 2.500m/h；

　　　H——混凝土侧压力计算位置处至新浇混凝土顶面总高度，取 5.000m；

　　　β_1——外加剂影响修正系数，取 1.000；

　　　β_2——混凝土坍落度影响修正系数，取 1.150。

根据公式计算的新浇混凝土侧压力标准值 $F_1=63.360\text{kN/m}^2$；

实际计算中采用新浇混凝土侧压力标准值 $F_1=63.360\text{kN/m}^2$；

倒混凝土时产生的荷载标准值 $F_2=4.000\text{kN/m}^2$。

（二）墙模板的构造

墙模板的背部支撑由两层龙骨（木楞或钢楞）组成，直接支撑模板的龙骨为次龙骨，即内龙骨；用以支撑内层龙骨为主龙骨，即外龙骨组装成墙体模板时，通过拉杆将墙体两片模板拉结，每个拉杆成为主龙骨的支点。见图5-15。

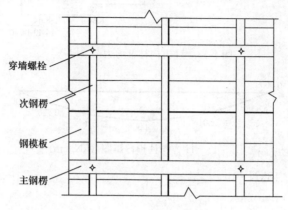

图5-15　墙模板组装示意图

内龙骨间距200mm；外龙骨间距600mm。

（三）墙模板面板的计算

面板为受弯结构，需要验算其抗弯强度和刚度。计算的原则是按照龙骨的间距和模板面的大小，按支撑在内龙骨上的三跨连续梁计算。

强度计算公式：

$$f = M/W_x < [f]$$

式中：f——面板的强度计算值（N/mm²）；

M——面板的最大弯矩（N·mm）；

W_x——面板的净截面抵抗矩，$W = 60.00 \times 1.80 \times 1.80/6 = 32.40 \text{cm}^3$；

$[f]$——面板的强度设计值（N/mm²）。

$$M = ql^2/10$$

式中：q——作用在模板上的侧压力，它包括：

新浇混凝土侧压力设计值，$q_1 = 1.2 \times 0.60 \times 63.36 = 45.62 \text{kN/m}$；

倾倒混凝土侧压力设计值，$q_2 = 1.4 \times 0.60 \times 4.00 = 3.36 \text{kN/m}$；

l——计算跨度（内楞间距），$l = 200 \text{mm}$；

面板的强度设计值 $[f] = 15.000 \text{N/mm}^2$；

经计算得到，面板的强度计算值 $f = 6.047 \text{N/mm}^2$；

面板的强度验算 $f < [f]$，满足要求！

木模或胶合板挠度计算公式：

$$v = ql^4/150EI < [v] = l/400$$

式中：q——作用在模板上的侧压力，$q = 48.98 \text{N/mm}$；

l——计算跨度（内楞间距），$l = 200 \text{mm}$；

E——面板的弹性模量，$E = 6000 \text{N/mm}^2$；

I——面板的截面惯性矩，$I = 60.00 \times 1.80 \times 1.80 \times 1.80/12 = 29.16 \text{cm}^4$；

面板的最大允许挠度值，$[v] = 0.500 \text{mm}$；

面板的最大挠度计算值，$v=0.299$mm；

面板的挠度验算 $v<[v]$，满足要求！

（四）墙模板内外楞的计算

内楞（木或钢）直接承受钢模板传递的荷载，通常按照均布荷载的三跨连续梁计算。

本算例中，内龙骨采用木楞，截面惯性矩 I 和截面抵抗矩 W 分别为：

$$W=5.00\times10.00\times10.00/6=83.33\text{cm}^3；$$

$$I=5.00\times10.00\times10.00\times10.00/12=416.67\text{cm}^4；$$

内楞强度计算公式：

$$f=M/W<[f]$$

式中：f——内楞的强度计算值（N/mm^2）；

　　　M——内楞的最大弯矩（$\text{N}\cdot\text{mm}$）；

　　　W——内楞的净截面抵抗矩；

　　　$[f]$——内楞的强度设计值（N/mm^2）。

$$M=ql^2/10$$

式中：q——作用在内楞的荷载，$q=(1.2\times63.36+1.4\times4.00)\times0.20=16.33$kN/m；

　　　l——内楞计算跨度（外楞间距），$l=600$mm；

　　　内楞强度设计值 $[f]=13.000\text{N/mm}^2$；

　　　经计算得到，内楞的强度计算值 $f=7.053\text{N/mm}^2$；

　　　内楞的强度验算 $f<[f]$，满足要求！

内楞的挠度计算公式：

$$v=ql^4/150EI<[v]=l/400$$

式中：E——内楞的弹性模量，$E=9500.00\text{N/mm}^2$；

　　　内楞的最大允许挠度值，$[v]=1.500$mm；

　　　内楞的最大挠度计算值，$v=0.356$mm；

　　　内楞的挠度验算 $v<[v]$，满足要求！

外楞的作用主要是加强各部分的连接和模板的整体刚度，不是主要受力构件，外楞可以按照内楞的需要设置，不必进行计算。

（五）穿墙螺栓的计算

计算公式：

$$N<[N]=fA$$

式中　N——穿墙螺栓所受的拉力；

　　　A——穿墙螺栓有效面积（mm^2）；

　　　f——穿墙螺栓的抗拉强度设计值（N/mm^2）；

　　　穿墙螺栓的直径（mm）：14；

　　　穿墙螺栓有效直径（mm）：12；

　　　穿墙螺栓有效面积（mm^2）：$A=115.400$；

　　　穿墙螺栓最大容许拉力值（kN）：$[N]=19.618$；

　　　穿墙螺栓所受的最大拉力（kN）：$N=15.840$；

　　　穿墙螺栓强度验算满足要求！

案例2：桩基施工技术交底

××高速公路工程施工技术交底记录

施工单位：

监理单位：

编号：

工程名称	××高速公路	会议主持	
交底单位	××高速公路××合同段项目部	接受单位	项目部全体施工人员
交底部位	AK2＋059.99匝道桥桩基	交底日期	2018年5月___日

桩基施工技术交底内容：

一、施工准备

1. 钻孔前要认真复核设计图纸，设计桩基直径、桩基类型、设计桩基顶标高、桩基底标高，钢筋笼的设计长度、钢筋笼的直径。

2. 依据设计图纸测量粗放出桩基平面位置，根据现场实际情况修建施工工作平台，浅水区域平台面应高出高水位0.5～1.0m；现场调查后确定没有水流经过的陆上桩场地整平后直接作为工作平台；潮水区域平台面应高出最高水位2m以上，并有稳定护筒内水头的措施。修建好通往平台的施工便道，以保证成孔后钢筋笼、混凝土的运输。

3. 平台修建完成后测量精确放出桩基孔位中心点，并由孔位中心点引出四个护桩点，护桩点引致不影响钻机及操作人员正常施工，护桩要采取有效固定，防止护桩位移。四点护桩用线绳交叉连接，交叉点垂直于孔位中心点，再后续施工中随时检测孔位、钢筋笼偏位。

4. 测量放样完成后埋设钢护筒，钢护筒在普通作业场合及中小孔径条件下，一般使用不小于8mm厚的钢板制作；在深水、复杂地质及大孔径等条件下，应用厚度不小于12mm的钢板卷制，为增加刚度，采用不小于10mm的钢板，在护筒上下端和接头外侧焊加劲肋。护筒壁厚应根据桩径大小选用，一般小于桩径1/160，控制在1/140较合适。钢护筒一般埋深2～4m根据地质、现场情况确定是否加深，一般护筒外露地面控制在30m²左右，根据护筒出浆口确定。护筒埋设后复核护筒中心位置，测量处护筒顶标高，护筒四周地面标高，并详细做好测量数据。

5. 泥浆

(1) 泥浆的比重应根据钻进方法、土层情况适当控制，一般不超过1.2，冲击钻孔一般不超过1.4，尤其要控制清孔后的泥浆指标。泥浆的具体性能指标参照《规范》(JTJ 041—2000《公路桥涵施工技术规范》的简称，下同)。

(2) 泥浆用水必须使用不含杂物或工业废水造制泥浆。

(3) 造浆使用必须使用黏土或膨润土。

(4) 桩基施工所需的泥浆循环池，采用24墙式砖砌矩形泥浆池，泥浆池内需分隔出循环区、沉淀区。泥浆池的大小要根据所承担桩数量确定。

6. 开工前，桩基施工所需的导管、料斗等设备必须就位。

二、施工工艺

1. 泥浆的循环和净化处理

(1) 深水处泥浆循环、净化方法：在岸上设黏土库、泥浆池，制造或沉淀净化泥浆，配备泥浆船，用于储存、循环、沉淀泥浆。

(2) 旱地泥浆循环、净化方法：制浆池和沉淀池大小视制浆能力、方法及钻孔所需流量而定，及时清理池中沉淀，运至指定的位置。

2. 冲击钻孔

(1) 钻机就位后必须采用水平尺对钻机调平以保证钻孔的垂直度，测量要复测钻机冲击锤中心和孔位中心相同，否则重新就位调平。

(2) 开钻时应先在孔内灌注泥浆，如孔内有水，可直接投入黏土，用冲击锥以小冲程反复冲击造浆。

(3) 开孔及整个钻进过程中，应始终保持孔内水位高出地下水位 1.5～2.0m，并低于护筒顶面 0.3m，掏渣后应及时补水。

(4) 在淤泥层和黏土层冲击时，钻头应采用中冲程（1.0～2.0m）冲击，在砂层冲击时，应添加小片石和黏土采用小冲程（0.5～1.0m）反复冲击，以加强护壁，在漂石和硬岩层时应更换重锤小冲程（1.0～2.0m）冲击。在石质地层中冲击时，如果从孔上浮出石子钻碴粒径在 5～8mm 之间，表明泥浆浓度合适，如果浮出的钻碴粒径小又少，表明泥浆浓度不够，可从制浆池抽取合格泥浆进入循环。

(5) 冲击钻进时，机手要随进尺快慢及时放主钢丝绳，使钢丝绳在每次冲击过程中始终处于拉紧状态，既不能少放，也不能多放，放少了，钻头落不到孔底，打空锤，不仅无法获得进尺反而可能造成钢丝绳中断、掉锤。放多了，钻头在落到孔底后会向孔壁倾斜，撞击孔壁造成扩孔。

(6) 在任何情况下，最大冲程不宜超过 6.0m，为正确提升钻锥的冲程，应在钢丝绳上作长度标志。

(7) 深水或地质条件较差的相邻桩孔，不得同时钻进。

3. 成孔与终孔

(1) 钻孔过程应详细记录施工进展情况，包括时间、标高、档位、钻头、进尺情况等。

(2) 每钻进 2m（接近设计终孔标高时，应每 0.5m）或地层变化处，应在出碴口捞取钻碴样品，洗净后收进专用袋内保存，标明土类和标高，以供确定终孔标高。

(3) 钻孔灌注桩在成孔过程、终孔后要对钻孔进行阶段性的成孔质量检查，用专用检孔器进行检验，条件限制时可使用钢筋笼检孔器检验，检孔器外径应比钢筋笼外径大 10cm，长度不小于孔径 4～6 倍。

4. 清孔

(1) 清孔方法有换浆、抽浆、掏渣、空压机喷射、砂浆置换等，根据具体情况选择使用。

(2) 不论采用何种清孔方法，在清孔排渣时，必须注意保持孔内水头，防止坍孔。

(3) 无论采用何种方法清孔，清孔后应从孔底提出泥浆试样，进行性能指标试验，试验结果应符合设计的规定。灌注水下混凝土前，孔底沉淀土厚度应符合设计的规定。

(4) 不得用加深钻孔深度的方式代替清孔。

(5) 清孔原则采取二次清孔法，即成孔检查合格后立即进行第一次清孔，并清除护筒上的泥皮；钢筋笼下好，并在浇注混凝土前再次检查沉淀层厚度，若超过规定值，必须进行二次清孔，二次清孔后立即灌注混凝土。

5. 钢筋笼加工就位

(1) 钢筋笼应在钢筋加工场采用定型台座加工成型，并运输至施工现场。

(2) 钢筋笼应每隔 1～2m 设置临时十字加劲撑，以防变形；加强箍肋必须设在主筋的内侧，环形筋在主筋的外侧，并同主筋进行点焊而不是绑扎。

(3) 每节骨架均应有半成品标志牌，标明墩号、桩号、节号、质量状况。

(4) 第一节钢筋笼放入孔内，取出临时十字加劲撑，在护筒顶用工字钢穿过加劲箍下挂住钢筋笼，并保证工字钢水平和钢筋笼垂直。吊放第二节钢筋笼与第一节对准后进行机械套管连接或焊接，下放，如此循环；下放钢筋笼时要缓慢均匀，根据下笼深度，随时调整钢筋笼入孔的垂直度，尽量避免其倾斜及摆动。

（5）钢筋笼保护层必须满足设计图纸和规范的要求。钢筋笼保护层垫块推荐采用绑扎混凝土轮型垫块，混凝土垫块半径大于保护层厚度，中心穿钢筋焊在主筋上，每隔2m左右设一道，每道沿圆周对称设置不小于4块。

（6）机械套管连接时必须使竖向主筋对号，再同步拧紧套管，使套管两端正处于上下主筋已标明的划线上，否则应调整重来，确保钢筋连接质量。

（7）钢筋笼下放到位后要对其顶端定位，防止浇筑混凝土时钢筋笼偏移、上浮，下放过程要留存影像资料。

（8）两节钢筋笼采用丝套管连接，钢筋套丝后采用砂轮片打磨成水平面，减少两根钢筋连接间距。

（9）两节钢筋笼连接同一断面50%连接，两个断面之间距离不小35D。（D：钢筋直径）

6. 埋设检测管

检测管的埋设应满足设计要求，埋设的范围和规定依据相关的规定。

7. 水下混凝土灌注

钻孔桩水下混凝土灌注一般采用直升导管法，施工要求如下：

（1）导管在使用前和使用一个时期后，应对其规格、质量和拼接构造进行认真的检查外，还需做拼接、过球和水密、承压、接头、抗拉等试验。

（2）导管埋深严格按照规范要求执行。

（3）水下混凝土的强度、抗渗性能、坍落度等应符合设计、规范要求。

（4）灌注前应检查搅拌站、料场、浇灌现场的准备情况，确定各项工作就绪后方可进行。

（5）首批混凝土须满足导管埋深不小于1.0m。首批混凝土灌入孔底后，立即测探孔内混凝土面高度，计算出导管内埋置深度，如符合要求，即可正常灌注。如发现导管内进水，表明出现灌注事故，应立即进行处理。

（6）为防止钢筋骨架上浮，当灌注的混凝土顶面距钢筋骨架底部1m左右时，应降低混凝土的灌注速度。当混凝土拌和物上升到骨架底口4m以上时，提升导管，使其底口高于骨架底部2m以上即可恢复正常灌注速度。灌注开始后，应紧凑、连续地进行，严禁中途停顿。

（7）要加强灌注过程中混凝土面高度和混凝土灌注量的测量和记录工作，可按照每灌注测一次（约8m³或一罐车混凝土），及时绘制成曲线，以确定桩的灌注质量，水下混凝土灌注时，严禁用泵车泵管直接伸入导管内进行灌注，必须要有料斗进行灌注。

（8）在灌注将近结束时，由于导管内混凝土柱高度减小，超压力降低，而导管外的泥浆及所含渣土稠度增加，相对密度增大。如在这种情况下出现混凝土顶升困难时，可在孔内加水稀释泥浆，并掏出部分沉淀土，使灌注工作顺利进行。为确保桩顶混凝土质量，桩混凝土灌注要比设计高0.5~1.0m。在拔出最后一段长导管时，拔管速度要慢，以防止桩顶沉淀的泥浆挤入导管下形成泥心。

三、安全文明

1. 建立现场安全监督、检查小组，针对各工序特点，进行安全交底。对水上桩做到遵守水上作业，戴安全帽、穿救生衣、系安全带、穿防滑鞋；水上作业平台必须设置安全防护设施。

2. 钻孔灌注桩的全过程，包括材料下料、护筒埋设、钻孔、成孔、清孔、钢筋笼制作吊放、水下砼浇筑、质量检验、安全检查等，必须符合国家相关施工工艺与安全规范规定，满足施工安全作业的安全设施配置要求。

3. 作业班组必须确保在施工安全条件下进行施工，班组长负责施工现场的安全监督，发现问题及时处理或者报告安全员。安全员负责连续监督检查，确保施工工序的安全状态符合规定要求，并及时保存相关记录。

记录人： 复核人：

5.3 资源提供与实施

5.3.1 项目资源管理概述

1. 项目资源管理的概念

项目资源是对项目中使用的人力资源、材料、机械设备、技术、资金和基础设施等的总称。

项目资源管理是对项目所需人力、材料、机械设备、技术、资金和基础设施所进行的计划、组织、指挥、协调和控制等活动。项目资源管理是极其复杂的，主要表现在：工程所需资源的种类多、需求量大；工程项目建设过程是个不均衡的过程；资源供应受外界影响很大，具有复杂性和不确定性，资源经常需要在多个项目中协调；资源对项目成本的影响很大。

2. 项目资源管理的内容

项目资源管理包括人力资源管理、材料管理、机械设备管理、技术管理和资金管理。

（1）人力资源管理。人力资源是能够推动经济和社会发展的体力和脑力劳动者，在项目中包括不同层次的管理人员和参与的各种工人。人是生产力中最活跃的因素，人力资源具有能动性、再生性、社会性、消耗性，人一旦掌握生产技术，运用劳动手段，作用于劳动力，就会形成生产力。项目人力资源是指项目组织对该项目的人力资源所进行的科学的计划、适当的培训、合理的配置、准确的评估和有效的激励等方面的一系列管理工作。项目人力资源管理的特点是：

1）团队性。

2）临时性。

3）生命周期性：项目所处生命周期不同，人力资源管理就要随之调整，往往管理周期短，工作强度大。

4）选聘与解聘的非常规性：一个组织的选聘往往有严格的程序，而由于项目的自身特点，选聘往往具有权变与随意性。

5）绩效考核的效果性和激励的重物质性：考核具有明确的成果性，强调短期考核。

项目人力资源管理的任务是根据项目目标，不断获取项目所需人员，并将其整合到项目团队之中，使之与项目组织融为一体。项目中人力资源的使用，关键是要明确责任，提高效率。

（2）材料管理。建筑材料主要分为主要材料、辅助材料和周转材料。建筑材料在整个建筑工程造价中的比重占整个工程造价的三分之二至四分之三，加强项目的材料管理，对于提高工程质量，降低工程成本都将起到积极的作用。

（3）机械设备管理。机械设备管理往往实行集中管理与分散管理相结合的办法，主要任务在于正确选择机械设备，保证机械设备在使用中处于良好状态，减少机械设备闲置、损坏，提高施工机械化水平，提高完好率、利用率和效率。机械设备的供应有四种渠道：企业自有设备；市场租赁设备；企业为项目专购设备；分包机械施工任务。

（4）技术管理。技术管理是项目在实施的过程中，对各项技术活动和技术工作的各种资源进行科学管理的总称。主要包括：技术管理基础性工作，项目实施过程中的技术管理工作，技术开发管理工作，技术经济分析与评价。

（5）资金管理。项目资金管理应以保证收入、节约支出、防范风险和提高经济效益为目的。通过对资金的预测和对比及项目奖金计划等方法，不断地进行分析和对比、计划调整和考核，以达到降低成本、提高效益的目的。主要环节有：资金收入、支出预测，资金收入对比，资金筹措，资金使用管理等。

（6）基础设施管理。施工现场基础设施，包括临时办公房屋、食堂、仓库、加工场地、各种应急设备等。在施工策划和施工准备阶段项目管理人员应该对基础设施的配备和维护做出规定，同时必须安排人员实施基础设施的日常维护和保障。

（7）工作环境保障管理。施工过程和管理过程大都对工作环境存在客观要求。包括混凝土的养护环境、冬季焊接的温度控制等。因此相应的资源提供和保障制度的制定与实施也是十分重要的。

3. 项目资源管理的作用

在满足需要的前提下，以尽量少的消耗获得产出，达到减少支出、节约物化劳动和活劳动的目的。具体表现在以下几个方面：

（1）进行生产要素优化配置，即适时、适量、比例适宜、位置适宜的配备或投入生产要素，以满足施工需要。

（2）进行生产要素的优化组合，即投入项目的各种生产要素在使用过程中要协调发挥作用，有效地形成生产力。

（3）在项目的过程中要进行动态管理。项目的实施过程是一个不断变化的过程，对各种资源的需求也是不断变化。因此各种资源的配置和组合也就需要进行动态管理。动态管理的基本内容是按照项目的内在规律，有效地计划、配置、控制和处置各种资源，使之在项目中合理流动，在动态中寻求平衡。

（4）在项目运行过程中，合理的节约使用资源。

4. 编制资源管理计划的目的及依据

（1）编制资源管理计划的目的是对资源投入量、投入时间和投入步骤，做出一个合理的安排，以满足项目实施的需要。

（2）编制资源管理计划的依据。

1）项目目标分析。通过对项目目标的分析，把项目的总体目标分解为各个具体的子目标，以便清楚地了解项目所需资源的总体情况。

2）工作分解结构。工作分解结构是结构分解的工具，它是一个自上到下、由粗到细的分支树型结构，可以将项目按系统规则和要求分解成相互独立的、互相影响的、互相联系的项目单元，将他们作为对项目的观察、设计、计划目标和责任分解、成本核算和实施控制的对象，把各项目单元在项目中的地位与构成清晰、直观地表达出来。工作分解结构是项目管理的基础工作，也是项目管理的得力工具。利用工作分解结构进行项目资源计划时，工作划分的越细、越具体，所需资源的种类和数量越容易估计。工作分解自上而下逐级展开，资源需要量从下而上逐级累加。

3）项目进度计划。项目进度计划是表达项目中各项工作、工序的开展顺序、开始与完成时间以及相互衔接关系的计划。通过项目进度计划可以清楚地了解各项活动何时使用何种资源以及占用这些资源的时间，为合理的配置项目所需资源打下基础。

4）项目实施过程中的制约因素。制约因素是限制项目团队行动的因素。由于项目涉及的主体多、协调量大，在进行资源计划时，应充分考虑各类因素的制约，如项目组织结构、资源的供应条件等。

5）类似成功项目的历史资料。项目在实施过程中有较大的不确定性，不能精确地做出计划，而大量的成功历史经验数据具有很大的参考作用，可以克服计划的盲目性，利用历史资料在节约时间和费用的同时也降低了风险。

5. 资源管理计划的内容

（1）资源管理计划应包括：①资源管理制度，其中包括人力资源管理制度、材料管理制度、机械设备管理制度、技术管理制度、资金管理制度；②资源使用计划，其中包括：人力资源使用计划、材料使用计划、机械设备使用计划、技术计划、资金使用计划；③资源供应计划，其中包括：人力资源供应计划、材料供应计划、机械设备供应计划、资金供应计划；④资源处置计划，其中包括：人力资源处置计划、材料处置计划、机械设备处置计划、技术处置计划、资金处置计划。

（2）项目资源管理计划常用的工具

1）资源矩阵；

2）资源数据表；

3）资源甘特图；

4）资源需求曲线或资源负荷图；

5）资源累计曲线。

6. 资源控制程序和责任体系

（1）资源控制程序，见图 5-16。

（2）资源管理责任体系。项目资源管理体系就是将与项目资源管理相关的各种要素和活动形成一个整体，按照计划、配置、控制和考核的原则进行活动。

1）资源的供应权在组织管理层，有利于利用组织管理层的服务作用、法人地位、组织信誉、供应机制。组织应建立资源管理部门，健全资源配置机制。

2）资源的使用权在项目管理层，有利于满足使用需要，进行动态管理，搞好使用中核算、节约、降低项目成本。体现项目是成本中心。

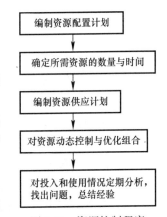

图 5-16　资源控制程序

3）项目管理层与组织管理层的关系。项目管理层应及时编制资源需用量计划，报组织管理层批准。

5.3.2　资源提供与实施依据应符合下列文件和资料的要求：

1　施工图纸与标准规范；

2　施工合同；

3　施工进度与变更计划；

4　施工组织设计；

5　成本控制计划；

6　其他。

5.3.3 资源提供与实施应满足下列基本要求：

1 编制资源提供计划；

2 落实资源提供与实施要求；

3 实施资源提供变更控制措施。

5.3.4 资源提供与实施程序

1. 资源管理的全过程及程序

（1）项目资源管理的全过程包括项目资源的计划、配置、控制和处置四个环节。

1）编制资源管理计划。计划是优化配置和组合的手段，目的是对资源投入量、投入时间、投入步骤做出合理安排，以满足项目实施的需要。

2）配置。配置是指按照编制的计划，从资源的供应到投入到项目实施，保证项目需要。优化是资源管理目标的计划预控，通过项目管理实施规划和施工组织设计予以实现。包括资源的合理选择、供应和使用，既包括市场资源，也包括内部资源。配置要遵循资源配置自身经济规律和价值规律，更好地发挥资源的效能，降低成本。

3）控制。控制是指根据每种资源的特性，设计合理的措施，进行动态配置和组合，协调投入，合理使用，不断纠正偏差，以可能少的资源满足项目要求，达到节约资源的目的。动态控制是资源管理目标的过程控制，包括对资源利用率和使用效率的监督、闲置资源的清退、资源随项目实施任务的增减变化及时调度等，通过管理活动予以实现。

4）处置。处置是根据各种资源投入、使用与产出核算的基础上，进行使用效果分析，一方面对管理效果的总结，找出经验和问题，评价管理活动；另一方面又为管理提供储备和反馈信息，以指导下一阶段的管理工作，并持续改进。

（2）项目资源管理应按程序实现资源的优化配置和动态控制，其目的是为了降低项目成本，提高效益。资源管理应遵循下列程序：

1）明确项目的资源需求，细分施工工序及活动的资源配置需求；

2）识别资源提供的适宜途径，评估不同途径的相互影响；

3）评价资源提供方式方法的技术经济水平；

4）确定资源提供计划及相关验收标准；

5）编制资源提供与实施计划，分配与平衡资源使用；

6）落实资源提供与实施计划并予以监控；

7）评价资源提供与实施的有效性与效益。

2. 项目资源管理的责任分配

项目资源管理的责任分配将人员配备工作与项目工作分解结构相联系，明确表示出工作分解结构中的每个工作单元由谁负责、由谁参与，并表明了每个人在项目中的地位。常用责任分配矩阵来表示。

责任分配矩阵是一种将所分解的工作任务落实到项目有关部门或者个人，并明确表示出他们在组织工作中的关系、责任和地位的一种方法和工具。它是以组织单位为行，工作单元为列的矩阵图。矩阵中的符号表示项目工作人员在每个工作单元中的参与角色或责任，用来表示工作任务参与类型的符号有多种形式，常见的有字母、数字和几何图形。责任分配矩阵见表5-3。

责任分配矩阵

表 5-3

WBS	项目经理	总工程师	工程技术部	人力资源部	质量管理部	安全监督部	合同预算部	物资供应部
管理规划	D	M	C	A	A	A	A	A
进度管理	D	M	C	A	A	A	A	A
质量管理	D	M	A	A	C	A	A	A
成本管理	DM	A	A	A	A	A	C	A
安全管理	D	M	A	A	A	C	A	A
资源管理	DM	A	A	C	A	A	A	C
现场管理	D	M	C	A	A	A	A	A
合同管理	DM	A	A	A	A	A	C	A
沟通管理	D	M	C	A	A	A	A	A

符号说明：D——决策；M——主持；C——主管；A——参与。

5.3.5 人力资源管理

1. 人力资源管理计划

（1）人力资源管理计划概述

人力资源计划是从项目目标出发，根据内外部环境的变化，通过对项目未来人力资源需求的预测，确定完成项目所需人力资源的数量和质量、各自的工作任务，以及相互关系的过程。人力资源计划的最终目标是使组织和个人都得到长期利益。人力资源管理是为实现项目目标服务的，这是人力资源管理的根本。同时应兼顾员工的利益，员工利益是指工资、提升机会、工作环境、保障等。如果在执行人力资源计划时，不顾及个人目标是不利的，其后果是优秀员工流失，组织缺乏和谐与活力，最终影响组织目标的实现。特别是施工单位经常在野外施工，条件艰苦且夫妻两地分居，往往造成员工的生活和心理负担。组织应该在这方面提供切实可行的措施。

人力资源管理计划的三个步骤是：

1）对现有人力资源进行评价；

2）预测项目未来所需要的人力资源；

3）制定人力资源管理总计划及各项管理政策。

项目人力资源管理计划的工具和方法是：

1）人力资源综合平衡：总量平衡和结构平衡；

2）职务分析：确定项目所需的各项职务或岗位以及任职条件和具体要求。职务分析的具体方法包括：问卷调查法、面谈法、文献资料分析法、观察法和关键事件法等。

项目人力资源计划的结果是：

1）角色和责任分配：责任分配矩阵；

2）人员配备计划：人力资源直方图。

（2）人力资源需求计划。人力资源需求计划是为了实现目标而对所需人力资源进行预测，并为满足这些需要而预先进行系统安排的过程。

编制项目人力资源计划应符合国家有关劳动法律、法规以及行政规章制度，并结合项目建设规模、生产运营复杂程度及自动化水平、人员素质与劳动生产率要求、组织机构设置与生产管理制度进行，其编制依据是：

1）项目目标分析：将项目总体目标分解成具体的子目标；

2）工作分解结构：根据 WBS 确定人力资源的数量、质量和要求；

3）项目进度计划：各活动何时需要相应的人力资源及占用时间；

4）制约因素：是否能够及时获得所需要的人力资源；

5）历史资料：国内外同类项目的情况，借鉴以前的成功经验；

6）组织理论：马斯洛的需求理论，麦戈里格的 X 理论与 Y 理论等。

项目管理人员需求的确定。应根据岗位编制计划，使用合理的预测方法，来进行人员需求预测。在人员需求中应明确需求的职务名称、人员需求数量、知识技能等方面的要求、招聘的途径、招聘的方式、选择的方法、程序、希望到岗时间等。最终要形成一个有员工数量、招聘成本、技能要求、工作类别及为完成组织目标所需的管理人员数量和层次的分列表。

在进行管理人员人力资源需求计划编制时的一个重要前提是进行工作分析。工作分析是指通过观察和研究，对特定的工作职务做出明确的规定，并规定这一职务的人员应具备什么素质的过程。工作分析用来计划和协调几乎所有的人力资源管理活动。工作分析时应包括：工作内容、责任者、工作岗位、工作时间、如何操作、为何要做。根据工作分析的结果，编制工作说明书和工作规范。

综合人力资源和主要工种人力资源需求的确定。人力资源综合需要量计划是确定暂设工程规模和组织劳动力进场的依据。编制时首先根据工种工程量汇总表中分别列出的各个建筑物专业工种的工程量，查相应定额，便可得到各个建筑物几个主要工种的劳动量，再根据总进度计划表中各单位工程工种的持续时间，即可得到某单位工程在某段时间里的平均劳动力数。同样方法可计算出各个建筑物的各主要工种在各个时期的平均工人数。将总进度计划表纵坐标方向上各单位工程同工种的人数叠加在一起并连成一条曲线，即为某工种的人力资源动态曲线图和计划表。

人力资源需要量计划是根据施工方案、施工进度和预算，依次确定的专业工种、进场时间、劳动量和工人数，然后汇集成表格形式，它可作为现场劳动力调配的依据。人力资源需要量计划表见表 5-4。

人力资源需要量计划表   表 5-4

序号	专业工种		人力资源	需要时间									备注
	名称	级别		×月			×月			×月			
				I	II	III	I	II	III	I	II	III	

由于项目在实施过程中施工工序和部位是在不断变化的，对项目施工管理和技术人员的需求也是不同的。项目经理部的其他人员可以实行动态配置。当某一项目某一阶段的施工任务结束后，相应的人员可以动态的流动到其他项目上去，这项工作一般可由公司的人事部门和工程部综合考虑后全公司的在建项目进行统筹安排，对项目管理人员实行集权化管理，从而在全公司范围内进行动态优化配置。

对于人力资源的优化配置，应根据承包项目的施工进度计划和工种需要数量进行。项目经理部根据计划与劳务合同，接收到劳务承包队伍派遣的作业人员后，应根据工程的需要，或保持原建制不变，或重新进行组合。

在整个项目进行过程中，除特殊情况外，项目经理是固定不变的。由于实行项目经理负责制，项目经理必须自始至终负责项目的全过程活动，直至项目竣工，项目经理部解散。

（3）人力资源配置计划。根据组织发展计划和组织工作方案，结合人力资源核查报告，来制定人员配备计划。人员配置计划阐述了单位每个职位的人员数量、人员的职务变动、职务空缺数量的补充办法。应特别注意项目小组成员（个人或团体）不再为项目所需要时，他们是如何解散的。适当的再分配程序可以是：通过减少或消除为了填补两次再分配之间的时间空隙而"制造工作"的趋势来降低成本；通过降低或消除对未来就业机会的不确定心理来鼓舞士气。

人力资源配置的内容有：

1）研究制定合理的工作制度与运营班次，根据类型和生产过程特点，提出工作时间、工作制度和工作班次方案；

2）研究员工配置数量，根据精简、高效的原则和劳动定额，提出配备各岗位所需人员的数量，技术改造项目，优化人员配置；

3）研究确定各类人员应具备的劳动技能和文化素质；

4）研究测算职工工资和福利费用；

5）研究测算劳动生产率；

6）研究提出员工选聘方案，特别是高层次管理人员和技术人员的来源和选聘方案。

人力资源配置计划编制的依据是：

1）人力资源配备计划：人力资源计划阐述人力资源在何时，以何种方式加入和离开项目小组。人员计划可能是正式的，也可能是非正式的，可能是十分详细的，也可能是框架概括型的，皆依项目的需要而定；

2）资源库说明：可供项目使用的人力资源情况；

3）制约因素：外部获取时的招聘惯例、招聘原则和程序。

人力资源配置的方法有：

1）按设备计算定员，即根据机器设备的数量、工人操作设备定额和生产班次等计算生产定员人数；

2）按劳动定额定员，根据工作量或生产任务量，按劳动定额计算生产定员人数；

3）按岗位计算定员，根据设备操作岗位和每个岗位需要的工人数计算生产定员人数；

4）按比例计算定员，按服务人数占职工总数或者生产人员数量的比例计算所需服务人员的数量；

5）按劳动效率计算定员，根据生产任务和生产人员的劳动效率计算生产定员人数；

6）按组织机构职责范围、业务分工计算管理人员的人数。

（4）人力资源培训计划。

为适应发展的需要，要对员工进行培训，包括新员工的上岗培训和老员工的继续教育，以及各种专业培训等。

人力资源培训的意义在于：①是提高人员综合素质的重要途径；②有助于提高团队士

气，减少员工流失率；③有利于迎接新技术革命的挑战；④有利于大幅度提高生产力。

培训计划涉及：①培训政策；②培训需求分析；③培训目标的建立；④培训内容；⑤选择适当的培训方式：在职、脱产。

培训内容包括规章制度、安全施工、操作技术和文明教育四个方面。具体有：人员的应知应会知识、法律法规及相关要求，操作和管理的沟通配合须知、施工合规的意识、人体工效要求等。

2.5.3.5　企业应建立项目人力资源管理制度，明确人力资源的获取、使用与考核规定，并保证项目人力资源管理活动符合下列要求：

1　应编制项目人力资源管理计划。对聘用的项目人员，应根据国家相关法律法规签订劳动合同或用工协议。

2　应对各类人员进行与职业有关的安全、质量、环境、技术知识培训和教育。项目经理部应针对项目的特点和实施要求编制人力资源教育培训计划。

3　应根据项目特点，优化配置工作岗位和人员数量，确定工作制度、工作时间和工作班次，规范人员行为，提高劳动生产率。

4　应通过对管理人员和作业人员的绩效评价，确保不同层次的个人信用与能力满足需求。

3. 人力资源管理

人力资源管理管理应包括人力资源的选择、订立劳务分包合同、教育培训和考核等内容。

（1）人力资源的选择。要根据项目需求确定人力资源性质数量标准，根据组织中工作岗位的需求，提出人员补充计划；对有资格的求职人员提供均等的就业机会；根据岗位要求和条件允许来确定合适人选。

（2）项目管理人员招聘的原则：①公开原则；②平等原则；③竞争原则，制定科学的考核程序、录用标准；④全面原则，德、才、能；⑤量才原则，最终目的是每一岗位上都是最合适、最经济，并能达到组织整体效益最优。

（3）劳务合同一般分为两种形式：一是按施工预算或投标价承包；二是按施工预算中的清工承包。劳务分包合同的内容应包括：工程名称，工作内容及范围，提供劳务人员的数量，合同工期，合同价款及确定原则，合同价款的结算和支付，安全施工，重大伤亡及其他安全事故处理，工程质量、验收与保修，工期延误，文明施工，材料机具供应，文物保护，发包人、承包人的权利和义务，违约责任等。同时还应考虑劳务人员各种保险的合同管理。

（4）人力资源的培训。

按照不同的分类方法可以有以下几种形式：

① 按培训与工作关系分类。在职培训、非在职培训、半脱产培训。

② 按培训的组织形式分类。正规学校、短训班、自学等形式。

③ 按培训目标分类。有文化补课、学历培训、岗位职务培训等形式。

④ 按培训层次分类。有高级、中级和初级培训。

教育培训的管理包括培训岗位、人数，培训内容、目标、方法、地点和培训费用等，应重点培训生产线关键岗位的操作运行人员和管理人员。对培训人员的培训时间与项目的建设进度应相衔接,如设备操作人员,应在设备安装调试前完成培训工作,以便这些人员参加设备安装、调试过程,熟悉设备性能,掌握处理事故技能等,保证项目顺利完成。组织应该重点考虑对供方、合同方人员的培训方式和途径,可以由组织直接进行培训,也可以根据合同约定由供方、合同方自己进行培训。

教育培训的内容包括管理人员的培训和工人的培训。

1)管理人员的培训:

岗位培训。是对一切从业人员,根据岗位或者职务对其具备的全面素质的不同需要,按照不同的劳动规范,本着干什么学什么,缺什么补什么的原则进行的培训活动。它旨在提高职工的本职工作能力,使其成为合格的劳动者,并根据生产发展和技术进步的需要,不断提高其适应能力。包括对项目经理的培训,对基层管理人员和土建、装饰、水暖、电气工程的培训以及其他岗位的业务、技术干部的培训。

继续教育。包括建立以"三总师"为主的技术、业务人员继续教育体系、采取按系统、分层次、多形式的方法,对具有中专以上学历的处级以上职称的管理人员进行继续教育。

学历教育。主要是有计划选派部分管理人员到高等院校深造。培养企业高层次专门管理人才和技术人才,毕业后回本企业继续工作。

2)工人的培训:

班组长培训。按照国家建设行政主管部门制定的班组长岗位规范,对班组长进行培训,通过培训最终达到班组长100%持证上岗。

技术工人等级培训。按照住房城乡建设部颁发的《工人技术等级标准》及人力资源和社会保障部颁发的有关技师评聘条例,开展中、高级工人应知应会考评和工人技师的评聘。

特种作业人员的培训。根据国家有关特种作业人员必须单独培训、持证上岗的规定,对从事电工、塔式起重机驾驶员等工种的特种作业人员进行培训,保证100%持证上岗。

对外埠施工队伍的培训。按照省、市有关外地务工人员必须进行岗前培训的规定,对所使用的外地务工人员进行培训,颁发省、市统一制发的外地务工经商人员就业专业训练证书。

对以上管理人员和工人的培训应该达到以下要求:

① 所有人员都应意识到符合管理方针与各项要求的重要性;

② 他们应该知道自己工作中的重要管理因素及其潜在影响,以及个人工作的改进所能带来的工作效益;

③ 他们应该意识到在实现各项管理要求方面的作用与职责;

④ 所有人员应该了解如果偏离规定的要求可能产生的不利后果。

教育培训的管理:

组织领导及主管教育培训的职能部门要按照"加强领导、统一管理、分工负责、通力协作"的原则,长期坚持,认真做好培训工作,做到思想、计划、组织、措施四落实,使企业的职工培训制度化、正规化。

思想落实。提高对教育培训的认识,使各级领导从思想上真正认识到教育培训的重要性。

计划落实。制定计划的长远规划和近期具体实施计划，因地、因时、因人制宜的落实规划。按干部、技术人员、工人所从事的业务类型，分门别类的组织学习，进行岗位培训。

组织落实。要有专门的机构和人员从事职工教育的领导和管理工作，建立能动的教育运行机制，从组织上保证职工教育工作有人抓、有人管。

5.3.6 项目经理部应编制项目劳务管理计划，制定项目劳务人员薪酬与工资支付管理办法，保护劳动者权益，建立项目劳务突发事件应急响应机制，确保发生劳务突发事件后能精准响应，快速处理。

5.3.7 项目经理部应编制专业承包、供应方管理计划，制定专业承包、供应商采购管理标准、规范，指导项目采购管理工作。企业建立优质专业承包方、供应方资源名册，实行专业承包方、供应方的入库、考核机制，建立专业承包方、供应方资源库、价格库，并建立健全专业承包、供应方相关规章制度。

1. 材料管理计划

（1）材料需求计划

项目经理部所需要的主要材料、大宗材料应编制材料需求计划，由组织物资部门负责采购。根据各工程量汇总表所列各建筑物和构筑物的工程量，查万元定额或概算指标便可得出各项目所需的材料需要量。

材料计划必须计算准确（设计预算材料分析、施工预算材料分析），对材料两算存在的问题有明确的说明或两算的补充说明。材料供应必须满足项目进度要求。

材料需求计划一般应包括以下内容：

单位工程材料需求计划：根据施工组织设计和施工图预算，于开工前提出，作为备料依据。

工程材料需求计划：根据施工预算、生产进度及现场条件，按工程计划期提出，作为备料依据。

材料需求计划表：应包括使用单位、品名、规格、计量单位、数量、交货地点、材料的技术标准等，必要时还要提供图纸和实样。材料需要量计划表见表5-5。

材料需要量计划表　　　　　　　　　　　　表 5-5

序号	材料名称	规格	需要量		需要时间									备注
			单位	数量	×月			×月			×月			
					Ⅰ	Ⅱ	Ⅲ	Ⅰ	Ⅱ	Ⅲ	Ⅰ	Ⅱ	Ⅲ	

（2）材料使用计划

在材料需求计划的基础上，根据项目总进度计划表，大致估计出某些建筑材料在某季度的需要量，从而按照时间、地点要求编制出建筑材料需要量计划。它是材料和构件等落实组织货源、签订供应合同、确定运输方式、编制运输计划、组织进场、确定暂设工程规模的依据。

（3）分阶段材料计划

大型、复杂、工期长的项目要实行分段编制计划的方法，对不同阶段、不同时期提出相应的分阶段材料需求、使用计划，以保持项目的顺利实施。

2. 机械设备管理计划

随着经济的持续发展，建筑施工组织的技术装备得到了较大的改善和发展，建筑机械设备已成为现代建筑的主要生产要素。施工组织不仅在装备品种、数量上有了较大的增加，而且拥有了一批应用高技术和机电一体化的先进设备。为使组织管好、用好这些设备，充分发挥机械设备的效能，保证机械设备的安全使用，确保施工现场的机械设备处于完好技术状态，预防和杜绝施工现场重大机械伤害事故和机械设备事故的发生，需要制定切实可行的机械设备管理计划。主要从以下三个方面：

（1）机械设备需求计划

机械设备选择的依据是：项目的现场条件、工程特点、工程量、工期。

对于主要施工机械，如挖土机、起重机等的需要量，根据施工进度计划，主要建筑物施工方案和工程量，并套用机械产量定额求得；

对于辅助机械可以根据建筑安装工程每十万元扩大概算指标求得；

对于运输机械的需要量根据运输量计算。

项目所需要的机械设备可由四种方式提供：从本企业专业租赁公司租用、从社会上的机械设备租赁市场上租用设备、分包队伍自有设备、企业新购买设备。机械设备需要量计划表见表5-6。

机械设备需要量计划表   表5-6

序号	机械设备名称	型号	规格	功率/KVA	需要量/台	使用时间	备注

（2）机械设备使用计划

项目经理部应根据工程需要编制机械设备使用计划，报组织领导或组织有关部门审批，其编制依据是根据工程施工组织设计。施工组织设计包括工程的施工方案、方法、措施等。同样的工程采用不同的施工方法、生产工艺及技术安全措施，选配的机械设备也不同。因此编制施工组织设计，应在考虑合理的施工方法、工艺、技术安全措施时，同时考虑用什么设备去组织生产，才能最合理、最有效的保证工期和质量，降低生产成本。例如混凝土施工，一般应考虑混凝土现场制配成本较低，就需配有混凝土配料机、混凝土搅拌机，冬季还需配有加热水、砂的电热水箱、锅炉等设备。垂直及水平运输，可配有翻斗车、塔式起重机等设备。采用混凝土输送泵来运送混凝土，则应配有混凝土输送泵、内爬自升式混凝土布料机或移动式混凝土布料杆（机）等设备。对环保要求严格、工地现场较窄的一般多才采用商品混凝土供应做法，混凝土多采用混凝土拖式泵、内爬自升式混凝土布料机或移动式混凝土布料杆（机）的组合形式，根据不同的工程特点及要求，所采取的方法是不一样的，所配机械设备也应有不同。从效率和成本看，选择搅拌机、配料机、混凝土输送泵、布料机、塔式起重机的规格形式、型号也应有所不同。

工程施工组织设计编制必须考虑包括配置因素在内的各方面因素，编制出最佳施工组织设计方案。施工组织设计必须报相关领导及部门审批后实施执行。机械设备使用一般由项目经理部机械管理员或施工准备员负责编制。中、小型设备机械一般由项目经理部主管经理审批。大型设备经主管项目经理审批后，报组织有关职能部门审批，方可实施运作。租赁大型起重机械设备，主要考虑机械设备配置的合理性（是否符合使用、安全要求）以及是否符合资质要求（包括租赁企业、安装设备组织的资质要求，设备本身在本地区的注册情况及年检情况、操作设备人员的资格情况等）。

（3）机械设备保养与维修计划

机械设备进入现场经验收合格后，在使用的过程中其保护装置、机械质量，可靠性等都有可能发生质的变化，对使用过程的保养与维修是确保其安全、正常使用必不可少的手段。

机械设备保养的目的是为了保持机械设备的良好技术状态，提高设备运转的可靠性和安全性，减少零件的磨损，延长使用寿命，降低消耗，提高经济效益。保养分为：例行保养和强制保养。例行保养属于正常使用管理工作，不占用设备的运转时间，由操作人员在机械运转间隙进行。其主要内容是：保持机械的清洁、检查运转情况、补充燃油与润滑油、补充冷却水、防止机械腐蚀，按技术要求润滑、转向与制动系统是否灵活可靠等。强制保养是隔一定的周期，需要占用机械设备正常运转时间而停工进行的保养。强制保养是按照一定周期和内容分级进行的。保养周期根据各类机械设备的磨损规律、作业条件、维护水平及经济性四个主要因素确定。强制保养根据工作和复杂程度分为一级保养、二级保养、三级保养和四级保养，级数越高，保养工作量越大。

机械设备的修理，是对机械设备的自然损耗进行修复，排除机械运行的故障，对损坏的零部件进行更换、修复，可以保证机械的使用效率，延长使用寿命。可以分为大修、中修和零星小修。大修和中修要列入修理计划，并由组织负责安排机械设备预检修计划对机械设备进行检修。

5.3.8 项目经理部应根据施工进度计划，配备数量、质量符合要求的施工机具与设施，确定安装与拆除专项方案，规定施工运行规则，实施维护保养，确保施工机具与设施符合安全可靠、效率提升的要求。

5.3.9 工程材料、设备与构配件管理

1. 5.3.9 项目经理部应对项目需用的工程材料、设备与构配件进行分析，制定项目工程材料、构配件与设备采购计划及使用计划，确保施工现场的工程材料、设备与构配件管理满足下列要求：

1 应对进场验收合格的工程材料、构配件与设备进行标准化存放、保管与维护，并确定经济合理的搬运方式。

2 应实施不合格材料、构配件与设备的控制工作。

3 应根据施工方案要求，精确、经济的使用工程材料、构配件与设备。

2. 材料管理

材料管理应包括材料供应单位的选择、订立采购供应合同、出厂或进场验收、储存管理、使用管理及不合格品处置等。

材料管理过程中应坚持实事求是的原则，加强物资计划管理，提高计划的准确性，不得粗估冒算，防止因计划不周造成积压、浪费现象发生；要坚持计划的严肃性与灵活性相结合的原则，计划一经订立或批准，无意外变化，不得随意改变，应严格执行。

（1）材料供应单位的选择

为保证供应材料的合格性，确保工程质量，要对生产厂家及供货单位要进行资格审查，内容如下：要有营业执照，生产许可证，生产产品允许等级标准，产品鉴定证书，产品获奖情况；应有完善的检测手段、手续和试验机构，可提供产品合格证材质证明；应对其产品质量和生产历史情况进行调查和评估，了解其他用户使用情况与意见，生产厂方（或供货单位）的经济实力、赔偿能力、有无担保及包装储运能力。

（2）采购供应合同内容

采购供应合同内容主要应包括采买和采卖双方的责任、权利和义务以及采购对象的规格、性能指标、数量、单价、总价、附加条件和必要的相关说明。

（3）材料出厂或进场验收

现场材料验收包括：验收准备、质量验收和数量验收。

1）验收准备。①在材料进场前，根据平面布置图进行存料场地及设施的准备。应平整、夯实，并按需要建棚、建库。②办理验收材料前，必须根据用料计划、送料凭证、质量保证书或产品合格证等，对所进材料进行质量和数量验收，严把质量和数量关。

2）质量验收。①一般材料外观检验，主要检验料具的规格、型号、尺寸、色彩、方正及完整。②专用、特殊加工制品外观检验，应根据加工合同、图纸及翻样资料，由合同技术部门进行质量验收。③内在质量验收，由专业技术人员负责，按规定比例抽样后，送专业检验部门检测力学性能、工艺性能、化学成分等技术指标。④对不符合计划要求或质量不合格的材料应该拒绝接收，不能满足设计要求和无质量证明的材料、构件、器材，一律不得进场。以上各种形式的检验，均应做好进场材料质量验收记录。材料验收工作应遵循有关规定进行，并做好记录、办理验收手续。

3）数量验收。①大堆材料，砂石按计量换算验收，抽查率不得低于10％。②水泥等袋装的按袋点数，袋重抽查率不得低于10％。散装的除采取措施卸净外，按磅单抽查。③三大构件实行点件、点根、点数和验尺的验收方法。④对有包装的材料，除按包装件数实行全数验收外，属于重要的、专用的易燃易爆、有毒物品应逐项逐件点数、验尺和过磅。属于一般通用的，可进行抽查，抽查率不得低于10％。⑤应配备必要的计量器具，对进场、入库、出库材料严格计量把关，并做好相应的验收记录和发放记录。

（4）材料储存管理

项目所需材料是分批采购还是一次采购；若分批采购，分成几批，每批采购量是多少。存储理论就是用于确定材料的经济存储量、经济采购批量、安全存储量、订购点等参数。材料仓库的选址应有利于材料的进出和存放，符合防火、防雨、防盗、防风、防变质的要求。

材料储存应满足下列要求：

1）入库的材料应按型号、品种分区堆放，并分别编号、标识。

2）易燃易爆的材料专门存放、专人负责保管，并有严格的防火、防爆措施。

3）有防湿、防潮要求的材料，应采取防湿、防潮措施，并做好标识。

4）有保质期的库存材料应定期检查，防止过期，并做好标识。

5）易损坏的材料应保护好包装，防止损坏。

（5）使用管理以及不合格品处置

1）材料领发。凡有定额的材料，应限额领发。超限额的用量，用料前办理手续，填写领料单，注明超耗原因，并经签发批准后实施。应记录领发料台账，记录领发状况和节约或超耗状态。进场、入库材料必须办理二次出库手续，每月对现场材料、半成品和成品进行盘点。

凡实行项目法施工的工程，必须实行限额领料，关于限额领料的具体说明如下。

实行限额领料的品种。根据企业的管理水平和实际情况制定，一般有钢材、水泥、砌块、砖以及装修材料和贵重材料等。

限额领料的依据。各地区的预算定额和本企业制定的材料消耗定额；企业预算部门编制的施工图预算和变更预算；企业技术部门提供的混凝土、砂浆配合比、技术节约措施和各种翻样、配料表等技术资料；企业生产、计划部门提供的分部位的施工计划和实际竣工验收的工程量；企业质量部门提供的在工程中造成的质量偏差和超额用料的签署意见。

限额领料的程序。材料定额员根据生产计划签发和下达限额领料单；生产班组持领料单到仓库领取限定的品种、规格、数量，双方办理出库手续，材料员要做好记录；材料领出后，由班组负责材料保管并合理使用，材料员按保管要求对班组进行监督，负责月末库存盘点和退料手续；因各种原因造成的超额用料，班组应填写限额领料单，说明超额原因，并经主管批准；材料定额员根据验收和工程量计算班组实际用量和实际消耗量，对结果进行节超分析，审核无误后，进行奖罚兑现。

2）材料使用监督。项目材料管理责任者应就是否合理用料，是否严格按设计参数用料，是否严格执行领发手续，是否按规定进行用料交底和工序交接，是否合理堆放材料，是否按要求保管材料等材料使用问题进行监督。监督的常用手段是检查，检查应做到情况有记录，原因有分析，责任要明确，处理有结果。

3）材料回收。余料应回收，并及时办理退料手续，建立台账，处理好经济关系。

4）不合格品处置。验收质量不合格，不能点收时，可以拒收，并及时通知上级供应部门（或供货单位）。如与供货单位协商作代保管处理时，则应有书面协议，并应单独存放，在来料凭证上写明质量情况和暂行处理意见。

已进场的材料，发现质量问题或技术资料不齐时，材料管理人员应及时填报《材料质量验收报告单》报上一级主管部门，以便及时处理，暂不发料，不使用，原封妥善保管。

3. 机械设备管理

机械设备管理应包括机械设备购置与租赁管理、使用管理、操作人员管理、报废和出场管理等。

（1）机械设备的管理任务

①正确选择机械；②保证在使用中处于良好状态；③减少闲置、损坏；④提高使用效率及产出水平；⑤机械设备的维护和保养。

（2）机械设备购置管理

对实施项目需要新购买的机械设备，大型机械以及特殊设备应在调研的基础上，写出经济技术可行性分析报告，经有关领导和专业管理部门审批后，方可购买。中、小型机械应在调研的基础，选择性价比比较好的产品。机械设备选择原则是：适用于项目要求、使用安全可靠、技术先进、经济合理。

在有多台同类机械设备可供选择时，可以综合考虑它们的技术特性。机械设备技术特性表见表5-7。

机械设备技术特性表 表 5-7

序号	内容	序号	内容
1	工作效率	8	运输、安装、拆卸及操作的难易程度
2	工作质量	9	灵活性
3	使用费和维修费	10	在同一现场服务项目的多少
4	能源消耗费	11	机械的完好性
5	占用的操作人员和辅助工作人员	12	维修难易程度
6	安全性	13	对气候的适应性
7	稳定性	14	对环境保护的影响程度

（3）机械设备租赁管理

1）计划申请与签订合同《建筑施工物资租赁合同（示范文本）》

① 租用单位对新开工工程按施工组织设计（或施工方案）编制单位工程一次性备料计划，上报公司材料管理部门负责组织备料；

② 租用单位根据施工进度，提前一个月申报月份使用租赁计划（主要包括：使用时间、数量、配套规格等），由材料管理部门下达租赁站；

③ 公司材料管理部门根据申请计划，组织租用单位与租赁站签订租赁合同。

2）提料、退料、验收与结算

① 提料：由租用单位专职租赁业务任务人员按租赁合同的数量、规格、型号，组织提料到现场，材料人员验收；

② 退料：租用单位材料人员应携带合同，租赁站业务人员按合同品名、规格、数量、质量情况组织验收；

③ 验收与结算：连续租用应按月办理结算手续；退料后的结算应根据验收结果进行，租赁费、赔偿费和维修费一并结算收取。

3）根据租赁协议明确双方赔偿与罚款的责任

4）周转工具的管理

周转工具实行租赁管理，做好周转工具的调度平衡和自购部分配件的申报、采购工作。建立健全各种收发存台账，按月结清凭证手续及月报表工作。制定周转工具配备定额、扣耗定额，组织做好周转工具清产检查、监督实施过程中的管理，办理退租、回收、修理及租赁费用结算等工作到位。

（4）机械设备使用管理

机械设备的合理使用，就是处理好管、养、修、用之间的关系，不能违背机械设备使用的技术规律和经济规律，有效使用就是充分发挥机械的技术性能和效率。为确保机械设备的合理有效使用应遵循下列制度：

1）建立健全机械使用责任制

① 实行定人定机定岗制度，要求操作人员必须遵守操作规程；

② 提高机械设备工作质量，将机械的使用效益与个人经济利益联系起来；

③ 爱护机械设备，管好原机零部件、附属设备和随机工具，执行保养规程。

2）实行操作证制度

对操作人员进行培训、考试，确认合格者发给操作证，持证上岗。

3）严格执行技术规定

① 遵守试验规定，凡进入施工现场的机械设备，必须测定其技术性能、工作性能和安全性能，确认合格后才能验收、投产使用；

② 遵守磨合期的使用规定，防止机件早期磨损，延长机械使用寿命和修理周期。

4）合理组织机械施工

① 根据需要和实际可能，经济合理的配备机械设备；

② 安排好机械施工计划，充分考虑机械设备维修时间，合理组织实施、调配；

③ 组织机械设备流水施工和综合利用，提高单机效率；

④ 创造良好的现场环境，施工平面布置要适合机械操作要求；

⑤ 加强机械设备安全作业，作业前须向操作人员进行安全操作交底，严禁违章作业和机械设备带病作业。

5）实行单组或机组核算

① 以定额为基础，确定单机或机组生产率、消耗费用和保修费用；

② 加强班组核算，按标准进行考核和奖惩。

6）建立机械设备档案

包括原始技术文件，交接、运转和维修记录，事故分析和技术改造资料等。

7）培养机务队伍

提高机械设备管理人员的技术业务能力和操作保修技术。

（5）机械设备操作人员管理

机械设备操作人员必须持证上岗，即通过专业培训考核合格后，经有关部门注册，操作证年审合格，在有效期内，且所操作的机种与所持证上允许操作机种吻合。此外，机械操作人员还必须明确机组人员责任制，并建立考核制度，奖优罚劣，使机组人员严格按规范作业，并在本岗位上发挥出最优的工作业绩。责任制应对机长、机员分别制定责任内容，对机组人员应做到责、权、利三者相结合，定期考核，奖罚明确到位，以激励机组人员努力做好本职工作，使其操作的设备在一定条件下发挥出最大效能。

（6）机械设备报废和出场管理

机械设备一般属于下列情况之一的应当更新：

1）设备损耗严重，大修理后性能、精度仍不能满足规定要求的；

2）设备在技术上已经落后，耗能超过标准的 20% 以上的；

3）设备使用年限长，已经经过四次以上大修或者一次大修费用超过正常大修费用的一倍的。

（7）机械设备管理中常见的问题

设备由项目部管理，可以减少人员，减少中间环节，便于项目部灵活使用设备，提高了项目部的经济效益，但也存在以下问题：

1）由于项目部的一次性特点，很难根据自身特点对设备寿命周期进行管理，削弱了设备的基础工作。

2）同样由于项目一次性特点，项目经理部往往从本项目经理部利益考虑，不愿拿出资金维护设备，造成部分设备带病作业，甚至拼设备。致使下一个项目不得花大量的时间和资金去恢复设备，影响公司的持续发展和整体利益，也使项目核算成本不真实。

3）在施工项目接替不上时，会出现设备管理、维修脱节。

4）施工中，由于机械设备分散在各施工项目上，项目经理很难合理储存零部件，使备件供应不及时。同时，配件的多头采购也难以保证备件质量。

5.3.10 资金管理

1. 5.3.10 企业应把握资金运转规律，保证资金循环周转的下列活动符合全过程、全方位的管理要求：

1 根据施工合同及施工组织设计要求，应高效益、低风险地使用资金，以降低项目成本，提高项目经济效益。

2 项目资金管理应实施计划管理、以收定支，合理计量，控制使用，明确职责范围，杜绝资金失控和浪费现象，确保项目资金控制效果。

2. 资金控制

（1）资金收入与支出管理

1）保证资金收入。生产的正常进行需要一定的资金保证，项目部的资金来源，包括：组织（公司）拨付资金，向发包人收取的工程款和备料款，以及通过组织（公司）获得的银行贷款等。

对工程项目来讲，收取工程款和备料款是项目资金的主要来源，重点应放在工程款收入上。由于工程项目的生产周期长，建筑产品是特殊商品，采用的是承发包合同形式，工程价款一般按月度结算收取，因此要抓好月度价款结算，组织好日常工程价款收入，管好资金的入口。

工程预算结算和索赔工作一定要抓紧抓好，工程一开工，随着工料机生产费用的耗费，生产资金陆续投入，必须随着工程施工进度及时办好工程预算结算，从而为工程价款回收创造条件。要认真研究合同条款，按照施工合同条款规定的权限范围办好索赔，最大范围的争取应得的利益。

收款工作要从承揽工程、签订合同时就入手，直到工程竣工验收、预算结算确定收入，以及保修一年期满收回工程尾款，主要有以下几点：

① 新开工项目按工程施工合同同时收取预付费或开办费。

② 根据月度统计表编制"工程进度款结算单"或"中期付款单"，于规定日期报送监理工程师审批结算，如发包人不能按期支付工程进度款且超过合同支付的最后期限，项目经理部应向发包人出具付款违约通知书，并按银行的同期贷款利率计息。

③ 根据工程变更记录和证明发包人违约的材料，及时计算索赔金额，列入工程进度款结算。

④ 合同造价之外，由原发包单位负责的工程设备或材料，如发包人委托项目经理部代购，必须签订代购合同，收取设备订货预付款或代购款以及采购管理费。

⑤ 工程材料单价实行市场价，合同中属暂估价的，施工中实际发生材料价差应按规定计算，及时请发包人确认，与进度款一起收取。

⑥ 工期奖、质量奖、技术措施费、不可预见费及索赔款，应根据施工合同规定，与工程进度款同时收取。

⑦ 工程尾款应根据发包人认可的工程结算金额，于保修期完成时取得保修完成单，及时回收工程款。

2) 抓好资金支出是控制项目资金的出口，施工生产直接或间接的生产费用投入，要耗费大量资金，要精心计划节省使用资金，以保证项目部有资金支付能力。主要是抓好工料机的投入，一般来说工料机的投入有的要在交易发生期支付货币资金，有的可作为流动负债延期支付。从长期角度讲任何负债都需要未来期用货币资金或企业资产偿还的。为此要加强资金支出的计划控制，各种工料机都要按消耗定额，管理费用要有开支标准。

抓好开源节流，组织好工料款回收，控制好生产费用支出，保证项目资金正常运转，在资金周转中使投入能得到补偿，得到增值，才能保证生产继续进行。

(2) 项目资金的使用管理

首先是建立健全项目资金管理责任制，明确项目资金的使用管理由项目经理负责，项目经理部财务人员负责协调组织日常工作，做到统一管理、归口负责、业务交圈对口，建立责任制，明确项目预算员、计划员、统计员、材料员、劳动定额员等有关职能人员的资金管理职责和权限。

资金的使用原则：项目资金的使用管理应本着促进生产、节省投入、量入为出、适度负债的原则。

要本着国家、企业、员工三者利益兼顾的原则，优先考虑上缴国家的税金和应上缴的各项管理费。

要依法办事，按照劳动法保证员工工资按时发放，按照劳务分包合同，保证外包工劳务费按合同规定结算和支付，按材料采购合同按期支付货款，按分包合同支付包款。

节约资金的办法：项目资金的使用管理实际上反映了项目施工管理的水平，从施工计划安排、施工组织设计、施工方案的选择上，用先进的施工技术提高效率、保证质量、降低消耗，努力做到以较少的资金投入，创造较大的经济价值。

管理方式讲求经济手段，合理控制材料资金占用，项目经理部要核定材料资金占用额，包括主要材料、周转材料、生产工具等。对劳务队占用模板、中小机械等按预算分别核定收入数，采用市场租赁价按月计价计算支出，对节约的劳务队节约额有奖励，反之扣一定比例的劳务费。

抓报量、抓结算，随时办理增减账索赔，根据生产随时做好分部位和整个工程的预算结算，及时回收工程价款，减少应收账款占用。要抓好月度中期付款结算及时报量，减少未完工程占用。

设立资金使用的财务台账。

项目经理部按组织下达的用款计划控制使用资金，以收定支，节约开支。应按会计制度规定设立财务台账记录资金支出情况，加强财务核算，及时盘点盈亏。

1) 按用款计划控制资金使用，项目经理部各部门每次领用支票或现金，都要填写用款申请表，申请表由项目经理部部门负责人具体控制该部门支出。但额度不大的零星采购和费用支出，也可在月度用款计划范围内由经办人申请，部门负责人审批。各项支出的有关发票和结算验收单据，由各用款部门领导签字，并经审批人签证后，方可向财务报账。

财务要根据实际用款，做好记录，每周末编制银行存款情况快报，反映当期银行存款收入、支出和报告日结存数。各部门对原计划支出数不足部分，应书面报项目经理审批追加，审批单交财务，做到支出有计划，追加按程序。

某建筑公司项目经理部用款申请见表 5-8。

用款申请表　　　　　　　　　　　　　　　　　　　表 5-8

用款部门：　　　　　　　　　　　年　月　日　　　　　　　　　金额：元

申请人：
用途：
预计金额：
审批人：

某建筑公司项目经理部银行存款快报见表 5-9。

银行存款快报表　　　　　　　　　　　　　　　　　　表 5-9

编制单位：　　　　　　　　　　年　月　日止　日　　　　　　　单位：元

内容	栏次	用款部门	金额
1. 期初银行存款额	1栏		
2. 本周收入货币资金	2栏		
3. 本周支出货币资金			
4. 至本月　日银行存款余额	4栏＝1+2-3		

制表人：

2）设立财务台账，记录资金支出。鉴于市场经济条件下多数商品及劳务交易，事项发生期和资金支付期不在同一报告期，债务问题在所难免，而会计账又不便于对各工程繁多的债权债务逐一开设账户，做出记录，因此，为控制资金，项目经理部需要设立财务台账，做会计核算的补充记录，进行债权债务的明细核算。

项目经理部的财务台账应按债权债务的类别，分别设置资金往来账户，以便及时提供财务计息，全面、准确、及时地反映债权债务情况，这对正确了解项目资金状况，加强项目资金管理十分重要。

应按项目经理部的材料供应渠道，按组织内部材料部门供应和项目经理自行采购的不同供料方式建立材料供货往来账户，按材料大的类别或供货单位逐一设立，对所有材料包括场外钢筋、铁活等加工料，均反映应付货款和已付购货款。抓好项目经理部的材料收、发、存管理是基础，材料一进场就按规定验收入库，当期按应付货款进行会计处理，在资金支付时冲减应付购货款。此项工作由项目材料部门负责提供依据，交财务部门编制会计凭证，其副页发给料账员登记台账。

应按项目经理部的劳务供应渠道，按组织自有工人劳务队和外部市场劳务队市场劳务分包公司，建立劳务作业往来账户，按劳务分包公司名称逐一设立，反映应付劳务费和已付劳务费的情况。抓好劳务分包的定额管理是基础，要按报告期对已完分部分项工程进行结算，包括索赔增减账的结算，实行平方米包干的也要将报告期已完平方米包干项目进行结算，对未完劳务可报下个报告期一并结算。此项工作由项目劳资部门负责办理提供依据，由定额员交财务部门编制会计凭证，其副页发定额员登记台账。

不属于以上工料生产费用资金投入范围的分包工程、机械租赁作业、商品混凝土，分别建立分包工程、产品作业供应等往来账户，应按合同单位逐一设立，反映应付款和已付款。要按报告期或已完分部分项工程对上述合同单位生产完成量进行分期结算，此项工作由性能生产计划统计部门负责办理提供依据，由统计员交财务部门编制会计凭证，其副页发给统计员登记台账。

项目经理部的财务可以由财务人员登账，也可在财务人员指导下由项目经理部有关业务部门登台账，总之要便于工作。明细台账要定期和财务账核对，做到账账相符，还要和仓库保管员的收发存实物账及其他业务结算账核对，做到账实相符，做到财务总体控制住，以利于发挥财务资金管理作用。

某建筑公司项目经理部财务台账见表 5-10。

财务台账　　　　　　　　　　　　　　　　表 5-10

供货单位名称：　　　　　　　　　　　　　　　　　　　　　金额：元

年	月	日	凭证号	摘要	应付款（贷方）	已贷款（借方）	借或贷	余额

加强财务核算，及时盘点盈亏。项目部要随着工程进展定期进行资产和债务的清查，以考查以前的报告期结转利润的正确性和目前项目经理部利润的后劲。由于单位工程只有到竣工决算，才能确定最终该工程的盈利准确数字，在施工过程中的报告期的财务结算只是相对准确。所以在施工过程中要根据工程完成部位，适时的进行财产清查。对项目经理部所有资产方和所有负债方及时盘点，通过资产和负债加上级拨付资金平衡关系比较看出盈亏趋向。一般来说，项目经理部期末资产等于负债加上级拨付资金加待结算利润，说明利润有潜力，反之资产加待结算亏损等于负债加上级拨付资金说明利润有潜亏。资产负债简表见表 5-11。

资产负债简表　　　　　　　　　　　　　　　表 5-11

编制单位：　　　　　　　　　　　年　月　日　　　　　　　　金额：元

资产类	金额	负债及上级拨付资金	金额
货币金额		欠公司财务部往来	
应收工程款		内部银行借款	
其中：按报量计算的应收工程款			
账外少报量的应收工程款		应付购货款	

资产类	金额	负债及上级拨付资金	金额
		其中：账内应付购货款	
其他应收款		账外应付购货款劳务费	
存货		应付劳务费	
其中：主要材料		其中：账内应付劳务费	
周转材料		账外应付劳务费	
低值易耗品			
其他材料		其他应付款	
账外应办理的假退料		其中：账内其他应付款	
		账外其他应付款	
临时设施净值			
其中：设施原值		应交税金	
设施摊销额			
固定资产净值			
其中：固定资产原值			
固定资产折旧额			
账外待结算潜亏		账外待结算利润	
其中：应补耗的材料及摊销		其中：应冲减的多耗的材料及摊销	
待处理的存货盘亏		其他结算利润	
其他结算潜亏			
资产合计		负债及上级拨付资金合计	

（3）资金风险管理

要注意发包方资金到位情况，签好施工合同，明确工程款支付办法和发包方供料范围。在发包方资金不足的情况下，尽量要求发包方供应部分材料，要防止发包方把属于甲方供料、甲方分包范围的转给组织支付。

要关注发包方资金动态，在已经发生垫资施工的情况下，要适当掌握施工进度，以利回收资金，如果出现工程垫资超出原计划控制幅度，要考虑调整施工方案，压缩规模，甚至暂缓施工，并积极与发包方协调，保证开发项目以利回收资金。

5.3.11 企业应设立信息安全部门和专门的信息安全管理岗位，确保信息管理满足下列要求：

1 应建立信息管理保障制度，确定信息安全管理工作流程，保证信息管理的合理性和可操作性，并应针对不同媒介、不同安全等级的信息，制定相应的安全保障措施。

2 应在项目开始运行前编制施工管理信息沟通计划，并由授权人批准后实施。项目经理部应评价相关方需求，按项目运行的时间节点和不同需求细化沟通内容，并针对沟通风险准备相应的预案。

5.3.12 企业和项目经理部应配备完善的技术管理部门、合格的技术管理人员及相应的费用、设备、试验条件，并应按照下列要求实施技术管理：

  1 项目技术管理计划应符合下列规定：

  1）根据项目总进度计划、里程碑进度计划、分部分项工程进度计划和其他不同层级的进度计划，采购计划和其他依据，编制相应的技术管理计划。

  2）根据现场情况、设计变更、工程洽商、施工组织设计、施工方案和其他专项措施的变化调整技术管理计划。

  3）根据技术管理计划，为施工现场配备符合要求的技术和管理人员、经费、技术资料、仪器设备及相应的协作单位。

  2 优化设计工作应符合下列要求：

  1）项目经理部应依据施工合同和建设单位要求，利用企业的技术优势和工程经验，提前对设计图纸和相关技术文件进行分析、研究，提出提升质量功能、确保安全环境需求、加快施工进度的方法与措施，增强工程项目的投资价值。

  2）企业宜鼓励项目经理部在与建设单位、设计单位、监理单位、分包方、供应方充分沟通的基础上，进行优化设计，实施价值工程，以降本增效，实现多赢、共赢的目标。

  3）项目优化设计的技术论证文件，应包括造价、工期方面的相关内容。项目经理部应依据审批结果申请有关费用和工期。

  3 施工组织设计应符合下列要求：

  1）重点施工组织设计宜集中企业和项目经理部的技术力量进行编制为项目的获取和实施提供有力保障。

  2）施工组织设计应与施工图设计紧密结合，为实现可施工性与经济效益提供条件。

  3）各分包方、供应方和其他相关方报送的有关施工组织设计内容，项目经理部审批定稿后留存，并建立台账，定期向企业报备。

  4 技术规格书应符合下列规定：

  1）技术规格书应由发包方负责编制。技术规格书应具有足够的深度和准确性，是设计图纸和技术规范的补充文件，应能准确地指导设计、施工和采购；

  2）技术规格书应是监理单位进行监理工作、施工企业组织施工的重要依据；

  3）技术规格书的各项规定、检测试验指标、技术要求、工艺要求应具有可实施性、可操作性，要考虑项目的具体情况，宜包括造价、进度、安全施工、绿色环保和其他的要求；

  4）技术规格书宜选取合格的厂家及其材料、设备，并避免指定材料、设备供应商。

  5 专项设计及深化设计管理应符合下列规定：

  1）专项设计及深化设计管理应符合有关文件的规定；

  2）企业可根据合同进行专项设计和相关规定审查，应明确责任，保障设计的合规性与质量水准。

  6 设计变更与工程洽商控制应符合下列要求：

  1）项目经理部应实施设计变更控制，进行工程洽商，并把合理化建议、价值工程活动与设计变更相结合；

  2）施工现场各项变更与洽商控制应和合同管理、质量管理、进度管理、造价管理、职业健康安全管理和其他管理相结合，满足项目风险防范的需求。

  7 "四新"技术应用应符合下列规定：

1）企业技术管理部门应收集行业主管部门发布的最新"四新"技术文件并制定四新技术应用计划；

2）在应用"四新"技术时，项目经理部应研究相关规定要求，实施风险管理。

5.3.13 建筑信息模型技术管理应符合下列要求：

1 建筑信息模型技术应用应符合建筑信息模型施工应用标准的有关规定，并应确保数据的系统性、完整性与准确性。

2 施工难度大、施工工艺复杂的施工组织宜应用建筑信息模型技术进行模拟。

3 当采用新技术、新工艺、新材料、新设备时，宜应用建筑信息模型技术进行施工工艺模拟。

5.4 进度管理

5.4.1 进度管理概述

1. 施工进度管理的概念

所谓"进度"，是指活动顺序、活动之间的相互关系、活动持续时间和活动的总时间。施工进度管理是指"为实现项目的施工进度目标而进行的计划、组织、指挥、协调和控制等活动"。

2. 施工进度管理目标体系

项目经理部的进度管理体系以项目经理为首，包括计划人员、调度人员等专业人员，子项目负责人、目标负责人、分目标责任人。这样的进度管理体系有两个优点：目标容易落实；便于进行考核。

施工单位可将工程按阶段划分解为基础、结构、装修、安装、收尾、竣工验收进度目标，见图 5-17。

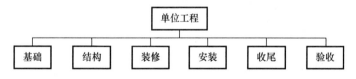

图 5-17 施工项目按阶段分解的进度目标

3. 施工进度管理程序

施工进度管理应遵循下列程序：

（1）编制进度计划；

（2）进度计划交底，落实管理责任；

（3）实施进度计划；

（4）进行进度控制和变更管理。

这个程序实际上就是我们通常所说的 PDCA 管理循环过程。P 就是编制计划，D 就是执行计划，C 就是检查，A 就是处置。在进行管理的时候，每一步都是必不可少的。因此，施工进度管理的程序，与所有管理的程序基本上都是一样的。通过 PDCA 循环，可不断提高进度管理水平，确保最终目标实现。

5.4.2 进度计划

1. 施工进度计划的种类

根据《建设工程施工管理规程》5.4.1条规定，企业应根据合同要求和项目管理需求，编制不同深度的施工进度计划，包括：施工总进度计划、年进度计划、季进度计划、月进度计划、周进度计划和其他计划。以上计划可以划分为以下两大类：

（1）控制性进度计划：包括施工总进度计划、年进度计划和季进度计划。上述各项计划依次细化且被上层计划所控制。其作用是对施工目标进行论证、分解，确定里程碑事件进度目标，作为编制实施性进度计划和其他各种计划以及动态控制的依据。

（2）作业性进度计划包括月进度计划和周进度计划。作业性进度计划是项目作业的依据，确定具体的作业安排和相应对象或时段的资源需求。

2. 施工进度计划的内容

根据《建设工程施工管理规程》5.4.1条规定，进度计划的编制应确保计划的合理性与前瞻性，各类进度计划应包括下列基本内容：

（1）编制说明；

（2）进度安排；

（3）资源需求计划；

（4）进度保证措施；

（5）其他。

其中，进度安排是最主要的内容，包括进度目标或进度图等。资源需求计划是实现进度安排所需要的资源保证计划。编制说明主要包括进度计划关键目标的说明，实施中的关键点和难点，保证条件的重点，要采取的主要措施等。

3. 施工进度计划的编制步骤

《建设工程施工管理规程》5.4.1条规定，施工进度计划应与各项资源计划、施工技术能力、施工环境相匹配，并应遵循以下步骤进行编制：

（1）确定施工进度计划目标；

（2）进行工作结构分解与工作活动定义；

（3）确定工作之间的逻辑关系；

（4）估算各项工作投入的资源；

（5）估算工作持续时间；

（6）编制施工进度图表和相应资源需求计划；

（7）按照规定审批并发布。

按程序编制施工进度计划是为了确保进度计划质量。在该程序中，前者是后者的目标或依据，后者是前者的工作继续或深化、落实，环环相扣，不可颠倒或遗漏。其中，第二步中的"工作结构分解"是至关重要的，它的作用是界定进度计划的范围，所使用的方法是 WBS。

4. 施工进度计划编制依据

《建设工程施工管理规程》5.4.1条规定，企业应根据合同要求编制施工总进度计划。施工总进度计划应报送项目监理机构审核批准后实施。

施工项目部应根据施工总进度计划，将施工任务目标按年度分解后，编制年进度计划。施工任务目标分解应均衡、合理，避免抢工、窝工。年进度计划应报送项目监理机构审核批准后实施。

施工项目部应根据年进度计划，将年度施工任务目标按季、月度分解后，编制季、月进度计划。施工任务目标分解应均衡、合理，避免抢工、窝工。季、月进度计划应经施工项目部技术负责人审核批准后实施。

施工项目部应根据月进度计划，将月施工任务目标按周（旬）进行分解后，编制周（旬）进度计划。周（旬）进度计划应经施工项目部技术负责人审核批准后实施。

合同文件的作用是提出计划总目标，以满足顾客的需求。同时，施工单位编制进度计划还必须依据工期定额和市场情况等。

5. 施工进度计划编制方法及其特点

《建设工程施工管理规程》5.4.1 条规定，施工进度计划宜采用网络计划技术及计算机软件编制。

网络计划即网络计划技术（Network Planning Technology），是指用于工程项目的计划与控制的一项管理技术。它是 20 世纪 50 年代末发展起来的，依其起源有关键路径法（CPM）与计划评审法（PERT）之分。CPM 主要应用于以往在类似工程中已取得一定经验的承包工程，PERT 更多地应用于研究与开发项目。随着网络计划技术的发展，关键链法（CCM）也成为网络计划技术中的关键方法。

（1）网络计划基础内容

1）网络图基本符号。单代号网络图和双代号网络图的基本符号有两个，即箭线和节点。箭线在双代号网络图中表示工作，在单代号网络图中表示工作之间的联系；节点在双代号网络图中表示工作之间的联系，在单代号网络图中表示工作。在双代号网络图中还有虚箭线，它可以联系两项工作，同时分开两项没有关系的工作。

2）网络图绘图规则和编号规则：

① 必须正确表达已定的逻辑关系；

② 网络图中严禁出现循环回路；

③ 节点之间严禁出现无箭头和双向箭头的连线；

④ 网络图中严禁出现没有箭头节点和没有箭尾节点的箭线；

⑤ 绘图时可以使用母线法；

⑥ 网络图绘图时，为了减少交叉，可以使用过桥法或指向法；

⑦ 单目标网络图应只有一个起点节点和一个终点节点。必要时，单代号网络图可使用虚拟的起点节点或虚拟的终点节点；

⑧ 网络图的编号规则是：一个节点编一个单独的号；自起点节点开始，自左而右；从 1 号编起，可连续或不连续，但是不准重复编号；箭头节点的号数应大于箭尾节点的号数。

3）网络计划时间参数计算：

① 网络计划时间参数的种类、含义及其计算顺序：

网络计划的时间参数包括：持续时间（D）、最早开始时间（ES）、最早完成时间（EF）、计算工期（T_c）、要求工期（T_r）、计划工期（T_p）、最迟完成时间（LF）、最迟开始时间（LS）、总时差（TF）、自由时差（FF）等。以上排列顺序也是它们的计算先后顺序。各个时间参数的概念如下：

工作持续时间：一项工作从开始到完成的时间。

工作最早开始时间：各紧前工作全部完成后，本工作有可能开始的最早时刻。

工作最早完成时间：各紧前工作全部完成后，本工作有可能完成的最早时刻。

计算工期：根据时间参数计算所得到的工期。

要求工期：任务委托人所提出的指令工期。

计划工期：根据要求工期和计算工期确定的作为实施目标的工期。

工作最迟完成时间：在不影响整个任务按期完成的前提下，本工作必须完成的最迟时刻。

工作最迟开始时间：在不影响整个任务按期完成的前提下，本工作必须开始的最迟时刻。

工作总时差：在不影响计划工期的前提下，本工作可以利用的机动时间。

工作自由时差：在不影响其紧后工作最早开始时间的前提下，本工作可以利用的机动时间。

② 网络计划时间参数的计算方法及举例：

网络计划时间参数的计算方法很多，有公式计算法、图上计算法、矩阵法、里程表计算法、计算机计算法、节点计算法、破圈法等。最常用的是计算机计算法和图上计算法。下面举例说明图上计算法。

设有图 5-18 的网络计划，进行图上计算的方法如下：

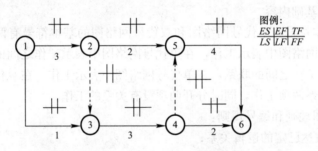

图 5-18　待计算的网络计划

a. 计算工作最早时间：工作最早时间自左而右依次进行计算。首先计算工作最早开始时间，再加上持续时间得工作最早完成时间。只有紧前工作的最早完成时间计算完成以后，才能确定本工作的最早开始时间。如果本工作有两项以上的紧前工作，则本工作的最早开始时间取各紧前工作最早完成时间的最大值。计算结果如图 5-19 所示。

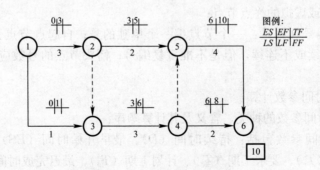

图 5-19　计算工作最早时间和计算工期

b. 确定计算工期和计划工期：与终点节点相连的工作最早完成时间的最大值，就是计算工期，如图 5-19 所示。接着，应根据要求工期和计算工期确定计划工期。本例的计划工期就等于计算工期。

c. 计算工作最迟时间：工作最迟时间自右而左依次进行计算。先计算工作最迟完成时间，再减去工作持续时间，得出工作最迟开始时间。只有紧后工作的最迟开始时间计算完成以后，才能确定本工作的最迟完成时间。如果本工作有两项以上的紧后工作，则本工作的最迟完成时间取各紧后工作最迟开始时间的最小值。计算结果如图 5-20 所示。

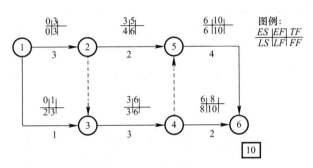

图 5-20　计算工作最迟时间

d. 计算工作总时差：工作总时差等于最迟完成时间减最早完成时间，或等于最迟开始时间减最早开始时间。计算结果如图 5-21 所示。

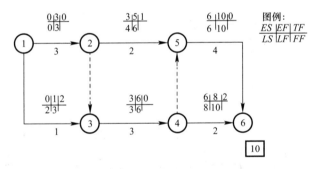

图 5-21　计算工作总时差

e. 计算工作自由时差：工作自由时差等于紧后工作的最早开始时间减本工作的最早完成时间（当有多个紧后工作时，应取差值的最小值）。计算结果如图 5-22 所示。

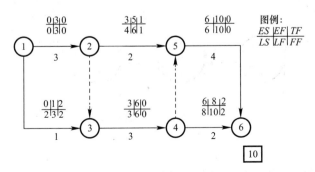

图 5-22　计算工作自由时差

127

4）单代号网络计划时间参数的计算：

单代号网络计划时间参数的计算的原理与双代号网络计划基本相同。所不同的是，要计算相邻两项工作之间的时间间隔（$LAG_{i,j}$）。其值是紧后工作的最早开始时间 ES_j 减本工作的最早完成时间 EF_i。计算公式是：

$$LAG_{i,j} = ES_j - EF_i$$

如果一项工作只有一项紧后工作，本工作的自由时差就是该时间间隔；如果一项工作有多项紧后工作，则本工作的自由时差应为各时间间隔的最小值。

单代号网络计划时间参数的计算顺序是：工作最早开始时间、工作最早完成时间、时间间隔、计算工期、计划工期、工作最迟完成时间、工作最迟开始时间、工作总时差、工作自由时差。

图 5-18 对应的单代号网络计划如图 5-23 所示，时间参数计算结果如图 5-24 所示。

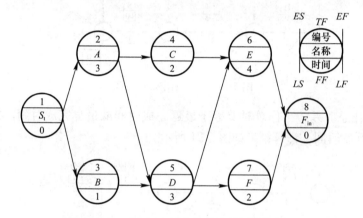

图 5-23　图 5-18 对应的单代号网络计划

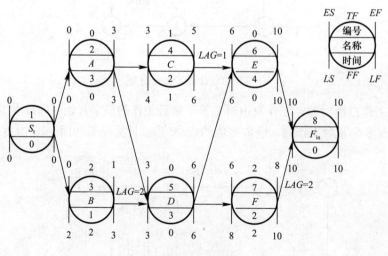

图 5-24　图 5-23 的计算结果

5）关键工作和关键线路的判别。

双代号网络计划的关键工作是总时差最小的工作。关键工作相联而形成的通路就是关键线路。图 5-22 中，由于计划工期等于计算工期，故工作的总时差最小为 0，关键线路为 1-2-3-4-5-6，如图 5-25 中粗线所示。

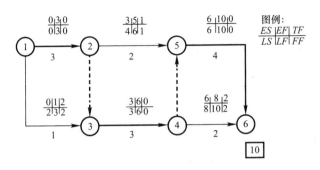

图 5-25　图 5-22 的关键线路

单代号网络计划中，也可以采用"总时差最小"的准则来判别关键工作。但在单代号网络计划中，可先直接用时间间隔为零来判断关键线路（单代号网络计划中自始至终时间间隔全部为零的线路），关键线路上的工作即为关键工作。图 5-23 的关键线路是 1-2-5-6-8，如图 5-26 中粗线所示。

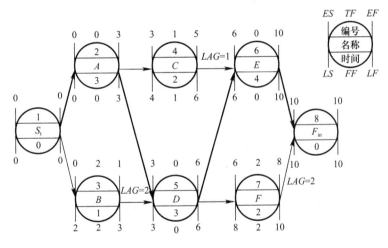

图 5-26　图 5-23 的关键线路

6）双代号时标网络计划：是以时间坐标为尺度编制的双代号网络计划。其编制步骤如下：

第一步，编制无时标的双代号网络计划。

第二步，绘制时间坐标。

第三步，将起点节点定位在 0 点。

第四步，划起点节点的外向箭线，按时间坐标及持续时间确定箭线的长度。

第五步，定节点的位置：如果节点前面只有一条内向箭线，则将节点定位在该箭线的端部；如果节点前面有多条内向箭线，则节点定位在最早完成时间最大的箭线的端部。

第六步，有的箭线未达节点位置，则在此距离内补划波线。

第七步，重复划节点的外向箭线、定节点位置，直到终点节点定位为止。

双代号时标网络计划如图 5-27 所示。从图中可以看出工期、每项工作的两个最早时间和自由时差。波形线长度就是相邻两项工作之间的时间间隔。工作最迟时间和总时差需进行推算。

总时差的计算方法是：自与终点相连的工作算起，逆向进行。与终点相联的工作总时差是计划工期减本工作的最早完成时间。其余各工作的总时差（$TF_{i,j}$）是各紧后工作的总时差（$TF_{j,k}$）与本工作自由时差（$FF_{i,j}$）之和的最小值。

$$TF_{i-j} = \min(TF_{j-k} + FF_{i-j})$$

自终点节点至起点节点逆箭线方向观察，凡不出现波形线的通路，就是关键线路。图 5-27 的关键线路是 1-2-3-4-5-6。

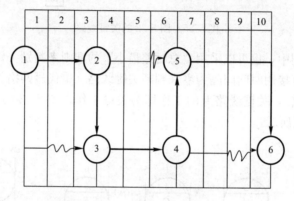

图 5-27　图 5-18 的双代号时标网络计划

（2）计划评审技术

以上介绍的网络计划基础内容基本上属于关键线路法（Critical Path Method，CPM）的内容。关键线路法主要适用于确定型项目，即：工程项目中的各项工作是确定要进行的、工作时间也是确定的（尽管实际完成时间与计划时间可能会有出入）。而对于不确定性较高的项目，则会采用计划评审技术（Program Evaluation and Review Technique，PERT）。PERT 源于 1958 年美国军队的北极星火箭系统计划，主要目的是针对不确定性较高的工作项目，以网络图规划整个专案，以排定期望的专案时程。PERT 图把项目描绘成一个由编号结点（圆形或者方形）构成的网络图，编号节点代表着项目中的任务。每个结点都被编号，并且标注任务、工期、开始时间和完成时间。线条上的箭头方向标明任务次序，并且标识出在开始一个任务前必须完成哪些任务。

PERT 网络中每项活动可以有三个估计时间，即完成每项任务所需要的最乐观的、最可能的和最悲观的三个时间，用这三个时间的估算值来反映活动的"不确定性"。但是，为了关键路线的计算和报告，这三种时间估算应当简化为一个期望时间 t_i 和一个统计方差 σ^2，否则就要用单一时间估算法。

1）计划评审技术的计算特点。在 PERT 中，假设各项工作的持续时间服从 β 分布，近似地用三时估计法估算出三个时间值，即最乐观、最可能和最悲观的三个持续时间，再加权平均算出一个期望值作为工作的持续时间。其计算公式为：

$$t_i = \frac{a_i + 4c_i + b_i}{6}$$

式中：t_i 为 i 工作的平均持续时间；a_i 为 i 工作最短持续时间（亦称乐观估计时间）；b_i 为 i 工作最长持续时间（亦称悲观估计时间）；c_i 为 i 工作正常持续时间，可由施工定额估算。其中，a_i 和 b_i 两种工作的持续时间一般由统计方法进行估算。

三时估算法把非肯定型问题转化为肯定型问题来计算，用概率论的观点分析，其偏差仍不可避免，但趋向总是有明显的参考价值，当然，这并不排斥每个估计都尽可能做到可能精确的程度。为了进行时间的偏差分析（即分布的离散程度），可用方差估算：

$$\sigma_i^2 = \left(\frac{b_i - a_i}{6} \right)^2$$

式中：σ_i^2 为 i 工作的方差。

2）计划评审技术的工作步骤：

① 确定完成项目必须进行的每一项有意义的活动，完成每项活动都产生事件或结果；

② 确定活动完成的先后次序；

③ 绘制活动流程从起点到终点的图形，明确表示出每项活动及其他活动的关系，用圆圈表示事件，用箭线表示活动，结果得到一幅箭线流程图，即 PERT 网络；

④ 估计和计算每项活动的完成时间；

⑤ 借助包含活动时间估计的网络图，管理者能够制定出包括每项活动开始和结束日期的全部项目的日程计划。

（3）关键链法

关键链法（Critical Chain Method）是另一种进度网络分析技术，可以根据有限的资源对项目进度表进行调整。关键链法结合了确定性与随机性办法，开始时利用进度模型中活动持续时间的估算，根据给定的依赖关系与限制条件绘制项目进度网络图，然后计算关键路径。在确定关键路径后，将资源的有无与多寡的情况考虑进去，确定资源限制进度计划。这种资源限制进度计划经常改变项目的关键路径。

1）关键链法的基本原理。关键链法在网络图中增加作为"非工作进度活动"的持续时间缓冲，用来应对不确定性。放置在关键链末端的缓冲称为项目缓冲，用来保证项目不因关键链的延误而延误。其他的缓冲，即接驳缓冲，则放置在非关键链与关键链接合点，用来保护关键链不受非关键链延误的影响。根据相应路径上各活动持续时间的不确定性，来决定每个缓冲的时间长短。一旦确定了"缓冲进度活动"，就可以按可能的最晚开始与最晚完成日期来安排计划活动。这样一来，关键链法就不再管理网络路径的总浮动时间，而是重点管理剩余的缓冲持续时间与剩余的任务链持续时间之间的匹配关系。

2）关键链确定的重要指标。关键链法强调制约项目周期的是关键链而非关键路径，并通过项目缓冲、输入缓冲和资源缓冲机制来消除项目中不确定因素对项目计划执行的影响，保证在确定环境下编制的项目计划能在动态环境下顺利执行。

① 项目缓冲（Project Buffer，PB）。关键链法采用 50% 完成概率的工期估计方法，即在项目实施过程中，任务出现延误的概率为 50%，减少了保证各个任务按实完工的预留缓冲时间。项目缓冲是位于关键链末端的时间缓冲，它的作用在于把从前分散在各个单独任务的保护时间累积到项目的最后，以保护整个项目的如期交付。项目缓冲的时间来源于传统方法中的各个任务所包含的预留缓冲时间。

② 汇入缓冲（Feeding Buffer，FB）。在确定关键链后，从非关键链路径向关键链汇

入时，汇入任务应符合最晚开始原则。一旦汇入任务发生拖期，必然会导致关键链上任务的开工时间向后拖延，约束资源发生闲置状态。为了确保关键链上任务的如期开始，需要在汇入任务与其后的关键任务之间加入缓冲时间，保证汇入任务按期完成，这个缓冲即为汇入缓冲。

③ 资源缓冲。与前两种缓冲不同，它不是一种时间缓冲，只是一种旗帜标志，通常被安放在关键链上，用来提醒项目人员何时需要资源。

3) 关键链的计划方法：

① 删除单个作业隐含工期风险预留，按 90%可靠工期的一半（50%）作为作业时间；

② 将项目的单个作业工期风险汇集在一起，在关键链上设置总的项目工期缓冲区（关键链的一半即 50%），在汇入支路上设置汇入缓冲区（汇入路径的一半即 50%）；

③ 在跟踪时，将各个缓冲区分成三等份，当进度威胁缓冲区时，分别采取报警、分析对策措施，根据对缓冲区的威胁决定资源调整或作业调整。

(4) 常用的项目管理工具软件

1) Microsoft Project 软件

Microsoft Project（或 MSP）是一个国际上享有盛誉的通用的项目管理工具软件，凝集了许多成熟的项目管理现代理论和方法，可以帮助项目管理者实现时间、资源、成本的计划、控制。Microsoft Project 功能特点如下：

① 有效地管理和了解项目日程

使用 Office Project Standard 设置对项目工作组、管理和客户的现实期望，以制定日程、分配资源和管理预算。通过各种功能了解日程，这些功能包括用于追溯问题根源的"任务驱动因素"、用于测试方案的"多级撤销"以及用于自动为受更改影响的任务添加底纹的"可视化单元格突出显示"。

② 快速提高工作效率

项目向导是一种逐步交互式计划辅助工具，可以快速掌握项目管理流程。该工具可以根据不同的用途进行自定义，它能够引导完成创建项目、分配任务和资源、跟踪和分析数据以及报告结果等操作。直观的工具栏、菜单和其他功能使用户可以快速掌握项目管理的基本知识。

③ 利用现有数据

Office Project Standard 可以与其他 Microsoft Office system 程序顺利集成。通过将 Microsoft Office Excel 和 Microsoft Office Outlook 中的现有任务列表转换到项目计划中，只需几次键击操作即可创建项目。可以将资源从 Microsoft Active Directory 或 Microsoft Exchange Server 通讯簿添加到项目中。

④ 构建专业的图表和图示

"可视报表"引擎可以基于 Project 数据生成 Visio 图表和 Excel 图表的模板，可以使用该引擎通过专业的报表和图表来分析和报告 Project 数据。可以与其他用户共享创建的模板，也可以从可自定义的现成报表模板列表中进行选择。

2) Asta Power project 软件

Asta Power project 是一套可以配置的适合于不同规模大小项目型组织的企业级项目组合管理软件。该软件支持关键路径法 CPM、关键链法 CCPM、平衡线 LOB 等多种网络计划技术。其在进度计算模型、横道图展现技术、费用与进度结合、权重与进展检测、S曲线、赢得值等实用技术方面的设计可以高效地帮助工作人员实现本项目管理的目标。相较于其他类似的项目管理软件，Asta Power project 的特点为：

① 较大的灵活性及可配套性

该软件具有一套完整的解决方案，相对来说，具有较大程度的灵活性以及可配置性，能够适应于有着不同需求的项目型企业或组织。其支持多种许可方式，例如：单机版本、并发用户及企业多用户，从而根据用户的需求推荐出相应的建议，这就使得用户在选择形式上减少了较多时间和空间的局限。该软件还可以与企业或组织的其他业务系统集成，比如：ERP 系统、HR 系统、财务系统等，有助于企业或组织的资源达到充分地共享，从而实现更集中、高效、便利的管理。

② 多种项目管理组件的集成

该软件包含了项目管理组件、风险分析组件、Web 组件、商业智能 BI 组件及 GIS 集成组件，利用各组件的功能可实现：

计划管理。其可以管理多达 150000 道任务的复杂计划，也可以管理仅数十道任务的简单计划。在实现时间计划的编制的同时，支持资源计划、费用计划、收入计划、风险计划的编制与关联，真正实现了集成计划的全面管控。通过自上而下的计划编制方式实现多层计划与多级计划，来支持复杂的计划编制环境下的计划协作。

组合管理。此部分包括了多项目及项目组合管理，从组合的建立、选择、计划到执行的全周期管理。管理层可以通过项目组合分析，根据资源与预算情况来决策如何做正确的项目，而且还可以随时获得项目组合的执行可视性，确保组织的投资回报与资源的最佳利用。

资源管理。该软件可实现对项目资源的规划、分配、调配与平衡的全周期管控。从项目的启动、计划、执行与控制、收尾各阶段来配置相应的资源估算、资源请求、资源配备与分配、资源工作负荷监控与分析、资源跨项目与部门调配、资源平衡等。从而提高资源利用的效率，更好地实现资源的价值，为项目的实施提供充足的有效资源。

成本管理。成本管理是项目管理的核心内容之一，是考核项目绩效的一项重要指标。项目费用由资源使用费用、一次性支出费用组成，类别又可分为收入与费用（成本）。归集后可以费用需求、净现金流、赢得值等分析图表。

风险管理。该软件可以基于已有的项目计划通过加载不确定性，使用蒙地卡罗或拉丁超立方体抽样技术模拟不确定性及其给任务带来的影响，并分析得出项目按时、按预算完成的概率。

报表与分析。该软件的 BI 组件支持任意组合的项目数据的组合分析报表，可以提供项目当前绩效的完整的可视度，以确保目标达成及成本受控。

现场管理。软件的 GIS 集成组件可以在地图位置上显示项目的状态，点击每一个位置，可以查看项目的详细信息。

5.4.3 进度控制

1. 进度控制程序

根据《建设工程施工管理规程》5.4.2 条规定，施工进度计划实施中的控制工作应遵循下列步骤：

（1）熟悉施工进度计划目标、各项工作间逻辑关系、工程量及工作持续时间。了解项目进度计划的技术要求、相关背景及影响因素。

（2）收集、整理、统计施工过程中产生的各项进度数据。在进度计划实施过程中，根据实际需要采取组织、经济、技术、管理等措施来保证计划的顺利进行，同时要对项目进度状态进行观测，通过密切的跟踪检查来掌握进度动态。随着项目的进展，不断观测记录每一项工作的实际开始时间、实际完成时间、实际进展时间、实际消耗的资源、当前状况等内容，以此作为进度控制的依据，或是每隔一定时间对项目进度计划执行情况进行一次较为全面的观测、检查，检查各工作之间逻辑关系的变化，检查各工作的进度和关键线路的变化情况，以便更好地发掘潜力，调整或优化资源。收集实际进度数据，并进行记录与统计。

（3）比较实际施工进度与施工进度计划目标，分析施工进度计划执行情况。将项目的实际施工进度与计划进度进行对比，分析进度计划的执行情况，确定各项工作、阶段目标以及整个项目的完成程度，结合工期、生产成果的数量和质量、劳动效率、资源消耗、预算等指标，综合评价项目进度状况，并判断是否产生偏差。

（4）分析施工进度偏差产生原因，根据需要制定相应纠偏措施。若确认进度无偏差，则继续按原计划实施，若确认产生偏差，分析进度偏差的影响，找出原因，并通过调整关键工作、调整非关键工作、改变某些工作的逻辑关系、调整资源等方式进行纠正，以确保进度目标的实现。若纠偏措施实施后仍不能奏效，则应对原计划进行调整。计划完成后，对进度控制进行总结，并编写施工进度控制报告。

2. 进度控制重点

《建设工程施工管理规程》5.4.2条规定，项目经理部的进度控制过程应符合下列规定：将施工进度计划中关键线路上的各项施工活动和主要影响因素作为施工进度控制重点，并应负责施工活动和主要影响因素的控制工作；协调管理相关方工作，确保施工进度工作界面的合理衔接，并应跟踪协调对施工进度有影响的分包方、供应方和其他相关方活动。一是立足关键线路上的各项活动过程，围绕进度的主要影响因素，比如：与施工图设计、地基基础及主体施工相关的人员、方法、程序、资源使用等，进行重点环节的进度控制。二是对项目进度有影响的分包方、供应方和其他相关方的活动进行跟踪与协调，跟踪进度计划的实施情况，协调进度计划实施过程的纠纷与矛盾，确保工程项目施工进度控制结果符合规定要求。

3. 进度的协调管理

进度的协调管理是指项目实施过程中，为了使工程建设的施工实际进度与计划进度要求相一致，以使工程项目能够按照预定的时间完成交付使用开展的协调管理活动。《建设工程施工管理规程》5.4.2条规定，项目经理部应组织协调相关方工作，确保施工进度工作界面的合理衔接，并应跟踪管理对施工进度有影响的分包方、供应方和其他相关方活动。

跟踪协调是进度控制的重要内容，需跟踪协调的相关方活动过程如下：

（1）与分包商有关的活动过程，包括：合格分包商的选择与确定，分包工程进度控制。

（2）与供应商有关的采购活动过程，包括：材料认样和设备选型，材料与设备验收。

（3）以上各方内部活动过程之间的接口。

值得指出的是，对分包商、供应商和其他相关方的协调管理过程，特别是进度工作界面的协调过程充满各种不确定性，施工项目部应确保进度工作界面的合理衔接的基础上，使协调工作符合提高效率和效益的需求。

5.4.4 进度检查

1. 进度计划的实施记录与检查

进度计划的实施记录包括实际进度图表，情况说明，统计数据。《建设工程施工管理规程》5.4.3条规定，项目经理部应按规定的检查周期，检查各项施工活动进展情况并保存相关记录。施工进度计划检查应包括下列内容：

1) 施工活动工作量完成情况；

2) 施工活动持续时间执行情况；

3) 施工资源使用及其与进度计划的匹配情况；

4) 前次检查提出问题的整改情况。

进度计划检查记录可选用下列方法：文字记录；在计划图（表）上记录；用切割线记录；用"S"形曲线或"香蕉曲线"记录；用实际进度前锋线记录。

2. 施工进度控制方法

施工进度控制的主要环节是比较分析实际进度与计划进度，常用的进度比较分析方法有横道图、S曲线、香蕉曲线、实际进度前锋线和列表比较法。

（1）横道图比较法

利用横道计划进行检查，就是在计划图中，把实际进度纪录在原横道计划图上，如图5-28所示。图中，细线是计划进度，粗线是实际进度。

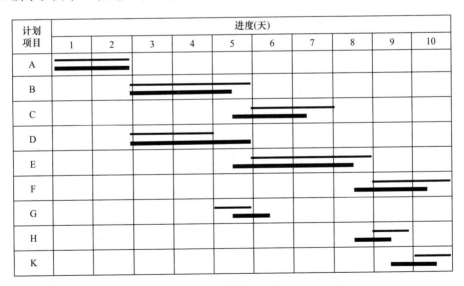

图 5-28 横道图比较法

（2）S曲线比较法

S形曲线比较法是以横坐标表示进度时间、纵坐标表示累计完成任务量而绘制出的一条按计划时间累计完成任务量的S形曲线。用S形曲线可将项目的各检查时间实际完成的任务量与S形曲线进行实际进度与计划进度相比较。见图5-29。

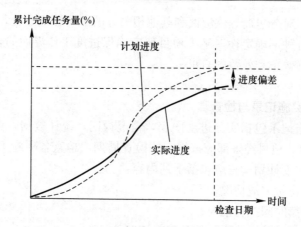

图 5-29 S 形曲线比较法

（3）香蕉曲线比较法

"香蕉曲线"是两条 S 形的曲线组合成的闭合图形。在工程项目的网络计划中，根据各项工作的计划最早开始时间安排进度，绘制出的 S 形曲线称为 ES 曲线，根据各项工作的计划最迟开始时间安排进度，绘制出的 S 形曲线称为 LS 曲线。在项目的进度控制中，除了开始点和结束点之外，香蕉形曲线的 ES 和 LS 上的点不会重合，即同一时刻两条曲线所对应的计划完成量形成了一个允许实际进度变动的弹性区间，只要实际进度曲线落在这个弹性区间内，就表示施工进度是控制在合理的范围内。在实践中，每次进度检查后，将实际点标注于图上，并连成实际进度线，便可以对施工实际进度与计划进度进行比较分析，对后续工作进度做出预测和相应安排。

图 5-30 所示香蕉曲线是根据网络计划绘制的累计工程数量曲线。横坐标是时间，纵坐标是工作量，可以是绝对数，也可以是百分比。A 线是根据最早完成时间绘制的，B 线是根据最迟完成时间绘制的。两线将图围成了香蕉状。P 线是实际完成的工程量累计曲线。用这 3 条曲线对比可以在任何时点上观察到（或计算）工程的进度状况，包括时间的提前或延误，工作量完成的多或少。本图在 t 点检查时可以发现，进度提前量为 Δt。

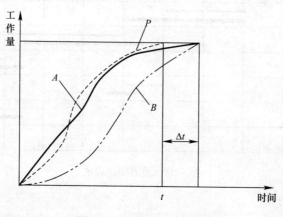

图 5-30 香蕉曲线比较法

（4）前锋线比较法

前锋线比较法是利用时标网络计划图检查和判定工程进度实施情况的方法。图 5-31

的网络计划中，箭线之下是持续时间（周），箭线之上是预算费用，并列入了表5-12中。计划工期12周。工程进行到第9周时，C工作完成了2周，E工作完成了1周，G工作已经完成，H工作尚未开始。要求用实际进度前锋线对进度进行检查分析。

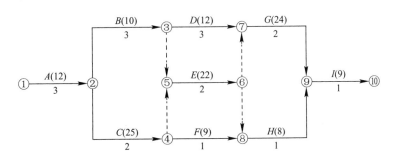

图 5-31　待检查的网络计划

网络计划的工作时间和预算造价　　　　　　　　　表 5-12

工作名称	A	B	C	D	E	F	G	H	I	合计
持续时间（周）	3	3	2	3	2	1	2	1	1	
造价（万元）	12	10	25	12	22	9	24	8	9	131

首先绘制实际进度前锋线，要点如下：

第一，将网络计划搬到时标表上，形成时标网络计划；第二，在时标表上确定检查的时间点；第三，将检查出的时间结果标在时标网络计划相应工作的适当位置并打点；第四，把检查点和所打点用直线连接起来，形成从表的顶端到底端的一条完整的折线，该折线就是实际进度前锋线。根据第9周的进度检查情况，绘制的实际进度前锋线如图5-32所示，现对绘制情况进行说明如下：

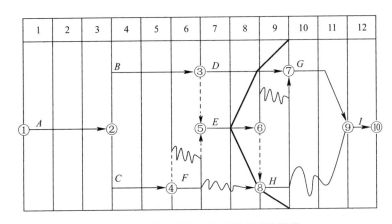

图 5-32　第9周检查的实际进度前锋线

根据第9周检查结果和表5-1中所列数字，计算已完工程预算造价是：

$A+B+2/3D+1/2E+C+F=12+10+2/3\times12+1/2\times22+25+9=75$（万元）。

到第9周应完成的预算造价可从图5-32中分析，应完成A、B、D、E、C、F、H，故：

$A+B+D+E+C+F+H=12+10+12+22+25+9+8=98$万元

进度完成比例＝75/98＝0.765＝76.5%，即完成计划的76.5%。

从图5-32中可以看出，D、E工作均未完成计划。D工作延误一周，这一周是在关键线路上，故将使项目工期延长1周。E工作不在关键线路上，延误2周，但该工作只有1周总时差，故也会对导致工期拖延1周。D、E工作是平行工作，工期总的拖延时间是1周。

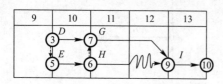

图5-33 第9周以后的网络计划

重绘的第9周末之后的时标网络计划，如图5-33所示。与计划相比，工期延误1周。

（5）列表比较法

列表比较法是记录检查日期应该进行的工作名称及其已经作业的时间，然后列表计算有关时间参数，并根据工作总时差进行实际进度与计划进度比较的一种方法。这种方法适用于采用非时标网络计划的情况。比较实际进度与计划进度：

1）如果工作尚有总时差与原有总时差相等，说明该工作实际进度与计划进度一致；

2）如果工作尚有总时差大于原有总时差，说明该工作实际进度超前，超前的时间为二者之差；

3）如果工作尚有总时差小于原有总时差，且仍为正值，说明该工作实际进度拖后，拖后的时间为二者之差，但不影响总工期；

4）如果工作尚有总时差小于原有总时差，且仍为负值，说明该工作实际进度拖后，拖后的时间为二者之差，此时，工作实际进度偏差将影响总工期；

已知某工程网络计划如图5-34所示，在第10周末检查时，发现A、B、C、E工作已完成，D工作已进行4周，G工作已进行1周，L工作已进行2周，试用列表比较法进行实际进度与计划进度的比较。

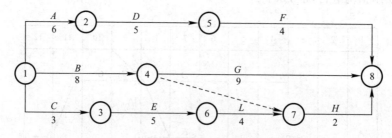

图5-34 某项目网络计划

根据检查结果及网络时间参数计算的结果，判断项目进度情况见表5-13。

项目进度比较分析表   表5-13

工作编号	工作代号	检查时尚需时间	到计划最迟完成前尚有时间	原有总时差	尚余总时差	情况判断
2-5	D	1	3	2	3－1＝2	拖后1周，但不影响工期
4-8	G	8	7	0	7－8＝－1	拖期1周，影响工期1周
6-7	L	2	5	3	5－2＝3	实际进度与计划进度一致

3. 施工进度控制措施

《建设工程施工管理规程》5.4.3 条规定，项目经理部应通过对比分析实际施工进度与计划进度，判定施工进度偏差及产生原因，并依据合同文件和工程相关方要求，通过采取技术措施、组织措施、经济措施和其他措施进行纠偏。

（1）技术措施。施工方案对工程进度有直接影响，在决策其选用时，不仅应分析技术的先进性和经济合理性，还应考虑其对进度的影响。在工程进度受阻时，应分析是否存在施工技术的影响因素，为实现进度目标有无改变施工技术、施工方法和施工机械的可能性。

为了实现施工的进度控制，项目经理部应重视进度控制的技术措施，例如，可采用以下几方面的技术措施：

1）通过合理分析与评价项目实施技术方案，选择有利于项目进度控制的方案与措施；

2）编制项目进度控制工作细则，指导项目人员实施进度控制；

3）采用网络计划技术及其他科学适用的计划方法，利用信息技术辅助进度控制，实施项目进度动态控制。

（2）组织措施。组织是目标能否实现的决定性因素，为实现工程的进度目标，必须重视采取组织措施。建立健全项目管理的组织体系，设立专门的进度管理工作部门和符合进度控制岗位要求的专人负责进度控制工作。对于项目进度控制的工作内容应当在项目管理组织设计的任务分工表和管理职能分工表中标示并落实。同时应确定项目进度控制的工作流程，如：

1）定义工程进度计划系统的组成；

2）各类进度计划的编制程序、审批程序和计划调整程序等。

此外，进度控制工作包含了大量的组织与协调工作，而会议是组织与协调的重要手段。除了在项目的日常例会上包含大量项目进度控制的内容外，还应经常召集工程的进度协调会议。为了提高这些与进度控制有关的会议的效率，应当进行有关进度控制会议的组织设计，以明确：会议类型；各类会议的主持人及参加人员；各类会议的召开时间；各类会议文件的整理、分发和确认等。

（3）经济措施。建设工程项目施工进度控制的经济措施涉及资金需求计划、资金供应的条件和经济激励措施等。为确保进度目标的实现，应编制与进度计划相适应的资源需求计划（资源进度计划），包括资金需求计划和其他资源（人力和物力资源）需求计划，以反映工程实施的各时段所需要的资源。通过资源需求的分析，可发现所编制的进度计划实现的可能性，若资源条件不具备，则应调整进度计划。资金供应条件包括可能的资金总供应量、资金来源（自有资金和外来资金）以及资金供应的时间。在工程预算中应考虑加快工程进度所需要的资金，其中包括为实现进度目标将要采取的经济激励措施所需要的费用。

（4）其他措施。其他措施，例如合同措施：建设工程项目施工进度控制的合同措施主要指加强合同及风险管理。为实现进度目标，项目经理部不但应通过加强分包合同、采购合同管理进行进度控制，还应注意分析影响工程进度的风险，并在分析的基础上采取风险管理措施，以减少进度失控的风险量。

5.4.5 进度变更管理

《建设工程施工管理规程》5.4.4条规定，当采取纠偏措施仍不能实现施工进度计划目标时，项目经理部应调整施工进度计划，并报原计划审批部门批准。

施工进度变更调整应符合下列规定，确保变更管理满足可靠性要求：明确施工进度计划的调整原因及相关责任；调整相关资源供应计划，并与相关方进行沟通；调整后施工进度计划的实施应与企业管理规定及合同要求一致。

1. 施工进度计划变更内容

项目经理部应根据进度管理报告提供的信息，纠正施工进度计划执行中的偏差，对进度计划进行变更调整。进度计划变更的原因，是原进度计划目标已失去作用或难以实现。施工进度计划变更可包括下列内容：

（1）工作起止时间的变更；

（2）工作关系的变更；

（3）相关资源供应的变更。

施工进度计划变更应根据施工进度实际情况具体确定上述内容的一项或数项。进度计划变更后应编制新的进度计划，并及时与相关单位和部门沟通。产生进度变更（如延误）后，受损方可按合同及有关索赔规定向责任方进行索赔。

2. 施工进度计划变更风险预防

项目经理部应识别施工进度计划变更风险，并在进度计划变更前制定下列预防风险的措施：组织措施；技术措施；经济措施；沟通协调措施。

项目管理机构预防进度计划变更风险的同时应注意下列事项：

（1）不应强迫计划实施者在不具备条件的情况下对施工进度计划进行变更；

（2）当发现关键线路进度超前时，可视为有益，并使非关键线路的进度协调加速；

（3）当发现关键线路的进度延误时，可依次缩短有压缩潜力且追加利用资源最少的关键工作；

（4）关键工作被缩短的时间量需是与其平行的诸非关键工作的自由时差的最小值；

（5）当被缩短的关键工作有平行的其他关键工作时，需同时缩短平行的各关键工作；

（6）缩短关键线路的持续时间应以满足工期目标要求为止；如果自由时差被全部利用后仍然不能达到原计划目标要求，需变更计划目标或变更工作方案。

3. 施工进度计划调整方法及示例

（1）施工进度计划调整方法

施工进度计划调整方法包括以下几种：

1）调整关键线路：

① 当关键线路的实际进度比计划进度拖后时，应在尚未完成的关键工作中，选择资源强度小或费用低的工作缩短其持续时间，并重新计算未完成部分的时间参数，将其作为一个新计划实施；

② 当关键线路的时间进度比计划进度提前时，若不拟提前工期，应选用资源占用量大或者直接费用高的后续关键工作，适当延长其持续时间，以降低其资源强度或费用；当确定要提前完成计划时，应将计划尚未完成的部分作为一个新计划，重新确定关键工作的持续时间，按新计划实施。

2）调整非关键工作：非关键工作的调整应在其时差的范围内进行，以便更充分地利用资源、降低成本或满足施工的需要。每一次调整后都必须重新计算时间参数，观察该调整对计划全局的影响。可采用以下几种调整方法：

① 将工作在其最早开始时间与最迟完成时间范围内移动；

② 延长工作的持续时间；

③ 缩短工作的持续时间。

3）增减工作项目：增减工作项目时应符合下列规定：

① 不打扰原网络计划总的逻辑关系，只对局部逻辑关系进行调整；

② 在增减工作后应重新计算时间参数，分析对原网络计划的影响；当对工期有影响时，应采取调整措施，以保证计划工期不变。

4）调整逻辑关系：逻辑关系的调整只有当实际情况要求改变施工方法或组织方法时才可进行。调整时应避免影响原定计划工期和其他工作的顺利进行。

5）调整工作的持续时间：当发现某些工作的原持续时间估计有误或实现条件不充分时，应重新估算其持续时间，并重新计算时间参数，尽量使原计划工期不受影响。

6）调整资源投入：当资源供应发生异常时，应采用资源优化方法对计划进行调整，或采取应急措施，使其对工期的影响最小。

网络计划的调整，可以定期进行，亦可根据计划检查的结果在必要时进行。

（2）进度计划调整示例

根据表5-14的数据对图5-35进行工期-成本调整。如果压缩工期4周，需增加费用为多少？

第一步，根据工期-成本调整原理，要缩短工期必须对关键工作进行压缩。由于关键工作A的追加费用最少，故首先压缩A工作1周，追加费用200元，累计增加费用200元，工期由16周缩短为15周。

第二步，压缩C工作1周，增加费用250元，累计增加费用450元，工期缩短为14周。

第三步，压缩E工作1周，追加费用300元，累计增加费用750元，工期缩短为13周。

图 5-35 所需数据表 表 5-14

工作	正常时间（周）	赶工时间（周）	正常成本（元）	赶工成本（元）	赶工一周增加的费用（元/周）
A	4	3	2000	2200	200
B	4	3	1500	1600	100
C	4	3	1000	1250	250
D	3	2	1800	1950	150
E	6	4	2200	2800	300
F	5	3	2000	2500	250
G	2	2	1400	1400	—

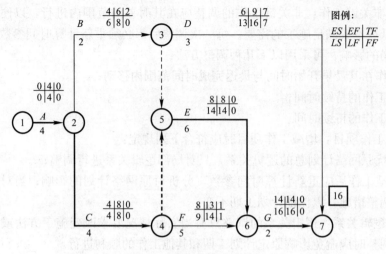

图 5-35　待调整的进度计划

第四步，由于工作 F 也成了关键工作，而且只有工作 E 和工作 F 有压缩潜力，故必须同时压缩 E、F 各 1 周，增加费用为 $300+250=550$（元），累计增加费用 1300 元，工期缩短为 12 周。

至此，压缩该网络计划工期的任务全部完成。将上述优化的结果汇总成表，可见表 5-15 所示。压缩后的网络计划见图 5-36。

网络计划 5-36 的压缩结果　　　　　　　　　　　　　　　　　表 5-15

工作	压缩周数	压缩一周增加的费用	累计增加的费用	工期
A	1	200	200	15
C	1	250	450	14
E	1	300	750	13
E、F	1	550	1300	12

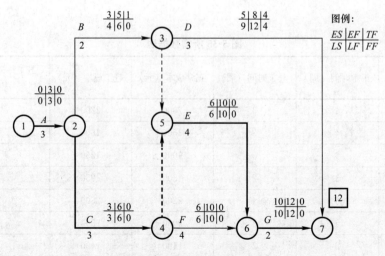

图 5-36　调整后的网络计划

5.5 质量管理

5.5.1 质量管理概述

1. 质量

（1）质量

质量的概念在不同的领域具有不同的内涵，在《质量管理体系 基础和术语》GB/T 19000—2016 对质量定义为"实体若干固有特性满足要求的程度"。这个定义包含了四个要点，即质量是针对实体而言，并不包含非实体；质量是固有特性，而不是附加特性；质量的特性是有具体要求的，而不是人为随意确定；质量是由实体的固有特性与实体的质量要求特性的比较而判断，通过判断可以得出质量的合格与不合格，好与差。实体固有特性指某事或某物本来就有的，是自然和永久的，就像太阳的发光特性一样，这种特性并不是判定质量的标准，而判断这些特性的质量就需要一个明示的，通常隐含的必须履行的需求或期望，即要求。

对于建设工程而言，质量是指单位工程实体的结构安全、使用功能等固有特性满足相关验收标准要求的程度，根据满足程度不同，可以分为不合格、合格。单位工程质量判定是以检验批为基本单元，按照检验批、分项、分部、单位工程四个环节来确定其固有特性满足要求的程度。检验批合格的条件：主控项目的质量经抽样检验全部合格；一般项目的质量经抽样检验合格，一般项目采用计数抽样时，合格点率符合有关专业验收规范的规定，且不得存在严重缺陷（实测值≥1.5允许偏差）；具有完整的施工操作依据，质量验收记录。当上述条件有任何一条不符合要求，即为不合格。分项工程合格条件：所含检验批的质量均应验收合格，所含检验批的质量验收记录应完整。分部工程质量合格的条件：所含分项工程的质量均验收合格；质量控制资料应完整；有关安全、节能、环境保护和主要使用功能的抽样检验结果应符合相应规定；观感质量应符合要求。单位工程质量合格的条件：所含分部工程的质量均应验收合格；质量控制资料应完整；所含分部工程中有关安全、节能、环境保护和主要使用功能的检验资料应完整；主要使用功能的抽查结果应符合相关专业验收规范的规定；观感质量符合要求。

对于工程所用原材料而言，质量是指材料的物理力学性能满足相关标准的程度，例如水泥的质量是指化学成分、强度、凝结时间等固有特性满足标准《通用硅酸盐水泥》GB 175—2007 的要求。

（2）质量缺陷

质量缺陷是一个比较抽象概念，是指通过整改或处理能到要求的产品。特别是工程项目从业人员习惯使用质量缺陷这个概念，但定义都不统一。一般而言，质量缺陷就是质量问题，包括一般质量问题、严重质量问题、质量事故。凡在设计、施工、调试和运营过程中发生工程质量设计、施工和操作偏差超过质量标准范围，需要返工、修复等或造成永久性缺陷，且造成经济损失者，或在设计、施工、调试和运营过程中由于设计、操作及保管不当影响工程结构安全、使用功能和外形观感者，均属质量问题。

工程质量形成过程中的某一工艺、某一部位、某一检验批、某一分项出现不符合验收规范的情况就叫质量问题，质量问题从广义上讲，包含一般质量问题、严重质量问题和质量事故。

一般质量问题是指工程质量形成过程中的某一工艺、某一部位、某一检验批、某一分项符合验收标准主控项目的要求，但个别甚至一部分指标不符合一般项目要求的，这类问题即使不进行整改或修复，也不影响结构安全和人身健康，不影响正常使用，但影响使用者的观感或使用舒适度。

严重质量问题，是指工程质量形成过程中的某一工艺、某一部位、某一检验批、某一分项的个别甚至一部分指标不符合验收标准主控项目的要求，或进行计数检查的部分指标超过验收标准一般项目要求允许偏差的 1.5 倍的，这类质量问题不及时进行整改，将不同程度地影响结构安全、人身健康和正常使用，如：主体工程的强度、裂缝等问题，电器安装工程接地即接地电阻等问题。

质量问题可以根据影响程度、产生的部位、产生的原因等进行分类，这样便于分析质量管理和控制的关键环节，采取具有针对性的管理措施，从而保证质量方针和质量计划的落实。

工程质量事故，是指由于建设、勘察、设计、施工、监理等单位违反工程质量有关法律法规和工程建设标准，使工程产生结构安全、重要使用功能等方面的质量缺陷，造成人身伤亡或者重大经济损失的事故。根据工程质量事故造成的人员伤亡或者直接经济损失，工程质量事故分为 4 个等级：特别重大事故，是指造成 30 人以上死亡，或者 100 人以上重伤，或者 1 亿元以上直接经济损失的事故；重大事故，是指造成 10 人以上 30 人以下死亡，或者 50 人以上 100 人以下重伤，或者 5000 万元以上 1 亿元以下直接经济损失的事故；较大事故，是指造成 3 人以上 10 人以下死亡，或者 10 人以上 50 人以下重伤，或者 1000 万元以上 5000 万元以下直接经济损失的事故；一般事故，是指造成 3 人以下死亡，或者 10 人以下重伤，或者 100 万元以上 1000 万元以下直接经济损失的事故。

工程质量事故发生后，事故现场有关人员应当立即向工程建设单位负责人报告；工程建设单位负责人接到报告后，应于 1 小时内向事故发生地县级以上人民政府住房和城乡建设主管部门及有关部门报告。情况紧急时，事故现场有关人员可直接向事故发生地县级以上人民政府住房和城乡建设主管部门报告。住房和城乡建设主管部门接到事故报告后，应当依照下列规定上报事故情况，并同时通知公安、监察机关等有关部门：

1）较大、重大及特别重大事故逐级上报至国务院住房和城乡建设主管部门，一般事故逐级上报至省级人民政府住房和城乡建设主管部门，必要时可以越级上报事故情况。

2）住房和城乡建设主管部门上报事故情况，应当同时报告本级人民政府；国务院住房和城乡建设主管部门接到重大和特别重大事故的报告后，应当立即报告国务院。

3）住房和城乡建设主管部门逐级上报事故情况时，每级上报时间不得超过 2 小时。

4）事故报告应包括下列内容：

① 事故发生的时间、地点、工程项目名称、工程各参建单位名称；

② 事故发生的简要经过、伤亡人数（包括下落不明的人数）和初步估计的直接经济损失；

③ 事故的初步原因；

④ 事故发生后采取的措施及事故控制情况；

⑤ 事故报告单位、联系人及联系方式；

⑥ 其他应当报告的情况。

（3）质量控制点

设置质量控制点是落实质量方针和质量计划的具体措施，也是质量控制管理的有效方法。质量控制点的设置是在全面理解质量方针和质量计划的基础上，结合工程项目的具体实际，对工程质量形成过程采取的量化、定位的管理手段，一般设置在工艺复杂、工序交接、施工难度大、影响结构安全、重大使用功能、重大使用安全，容易影响建筑效果等工序处，这样既有利于宏观落实既定的质量方针和质量计划，也可以微观的控制具体工艺或具体部位的工程质量。

2. 质量管理

（1）定义

质量管理在《质量管理体系 基础和术语》GB/T 19000—2016 中定义为：关于质量的管理，即在质量方面指挥和控制组织的协调的活动。在质量方面的指挥和控制活动，通常包括制定质量方针和质量目标，进行质量策划和质量管理，最终实现质量保证和质量改进。

质量方针是质量实施过程中进行质量管理的纲领性文件，是组织总的工程质量宗旨和方向，体现了施工企业组织的质量意识和质量追求，是组织内部质量管理行为准则，也体现了顾客的质量期望和对顾客的质量承诺。质量方针是企业总方针的一部分，由施工企业或组织的最高管理者批准发布，并监督其落实。

质量目标，是指与质量有关的要实现的结果，即在工程质量实施过程中所追求的目标，它是落实质量方针的具体要求，它从属于质量方针，应与利润目标、成本目标、进度目标等相协调。质量目标必须明确、具体，尽量用定量化的语言进行描述，保证质量目标容易被沟通和理解。质量目标应分解落实到各部门及工程项目的全体成员，以便于实施、检查、考核。

从质量管理的定义可以说明，质量管理是项目围绕着使产品质量能满足不断更新的质量要求，而开展的策划、组织、计划、实施、检查和监督、审核等所有管理活动的总和。它是工程项目各级职能部门领导的职责，而由组织最高领导或项目经理负全责，应调动与质量有关的所有人员的积极性，共同做好本职工作，才能完成质量管理的任务。

（2）质量管理体系

质量管理体系在《质量管理体系 基础和术语》GB/T 19000—2016 中定义为：管理体系中关于质量的部分，即"在质量方面指挥可控制组织的管理体系"。

"体系"的含义是：若干有关事物互相联系、互相制约而构成的有机整体，有机整体实际是一个系统。质量管理体系是实施质量方针和目标的管理系统，其内容以满足质量目标的需要为准，它是一个有机整体，强调系统性和协调性，它的各个组成部分是相互关联的。质量管理体系把影响质量的技术、管理、人员和资源等因素加以组合，在质量方针的指引下，为达到质量目标而发挥效能。

一个组织要进行正常的运营活动，就必须建立一个综合的管理体系，其内容可包含质量管理体系、环境管理体系、职业健康安全管理体系和财务管理体系等。2016 版《质量管理体系 要求》GB/T 19001 在编制时已考虑了与 ISO14000 环境管理体系标准及其他管理体系标准的协调，为组织综合管理体系的建立提供了方便。建立和运行项目质量管理体系是工程项目质量管理的基础，《质量管理体系 要求》GB/T 19001—2016 已经成为项目质量管理体系的基本导向。

　　我国建设工程的质量管理体系是一个庞大的体系，是由政府、社会组织及相关责任主体等组成。从宏观上讲，质量管理体系是指与建设工程项目相关的责任主体为实现质量目标而组成一个既独立、又互相联系，互相约束的有机整体，这个整体系统统一和谐的运行是建设工程项目最有力的质量保证体系。从微观上讲，与建设工程项目有关责任主体都有自身内部协调统一的质量管理体系，既保证各自与建设工程相关的部分的工程质量，也对相关单位完成的质量进行检查督促或协调。见图5-37。

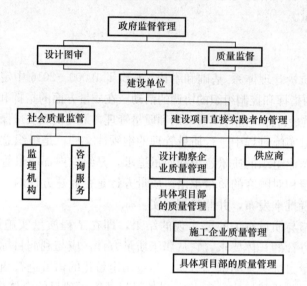

图5-37　质量保证体系

　　就具体建设工程项目而言，其质量形成是通过可行性研究、设计、施工、竣工等一系列阶段所形成，各个阶段不同程度地涉及建设单位、设计单位、施工单位、分包单位、材料供应单位等建设质量责任主体，这些建设质量责任主体内部各自形成的质量管理体系，是对建设工程的施工过程中质量形成的最基本最有效的管理体系。这些质量管理体系是工程项目质量保证的基础，也是形成质量的关键。一般情况这些管理体系包含决策层、领导层、管理层、执行层、操作层等。

　　本书所谈的质量管理体系主要针对施工单位的项目部而言，其他单位的项目管理在此不赘述。

　　（3）项目质量管理

　　项目质量管理是组织或企业质量管理的延伸和细化，是对组织或企业质量方针，质量计划的具体分解和落实，是对具体工程质量形成过程执行质量方针和质量计划的检查和改正。项目质量管理的水平和实效反映了组织或企业质量方针和质量计划的落实程度。项目质量管理实际上是建立健全质量责任体系和质量问题责任追究体系，并进行日常检查考核的过程。质量责任体系包含项目部质量责任体系和企业管理层质量责任体系（见图5-38）。企业管理责任体系主要承担管理责任，项目部质量责任体系是直接质量责任体系。项目部施工单位的质量责任体系由操作工人、施工班组长、施工员、测量员、实验员、材料员、质量检查员、项目技术负责或技术人员，项目执行经理、项目经理等人员组成。企业管理层质量责任体系由质量管理人员、工程管理人员、质量部门负责人、工程部门负责人、技术负责人、质量负责人、法人等组成。

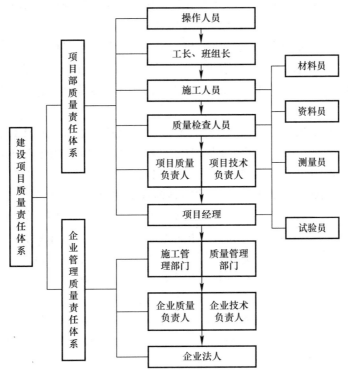

图 5-38　工程项目质量责任及追究

5.5.2　质量计划

1. 质量计划的概念

质量计划是质量策划的组成部分。质量策划是组织在质量方面进行规划的活动。质量计划是质量策划的重要结果。

质量计划在《质量管理体系 基础和术语》GB/T 19000—2016 中定义为："对待定的项目、产品、过程或合同，规定由谁及何时应使用哪些程序和相关资源的文件"。对工程建设项目而言，质量计划主要是针对特定的项目所编制的规定程序和相应资源的文件。

组织的质量制度或质量管理体系所规定的是各种产品都适用的通用要求和方法，但各种特定产品都有其特殊性，通过质量策划，可将其产品、项目或合同的特定要求与现行的通用的质量体系程序相联结。通常在质量策划形成的质量计划中引用质量制度或程序文件中的适用条款。

质量计划是项目质量策划结果的一种体现，质量策划的结果也可以是非书面的形式。质量计划应明确指出所开展的质量活动，并直接或间接通过相应程序或其他文件，指出如何实施这些活动。质量计划应在质量策划与项目管理策划过程中编制。

2. 质量计划的内容及编制

（1）项目质量计划内容

广义而言，质量计划应包括的内容有：项目质量目标，质量管理组织和职责；所需要的过程、文件和资源的需求；产品（或过程）所要求的验证、确认、监视、检验和试验活动，以及接收的准则：必要的记录；所采取的措施。针对具体的建设工程而言，质量计划的内容有：项目质量目标、质量控制子单元的确定；质量管理实施和偏差的控制；质量检查、评价和改进措施；项目质量管理体系的其他要求。

项目质量目标分为必须目标及特殊目标，必须目标是指满足国家验收标准规定指标要求，满足设计文件的要求，满足合同的要求，满足结构安全和使用功能要求。特殊目标是指质量某些指标设定高于国家验收标准合格指标的，比如创建优质工程、创建鲁班奖等都是特殊目标。

质量控制子单位的划分是建设工程进行有效质量控制的基础，按照工艺、工序、工种、专业等及按照施工段或楼层来确定，是质量检查验收、确定认可质量标准的最小单元。

质量管理实施是指工程项目实施过程中，对每一个工艺、工序及不同工种的质量交底、指导、检查、督促整改、验收等活动的具体规定和要求，应具有非常强的可操作性。同时规定不同工艺、工序、工种施工质量的基本偏差要求及允许偏差的范围，这个偏差可以是规范规定的要求，也可以根据特殊质量目标确定高于验收标准要求。

质量检查、评价和改进措施是质量管理实施的主要控制措施，检查分为日常检查，巡查、定点检查、定时检查、验收检查等，每次检查应将检查确认的质量信息，特别是需要整改的信息及时反馈给具体实施者，以便及时纠偏改进。

项目质量管理体系的其他要求是指与工程质量控制有关的原材料、施工检验、技术交底、档案资料等方面的规定。如：企业应根据项目需求制定项目质量管理、质量管理检查改进以及绩效考核的措施，配备质量管理资源；项目质量管理机构应建立质量缺陷预防管理机制，建立质量策划、实施、检查、改进每一个循环环节的检查管理机制；项目管理机构应建立岗位人员考核、机具保养检查、材料检查验收、施工方法的交底和检查、影响质量环境要素的分析控制等制度，加强质量系统管理，确保工程质量目标和质量计划的要求。

（2）项目质量计划的编制

项目部应根据施工合同要求和企业质量目标，制定项目的质量计划。项目质量计划由项目经理负责组织，项目经理部技术负责人或其他被授权人编制，项目经理审查后报企业质量负责人批准后实施。质量计划应进行交底，也可以与技术交底结合进行，同时项目质量计划实施结果应与班组的经济效益挂钩。

对于工程项目施工合同中，明确工程质量交付标准高于国家验收规定的指标，或者企业组织内部加强管理，需要提高工程质量标准，制定高于国家质量验收标准的质量指标，或者明确创建地方或国家优质工程的，这些项目应结合工程实际，施工管理经验，编制专项的项目质量计划。如果施工合同和企业项目质量目标没有高于国家验收标准或创优等特殊要求，只是要求质量满足现行国家验收标准要求的，质量计划可以与施工组织设计和专项施工方案一起编写，但必须有质量计划的专篇，包含原材料的验收和检验、操作过程三检及工序检验验收，隐蔽验收、检验批验收、分项及分部验收、竣工验收，档案资料收集与整理等内容。

（3）质量计划的批准

专项的项目质量计划，由于工程质量实施过程中，所完成的最终质量指标高于国家现行验收标准的要求，或要达到优质工程质量标准的规定，其质量计划应按照内部程序进行审批，一般情况下，由项目经理审查，企业或组织的质量负责批准实施。审批人员主要审查质量计划、质量控制、质量检查与处置、质量改进等每一个程序所制定的具体措施是否具有可操作性，是否具有有效性。

3. 质量计划的实施管理和改进

（1）管理组织

质量计划的实施与工程施工过程同步进行，施工过程的管理包含了进度、成本、质量等管理，质量管理的首要环节是落实质量，即对质量计划的分解和细化，落实质量管理责任，质量计划管理的组织是与工程实施管理组织一致，与质量追究体系一致，实际上项目部的施工管理是合同、进度、质量、生产任务、成本、人员、设备原材料、成品保护等各种管理工作的高度融合，是集成化的管理组织，也是集成化的管理过程。

（2）计划的持续改进

质量计划在落实过程中，通过管理组织的检查，实体工程形成的质量难免与质量计划出现偏差，过程难免会出现偏差，只有及时发现偏差，及时纠偏，才能确保质量计划的落实，所以，项目管理组织的工程例会应将落实质量计划作为例会的主要内容，分析质量计划执行情况，研究制定纠偏的方法和措施，确保质量计划落实过程中的持续改进。质量计划批准生效后，严格按编写计划实施。在质量计划实施过程中应进行监控，及时了解计划执行情况即偏离程度，制定实施纠偏措施，以确保计划的有效性。如果建设单位明确提出调整质量计划的要求，则对质量计划进行调整，调整的质量计划应经建设单位同意后实施。

5.5.3　质量控制

1. 质量控制的概念

质量控制在《质量管理体系 基础和术语》GB/T 19000—2016 中定义为：质量控制是"质量管理的一部分，致力于满足质量要求"。质量控制的目标就是确保工程项目的质量能满足建设单位或住户的要求，能满足工程建设法律法规等对质量的基本规定要求，满足工程质量验收标准的规定，使工程项目质量达到可靠性，安全性，适用性的要求。质量控制的范围涉及工程质量形成的设计、原材料、工序、检验批等全过程的各个环节，包括设计过程质量控制、原材料采购过程及进场验收过程的质量控制、工序及检验批施工过程的质量控制。

质量控制工作内容包括作业技术和活动，也就是包括专业技术和管理技术两个方面。围绕工程产品质量形成全过程的各个环节，对影响工作质量的"人、机、料、法、环"五大因素进行控制，并对质量活动的成果进行分阶段验证，以便及时发现问题，采取相应措施，防止不合格重复发生，尽可能地减少损失。因此，质量控制应贯彻预防为主与检验把关相结合的原则。必须对"干什么？为何干？怎么干？谁来干？何时干？何地干？"作出规定，并对实际质量活动进行监控。因为质量要求是随时间的进展而在不断变化的，为了满足新的质量要求，就要注意质量控制的动态性，要随工艺、技术、材料、设备的进步不断改进，研究新的控制方法。

2. 质量控制管理体系

工程项目的质量控制管理体系分为宏观的整改社会管理体系和不同阶段各责任主体的

质量控制管理体系。从建设项目的实施的阶段来分，分为设计阶段管理体系、采购质量控制管理体系和施工质量控制管理体系。本节主要叙述施工质量管理体系，也就是项目质量管理体系。通过项目部管理体系的建立和有效运行，达到正确使用工程设计文件，准确应用施工规范，严格执行验收标准的目标，同时为了有效执行质量计划，有效控制施工质量，在实施过程中应采取样板引路等行之有效的质量预控措施。项目部的质量控制体系以项目经理为主，质量、技术负责人具体负责，质量员、施工员具体实施检查管理，操作班组全面落实。

3. 质量控制点设置

质量控制点应按照项目经理部和企业层次分别进行设置，项目经理部的控制设置应覆盖所有施工工序及检验批，确保全面控制质量计划的落实。企业层次质量控制点是在项目质量控制点基础上制定，一方面是检查项目质量计划落实情况，另一方面是确保企业或组织质量计划的落实，主要设置在某一分部工程的某一阶段，是宏观的。所有质量控制点位置必须做到检查，验收，确认质量指标，对不符合质量计划的提出整改纠偏要求及进一步检查验收的措施。建设工程质量控制点必须满足有效控制要求的基本要求。建筑工程质量控制点主要包括地基与基础、主体结构、屋面、装饰装修、安装、建筑节能等分部工程和单位工程。市政基础设施等建设工程质量控制点主要控制影响安全和使用的地基基础、结构、安装、面层等。

项目部质量控制点设置应符合以下要求：班组控制点是班组对应的所有工序；项目质量检查员控制点是所有检验批；建筑工程项目部质量控制点是地基与基础、混凝土、钢结构、砌体、装饰装修、幕墙、地面、给水排水和通风与空调、电气设备、建筑节能、屋面等分项及子分部工程；市政基础设施等建设工程项目控制点是地基与基础、结构、各专业安装、各专业面层处理等分项工程；分部工程及单位工程。

质量控制点设置后应制定相应检查措施和检查方法，检查表格应参照表5-16，根据实际工程的情况制定相应的检查表格。

质量控制点检查记录　　　　　　　　　　　　　　　　　　　　　　表 5-16

类别			控制项目	检查情况	改正意见	改正结果	检查人
项目质量控制点	班组		对应的所有工序				
	质检员		所有检验批				
	项目部		地基与基础				
		结构	建筑结构				
			市政道路结构				
			轨道交通结构				
			隧道桥梁结构				
		安装	建筑安装工程				
			市政安装				
			轨道交通安装				
			智能信息安装				
		面层	建筑装修				
			市政隧桥道路面层				
			轨道交通				

续表

类别	控制项目	检查情况	改正意见	改正结果	检查人
项目部意见	负责:		年 月 日		
企业质量控制点	地基与基础				
	结构				
	安装				
	面层				
企业意见	质量负责:		年 月 日		

4. 质量控制的技术管理措施

项目经理部应通过质量计划落实质量控制点的控制要求,质量控制应贯穿于施工全过程,即全过程的质量管理方法,质量控制结果应按规定要求进行偏差管理。质量控制是通过有效的技术和管理措施来实现的。采取的措施主要有:

(1) 施工准备,包括施工技术资料、文件准备,编制批准施工组织设计,收集熟悉国家及当地政府部门有关质量管理方面的法律法规规范性文件及质量验收标准,核对原始测量基准点、基准线、参考标高及施工测量控制网等数据资料;设计交底和图纸会审,施工分包服务等。

(2) 施工阶段的质量控制,主要包括:设计图纸、施工组织设计、关键工序重点部位施工方法、安全等技术交底;原始基准点、基准线和参考表格等测量控制网点的复核批准,测量控制的复测、工程定位测量及基础楼层测量的复测等测量控制措施;原材料、半成品及构配件进行标识,原材料检查验收,原材料质量抽样和检验等材料控制措施;计量控制措施、工序控制措施等。对施工过程的成品、半成品,项目经理部应采取保护措施,确保工程产品形成过程满足质量规范规定。

(3) 重点控制措施

1) 特殊过程和关键工序

针对特殊过程和关键工序,项目部应进行确认或验证,预防可能的控制风险。特殊过程是指建设项目施工过程或工序施工质量不能通过其后的检验和试验而得到验证,或者其验证的成本不经济的过程,而这类过程往往影响建设项目的结构安全,使用安全或环境,对建设工程的质量有显著影响,对质量计划的落实有重要影响,如防水工程、桩基或地基处理工程、钢结构焊接工艺、钢筋混凝土工程混凝土浇筑等。

关键过程或关键工序是指影响施工质量的重要过程,对于结构工程而言,是指影响结构安全的主要过程,如,装配式建筑部品部件的吊装,钢筋混凝土结构的钢筋连接及模板安装。同时,项目经理部应制定雨季、冬季或夏季等影响工程质量作业环境的具体措施或应急预案,当施工中遇到雨季、冬季或夏季等影响工程质量的作业环境时,项目经理部应按照制定措施进行施工,确保工程质量计划的落实。

特殊过程和关键工序是施工质量控制的重点,设置质量控制点就是要根据工程项目的特点,抓住这些影响工序施工质量的主要因素,才能抓住重点,促进质量计划的落实。

2) 操作人员能力不足工序

项目应针对能力不足的施工过程进行监督控制,并采取措施防止人为错误。能力不足有以下几个方面：新技术、新工艺的施工，由于没有具体施工经验，也没有类似项目可以参照，往往施工能力不足；工程结构复杂，造型别致复杂的工程，一线具体操作人员技术水平不高，管理薄弱等，项目部应根据工程具体实际，制定类似工程的技术指导及管理措施，采取样板先行，样板引路的技术措施，提高过程检查验收的频次，确保工程质量计划的落实。

3）分包项目

项目经理部应对分包方的施工过程进行质量监督，保证分包工程施工的符合性。对分包队伍的质量监督，首先应选择一个合格的分包队伍，即具有合法的营业相关的法律文书，有类似工程的施工经验，具有正常运行的质量管理体系；其次向分包队伍就施工组织、质量计划、安全生产、冬雨期施工等进行交底；同时施工样板，对样板质量进行验收；施工过程进行常态检查和定点检查验收；定期分析质量状况，制定质量纠偏的措施。

（4）质量问题处理

项目部应针对发现的质量问题进行原因分析，提出整改处理意见，并落实改进措施。检查过程中发现质量问题主要是三个方面，即材料验收或检测有关指标不符合标准的规定，施工过程的工序质量或完成后的检验批质量不符合验收标准或设计文件的要求，分部工程的或分项工程的实体检测结果不符合设计或验收规范的要求。

对于原材料（半成品、构配件）等原材不合格的处理，项目部应制定检测不合格处理审批程序，确定原材料检测依据的标准和抽样检测要求，确定不合格判定条件和加倍取样检测的条件当第一次检测不符合要求时，如果判定不合格或加倍检测后仍判定不合格，应按照审批处理程序进行处理。一般而言，原材料（半成品、构配件）检测不合格的可以采取二次取样复检、进一步检测（结构实体检测或功能性检测），确认不合格的应退场或经设计单位确认降低等级使用，对于已使用在工程上的，应进行加固（加强）处理或拆除。

项目部应制定工序质量不符合要求处理审批程序，确定工序质量不符合要求判定标准和处理措施，对于不符合要求的工序应制定处理方案，方案按程序审批后严格按方案要求进行整改，整改完成后应重新检查验收。施工过程工序质量不符合要求应及时整改或直接返工重做。

项目部应制定建设工程施工质量不符合要求的处理审批程序。确定处理方案编写和审批要求、处理过程的检查内容和方法、处理完成后检查验收程序。一般而言分部工程实体检测不符合要求的，可以进一步检测，如果进一步检测仍不符合要求的，可以通过设计单位确认降低设计等级或设计院出具方案进行加固处理；对于加固仍不符合要求的应拆除（返工）。当采用设计单位确认或加固（加强）处理的方式时，加固处理由设计单位提出加固（加强）方案，施工单位制定专项施工方案并报监理单位审核，一般质量问题的处理方案可采用技术核定单的形式，涉及工程结构安全、建筑重要使用功能或建筑节能效果的设计变更需报原施工图审查机构审查，加固（加强）处理完成后由监理单位组织专项验收。

建设工程不符合要求处理后的验收原则：经返工或返修的检验批，应重新进行验收；经有资质的检测机构检测鉴定能够达到设计要求的检验批，应予以验收；经有资质的检测机构检测鉴定达不到设计要求、但经原设计单位核算认可能够满足安全和使用功能的检验批，可予以验收；经返修或加固处理的分项、分部工程，满足安全及使用功能要求时，可按技术处理方案和协商文件的要求予以验收。工程质量控制资料应齐全完整。当部分资料缺失时，应委托有资质的检测机构按有关标准进行相应的实体检验或抽样试验。经返修或加固处理仍不能满足安全或重要使用要求的分部工程及单位工程，严禁验收。

5.5.4 质量检验

1. 质量检验的概念

质量检验是指对被检验项目的特征、性能进行量测、检查、试验等，并将结果与标准规定的要求进行比较，以确定项目每项性能是否合格的活动。对进入施工现场的建筑材料、构配件、设备及器具等，按相关标准的要求进行检验，并对其质量、规格及型号等是否符合要求做出确认的活动叫进场检验；施工单位在工程监理单位或建设单位的见证下，按照有关规定从施工现场随机抽取试样，送至具备相应资质的检测机构进行检验的活动叫见证检验。建筑材料、设备等进入施工现场后，在外观质量检查和质量证明文件核查符合要求的基础上，按照有关规定从施工现场抽取试样送至试验室进行检验的活动叫复验；建筑工程质量在施工单位自行检查合格的基础上，由工程质量验收责任方组织，工程建设相关单位参加，对检验批、分项、分部、单位工程及其隐蔽工程的质量进行抽样检验，对技术文件进行审核，并根据设计文件和相关标准以书面形式对工程质量是否达到合格做出确认叫验收。通过确定抽样样本中不合格的个体数量，对样本总体质量做出判定的检验方法叫计数检验；以抽样样本的检测数据计算总体均值、特征值或推定值，并以此判断或评估总体质量的检验方法叫计量检验。

2. 质量检验的管理体系

质量检验的管理体系是指原材料、工序、分项及分部工程、单位工程质量检验和验收的质量保证体系，如材料的进场验收、材料检验、材料的报验等各个环节的责任人员及检查管理的措施。质量检验管理的内容应由材料检验、工序及分项、分部工程检验和不合格控制与处理组成。这些内容的质量管理体系互相联系、互相制约、共同促进建设工程质量计划的落实。

3. 材料检验

（1）材料的检验方案

项目经理部应针对采购的主要材料、半成品、成品、建筑构配件、器具和设备制定进场检验方案，规定检验人员、职责、内容、时间、方法和相关要求，检验方案经审批确认后实施。所有材料进场后，按照其方案进行进场检验，合格后方可使用。

建设项目在施工过程中，施工单位应制定质量调整抽样方案，调整抽样方案应符合相关专业验收规范的规定，重点明确不同条件下抽样复验和试验数量，质量调整抽样方案报监理单位审核确认后实施。当符合下列条件之一时，可按质量调整抽样方案进行抽样：

1）同一项目中由相同施工单位施工的多个单位工程，使用同一生产厂家的同品种、同规格、同批次的材料、构配件、设备；

2）同一施工单位在现场加工的成品、半成品、构配件用于同一项目中的多个单位工程；

3）在同一项目中，针对同一抽样对象已有检验成果可以重复利用。

（2）材料的复试方案

对涉及安全、节能、环境保护和主要使用功能的重要材料、产品，项目经理部应制定进场复验的专项方案，其方案应满足按各专业工程施工规范、验收规范、设计文件和其他规定要求，方案经审批后，还应经监理工程师检查认可后实施。凡是涉及安全、节能、环境保护和主要使用功能的重要材料、产品应按方案进行复验。

见证取样是工程质量检验的重要保证措施，所以建设工程中涉及结构安全、节能、环境保护和主要使用功能的试块、试件及材料，施工单位应制定进场检验和见证取样的措施，报监理审批后实施，在材料进场时或施工中按批准的措施进行见证检验。

（3）紧急放行方案

项目部应制定进场检验紧急放行的方案和放行项目明细，方案内容应包括放行的条件、放行后的补充检验、检验不合格的处理及放行的审批流程。建设工程在施工过程中，当具备以下条件时，方可启动紧急放行的方案：

1）放行材料具有可检性；

2）当材料检验不符合要求时用于工程的材料可以更换；

3）材料更换后不影响建设工程安全、使用功能、环保节能性能等质量要求。

当紧急放行后检验不合格时，对放行后已用于工程的部分，应按照质量问题处理程序进行处理。对于原材料（半成品、构配件）等原材不合格的处理，项目部应制定检测不合格处理审批程序，确定原材料检测依据的标准和抽样检测要求，确定不合格判定条件和加倍取样检测的条件当第一次检测不符合要求时，如果判定不合格或加倍检测后仍判定不合格，应按照审批处理程序进行处理。一般而言，原材料（半成品、构配件）检测不合格的可以采取二次取样复检、进一步检测（结构实体检测或功能性检测），确认不合格的应退场或经设计单位确认降低等级使用，对于已使用在工程上的，应进行加固（加强）处理或拆除。

4. 工序检验

（1）工序检验方案

建设项目开工前，根据工程特点和合同要求，制定检验计划，检验计划应由项目部质量负责人负责编写，项目经理审核、企业质量负责人批准后由技术负责人组织实施。检验计划应包括检验的项目、检验的数量、检验样品的分布，检验不合格的处理程序等内容。工序检验应符合检验计划与相应规范的要求，项目部应制定或确定工序检验的标准和工序检查方案，工序检验验收记录等。检验方案应针对具体工序具有可操作性，对工序施工质量计划的落实应实施有效控制。结合工程具体实际，制定工序检验记录的相关表格，在制定方案时，检查记录表格可以参照表5-17，根据工程具体情况调整相关内容。

工序检验记录 表 5-17

工序名称		施工班组		交接班组		
检查情况						
工序	检查		检查内容		检查人员	
	施工班组自检					
	班组交接检					
	班组互相检					

续表

工序名称		施工班组		交接班组		
不同工序交接检查						
不同专业交接检查						
专职质检员检查						
需要改正的问题						
总体评价						
		质量负责：			年 月 日	

（2）工序检验组织

项目部应确定工序检验负责人，一般由技术或质量部门负责，施工人员配合。工序检验由具体班组负责实施，在操作过程中操作班组应进行自检，不同班组之间进行互相检查和交接检查，质量检查人员进行抽查验收。

（3）工序检验标准

工序检验必须要有明确的标准，这些标准的确定依据主要有：相关专业、相关分项或分部工程的质量验收标准；工序操作作业手册或操作技术规程；设计文件；企业内部工序质量控制的有关规定；四新技术的专项施工验收方案等。标准确定过程中，当上述依据发生冲突时，应以要求高的依据为标准。

建设项目在开工前，项目部应制定检验批、分项、分部工程检验试验的方案，确定检验批、分项、分部工程质量合格的标准，方案中应明确质量最小验收单元检验批质量按主控项目和一般项目验收。

项目部制定的检验批的质量检验抽样方案应按照程序进行审批，并报监理批准后实施。根据检验项目的特点，项目部可在下列抽样方案中选取一种抽样方案：计量、计数或计量—计数的抽样方案；一次、二次或多次抽样方案；对重要的检验项目，当有简易快速的检验方法时，选用全数检验方案；根据生产连续性和生产控制稳定性情况，采用调整型抽样方案；经实践证明有效的抽样方案。检验批抽样样本应随机抽取，满足分布均匀、具有代表性的要求抽样数量应符合有关专业验收规范的规定。当采用计数抽样时最小抽样数量应符合相关标准的要求。

项目部制定分项工程检验验收方案，并按照程序审核后实施，检验验收应由专业监理工程师组织项目部的项目专业技术负责人等人员进行。

项目部制定的分部工程检验验收方案，除了明确验收标准外应明确确定参加验收单位和人员。

检验批质量验收合格的标准：主控项目的质量经抽样检验均应合格；一般项目的质量经抽样检验合格。当采用计数抽样时，合格点率应符合有关专业验收规范的规定，且不得存在严重缺陷。对于计数抽样的一般项目，正常检验一次、二次抽样可按 GB50300 的要求进行判定；具有完整的施工操作依据、质量验收记录。检验批应由专业监理工程师组织施工单位项目专业质量检查员、专业工长等进行验收。

分项工程质量验收合格标准：所含检验批的质量均应验收合格；含检验批的质量验收记录应完整。

分部工程质量验收合格标准：所含分项工程的质量均应验收合格；质量控制资料应完整；有关安全、节能、环境保护和主要使用功能的抽样检验结果应符合相应规定；观感质量应符合要求。

（4）工序检验例外转序方案要求

例外转序应制定工序检验例外转序的方案和转序项目明细，方案内容应包括转序的条件、转序后的补充检验、检验不合格的处理及转序的审批流程。

施工过程是一个工序施工、检查、确认验收的过程，也就是说每个工序合格后才能进行下步工序施工，但当遇到抢险等特殊情况下，工程不能按照正常程序进行，即不能及时确定已完成工序的施工质量是否合格，需要取样检测的不能确定检测结果是否合格，或者存在一定的质量瑕疵不能及时整改，不能按照技术要求留置合理的技术间歇，而必须及时进行施工或进行下步工序施工。当遇到这类情况时，应及时启动例外转序方案，评估例外转序的可行性，研究例外转序后对工程质量的影响，研究后期能否实施检查检验，或者即使质量存在问题，是否具备整改的条件。启动例外转序的前提是，例外转序不会造成结构安全和使用功能的影响；工序质量存在瑕疵，但后期可以有条件进行整改，返工或更换器具；转序后的工序具有可检性或者例外转序工序整改后不影响整体建设工程质量。具备上述条件后，施工单位可以进行例外转序。

当例外转序后检验时，例外所转工序经检验不合格时，应按照质量问题进行处理。

5. 不合格处理原则

当建筑工程施工质量不符合要求时，应按下列规定进行处理：经返工或返修的检验批，应重新进行验收；经有资质的检测机构检测鉴定能够达到设计要求的检验批，应予以验收；经有资质的检测机构检测鉴定达不到设计要求，但经原设计单位核算认可能够满足安全和使用功能的检验批，可予以验收；经返修或加固处理的分项、分部工程，满足安全及使用功能要求时，可按技术处理方案和协商文件的要求予以验收。

一般情况下，不合格现象在最基层的验收单位——检验批时就应发现并及时处理，否则将影响后续检验批和相关的分项工程、分部工程的验收。因此所有质量隐患必须尽快消灭在萌芽状态，这也是强化验收促进过程控制原则的体现。

非正常情况的处理有以下四种情况：

第一种情况，是指在检验批验收时，其主控项目不能满足验收规范规定或一般项目超过偏差限值的子项不符合检验规定的要求时，应及时进行处理的检验批。其中，严重的缺陷应推倒重来；一般的缺陷通过翻修或更换器具、设备予以解决，应允许施工单位在采取相应的措施后重新验收。如能够符合相应的专业工程质量验收规范，则应认为该检验批合格。

第二种情况，是指个别检验批发现试块强度等不满足要求等问题，难以确定是否验收时，应请具有资质的法定检测单位检测。当鉴定结果能够达到设计要求时，该检验批仍应认为通过验收。

第三种情况，如经检测鉴定达不到设计要求，但经原设计单位核算，仍能满足结构安全和使用功能的情况，该检验批可予以验收。一般情况下，规范标准给出了满足安全和功能的最低限度要求，而设计往往在此基础上留有一些余量。不满足设计要求和符合相应规范、标准的要求，两者并不矛盾。

如果某项质量指标达不到规范的要求，多数也是指留置的试块失去代表性或是因故缺少试块的情况，以及试块试验报告有缺陷，不能有效证明该项工程的质量情况，或是对该试验报告有怀疑时，要求对工程实体质量进行检测。经有资质的检测单位检测鉴定达不到设计要求，但这种数据距达到设计要求的差距有限，差距不是太大。经过原设计单位进行验算，认为仍可满足结构安全和使用功能，可不进行加固补强。如原设计计算混凝土强度应达到 26MPa，故只能选用 C30 混凝土，经检测的结果是 26.5MPa，虽未达到 C30 的要求，但仍能大于 26MPa，是安全的。又如某五层砖混结构，一、二、三层用 M10 砂浆砌筑、四、五层为 M5 砂浆砌筑。在施工过程中，由于管理不善等，其三层砂浆强度最小值为 7.4MPa，没达到规范的要求，按规定应不能验收，但经过原设计单位验算，砌体强度尚可满足结构安全和使用功能，可不返工和加固，由设计单位出具正式的认可证明，有注册结构工程师签字，并加盖单位公章。由设计单位承担质量责任。因为设计责任就是设计单位负责，出具认可证明，也在其质量责任范围内，可进行验收。

以上三种情况都应视为是符合规范规定质量合格的工程。只是管理上出现了一些不正常的情况，使资料证明不了工程实体质量，经过对实体进行一定的检测，证明质量是达到了设计要求或满足结构安全要求，给予通过验收是符合规范规定的。

第四种情况，更为严重的缺陷或者超过检验批的更大范围内的缺陷，可能影响结构的安全性和使用功能。若经法定检测单位检测鉴定以后认为达不到规范标准的相应要求，即不能满足最低限度的安全储备和使用功能，则必须按一定的技术方案进行加固处理，使之能保证其满足安全使用的基本要求。这样会造成一些永久性的缺陷，如改变结构外形尺寸，影响一些次要的使用功能等。为了避免社会财富更大的损失，在不影响安全和主要使用功能条件下可按处理技术方案和协商文件进行验收，但责任方应承担相应的经济责任，这一规定，给问题比较严重但可采取技术措施修复的情况一条出路，不能作为轻视质量而回避责任的一种理由，这种做法符合国际上"让步接受"的惯例。

这种情况实际是工程质量达不到验收规范的合格规定，应算在不合格工程的范围。但在《建设工程质量管条例》的第二十四条、第三十二条等条都对不合格工程的处理做出了规定，根据这些条款，提出技术处理方案（包括加固补强），最后能达到保证安全和使用功能，也是可以通过验收的。为了维护国家利益，不能出了质量事故的工程都推倒报废。只要能保证结构安全和使用功能的，仍作为特殊情况进行验收。是一个给出路的做法，不能列入违反《建设工程质量管理条例》的范围。但加固后必须保证结构安全和使用功能。例如，有一些工程达不到设计要求，经过验算满足不了结构安全和使用功能要求，需要进行加固补强，但加固补强后，改变了外形尺寸或造成永久性缺陷。这是指经过补强加大了截面，增大了体积，设置了支撑，加设了牛腿等，使原设计的外形尺寸有了变化。如墙体强度严重不足，采用双面加钢筋网灌喷豆石混凝土补强，加厚了墙体，缩小了房间的使用面积等。

造成永久性缺陷是指通过加固补强后，只是解决了结构性能问题，而其本质并未达到原设计要求的，均属造成永久性缺陷。如某工程地下室发生渗漏水，采用从内部增加防水层堵漏，满足了使用要求，但却使那部分墙体长期处于潮湿甚至水饱和状态；又如工程的空心楼板的型号用错，以小代大，虽采用在板缝中加筋和在上边加铺钢筋网等措施，使承载力达到设计要求，但总是留下永久性缺陷。

上述情况，工程的质量虽不能正常验收，但由于其尚可满足结构安全和使用功能要求，对这样的工程质量，可按协商验收。当部分资料缺失时，应委托有资质的检测机构按有关标准进行相应的实体检验或抽样试验。

经返修或加固处理仍不能满足安全或重要使用要求的分部工程及单位工程，严禁验收。这种情况是在对工程质量进行鉴定之后，加固补强技术方案制定之前，就能进行判断的情况，由于质量问题的严重，使用加固补强效果不好，或是费用太大不值得加固处理，加固处理后仍不能达到保证安全、功能的情况。这种工程不值得再加固处理了，应坚决拆除。

5.5.5 工程创优管理

1. 工程创优的概念

建筑工程质量反映建筑工程满足相关标准规定或合同约定的要求，包括其在安全、使用功能及其在耐久性能、环境保护等方面所有明显和隐含能力的特性总和。优质工程由低到高分为优质结构，地市级优质工程，省级优质工程，国家优质工程等。

建筑优质结构工程：是指桩基、基础及结构工程以及附属在地下结构上的地下防水工程验收合格后，经检查、评审、审定质量保证条件、实体性能检测、施工质量记录、实体尺寸偏差、观感等质量，达到《建筑工程施工质量评价标准》优良条件的建筑结构工程。

优质工程：是指建筑工程质量在满足相关标准规定和合同约定的合格基础上，经过评价在结构安全、使用功能、环境保护等内在质量、外表实物质量及工程资料方面，达到评价标准规定的质量指标的建筑工程。优质工程是在优质结构的基础上进行申报，分地方优质和国家优质。

工程质量创优是工程质量控制的重要过程，不仅是组织增强顾客满意度的管理行为，而且是考验组织质量管理改进能力的重要活动，质量创优必须进行创优策划、创优准备、创优实施，检查创优成果。建设工程开工前需根据合同、工程特点、体量、规模及企业自身经营发展理念等确定创优目标，策划创优方案，制定创优措施，落实创优责任。同时创优策划还应符合优质工程申报条件与标准。

2. 创优策划及方案

创优工程应强化创优的策划，项目部应制定落实创优方案，采用 BIM 等先进的技术管理措施，样板引路，以事前预控为主，避免出现质量问题进行修补。

建设工程质量创优的实施需注重事前策划、细部处理、深化设计和技术创新。创优质量实施应该从设计、施工一体化（包括施工详图设计）的高度进行考虑，确定严格的项目创优的设计与施工质量流程、措施和主要技术管理程序，同时制定施工分项分部工程的内部控制标准，一般这些标准应该高于相关国家规范标准水平，为施工质量创优提供控制依据。

创优策划方案还应包括创优成果检查验收评定工作。验收评定一般考虑优质工程申报条件与标准的要求，或者根据企业自身创优要求实施。

3. 工程创优的管理体系

创优工程在实施过程中，项目部应与建设、监理、设计等单位互相衔接，密切配合，对创优工程施工进行全方位的质量管理。在实施管理过程中，必须正确管理好不同环节质量责任界面质量。实施创优的单位与单位之间的质量界面，企业内部的不同专业之间，同专业的不同班组之间的质量界面，都是创优控制的关键和重中之重。对于具体工序而言，不同工序之间的工序界面强调工序交接检查，这是保证工序施工质量的重要环节；对于企业内部的不同专业的质量界面而言，其界面应互相交代清楚，明确各自责任和衔接问题的处理，这样可以提高整体创优的效率，减少质量缺陷或问题的发生；不同的单位之间，创优过程中应明确其作业交叉界面的各自创优责任，细化界面的操作方法，创优牵头单位应加强界面施工过程的检查验收，从而保证创优的总体质量，发现界面质量问题后应及时进行补救和整改，避免问题积少成多，最终影响创优成效。交叉界面的质量水平是影响建设工程项目创优水平的关键，如果对交叉界面质量管理的好，对创优将起到事半功倍的效果。

创优工程的总监理工程师在组织各专业监理工程师对工程质量进行竣工预验收时，应将创优的计划纳入预验收的内容。预验收应全面检查工程的质量，重点关注屋面、墙面、窗边、变形缝等容易出现渗水及裂缝的部位，当发现存在施工质量问题时，应由施工单位整改。整改完毕后，由施工单位向建设单位提交工程竣工报告，申请工程竣工验收。建设单位在组织单位工程竣工验收时，需要将创优的计划作为验收的内容，进行全面检查验收。

4. 工程创优的技术管理措施

（1）创优的关键工序

建筑工程项目在施工过程中其屋面工程、地基基础、主体结构、内外装饰、地下室机房、地下车库等部位是土建工程创优控制的关键工序，这些工序都应制定具有操作和指导性的创优控制方案，建设工程项目管理团队应全面落实创优方案，强化创优管理，制定创优控制管理要点，落实管理措施，土建工程的创优管理要点可参照表 5-18 来制定。

土建创优控制改进管理要点　　　　　　　　　　　　　　　　　　表 5-18

控制要点	检查	改进措施	备注
建筑物变形观测			
地基及桩基承载力、桩身完整性			
混凝土、砂浆强度			
钢结构焊缝内在质量及防火防腐涂层			
外窗、幕墙三性检测			
外窗、幕墙与主体结构的连接			
幕墙防火封堵及接地			
地下室、屋面、有防水要求房间地面的防水			
管井中粉刷、管位、穿墙、穿楼层、支架、防火封堵			
避难层结构转换层的粉刷收口、裂缝			
楼层及地下室机房的粉刷、管位、穿墙、穿楼层、支架、防火封堵			
卫生间、楼梯间的装饰面对缝、收口、拼缝、与设备器皿的交接收边			

建筑安装工程的给水排水、电气、通风与空调等是创优控制的关键工序，特别是给水排水、电气、通风与空调工程的性能检测是安装工程创优控制的关键，所以针对安装工程的特点，应制定创优控制方案，制定创优措施，确定性能检测的方法，确定安装工程创优控制要点，项目管理团队应强化创优管理，落实管理措施，安装工程可参考表 5-19 的要

求制定创优控制要点，并对检测发现的问题进行改正和检查。

对于一般安装工程而言，性能检测应包括以下内容：给水排水性能检测主要指给水管道系统通水试验、水质检测，承压管道、消防管道设备系统水压试验，非承压管道和设备灌水试验，排水干管管道通球、系统通水试验，卫生器具满水试验，消火栓系统试射试验，锅炉系统、供暖管道、散热器压力试验、系统调试、试运行、安全阀、报警装置联动系统测试；电气工程性能检测主要指：接地装置、防雷装置的接地电阻测试及接地（等电位）联结导通性测试，剩余电流动作保护器测试，照明全负荷试验，大型灯具固定及悬吊装置过载测试，电气设备空载试运行和负荷试运行试验；通风与空调工程性能主要检测指：空调水管道系统水压试验，通风管道严密性试验及风量、温度测试，通风、除尘系统联合试运转与调试，空调系统联合试运转与调试，制冷系统联合试运转与调试，净化空调系统联合试运转与调试、洁净室洁净度测试，防排烟系统联合试运转与调试。

安装创优控制改进管理要点 表 5-19

控制要点	检查	改进措施	备注
给水系统通水试验、水质检测			
承压管道、消防管道设备系统水压试验			
非承压管道和设备灌水试验			
排水干管管道通球、系统通水试验，卫生器具满水试验			
消火栓系统试射试验			
锅炉系统、供暖管道、散热器压力试验、系统调试、试运行、安全阀、报警装置联动系统测试			
接地装置、防雷装置的接地电阻测试及接地（等电位）联结导通性测试			
剩余电流动作保护器测试			
照明全负荷试验			
大型灯具固定及悬吊装置过载测试			
电气设备空载试运行和负荷试运行试验			
空调水管道系统水压试验，通风管道严密性试验及风量温度测试			
通风、除尘系统联合试运转与调试，空调系统联合试运转与调试			
制冷系统联合试运转与调试，净化空调系统联合试运转与调试			
洁净室洁净度测试，防排烟系统联合试运转与调试			
综合支架设置			
保证管道系统刚度			
管道系统空间碰撞问题			
设备联调联试			
安装过程			
管廊的综合排布			
与土建交叉配合			

公路、铁路、港口与航道、民航机场、水利水电、电力、矿山、冶金、石油化工、市政公用、通讯与广电、机电工程和其他建设工程，这些项目其专业性很强，工程都有各自不同的特点，工程施工工况差异大，所以项目经理部应根据工程项目特点制定创优方案，制定质量控制措施和控制要点，强化管理，提高创优的水平。

（2）创优的新技术应用

依靠科技创新来增加企业的实力，保证施工的关键技术、材料、工艺、设备与国际及国内先进水平同步，同时通过增加科技含量来提高工程质量，降低生产成本，创造最佳效益。所以对于建筑工程而言，创优工程应全面应用建筑业十项新技术，而其他工程除了应用建筑业十项新技术外，还应应用相关行业的新技术。

住房和城乡建设部 2017 版的十项新技术指：地基基础和地下空间工程技术，钢筋与混凝土技术，模板脚手架技术，装配式混凝土结构技术，钢结构技术，机电安装工程技术，绿色施工技术，防水技术与围护结构节能，抗震、加固与监测技术，信息化技术。这些技术应在工程设计、施工过程中积极采用，以确保工程质量，降低创优成本，提高工程建设的综合效益。

新技术的应用前，应经过试验得出有关数据，并根据试验结果编制作业指导书，作业指导书应包含施工设备、施工工艺、技术要点、验收标准等内容。

同时建设工程在施工过程中，全面落实绿色发展的理念，按照绿色建筑的相关标准要求进行设计和施工，同时施工现场在建设施工过程中应按照文明工地标准要求进行管理，创建文明工地，开展绿色施工。凡是创建优质工程的建设项目必须取得优秀设计和绿色建筑认证。

（3）创优工程的检查验收

创优工程应进行目标管理，健全质量管理体系，落实质量责任，完善控制手段，提高质量保证能力和持续改进能力。建设工程在创优过程中，首先创优工程应加强对原材料质量的验收和控制，所有材料进场应对包装、标识、材料外观等外观质量进行检查验收，同时核对产品质量合格证的有效性、合法性以及与材料的一致性，当对材料质量有异议，或比较重要的材料，或者是规范上明确的材料，应见证取样进行检测或复试，确保所用工程材料的质量。施工过程主要对工序，特别是影响创优水平的重要工序的质量进行严格控制，对涉及结构安全及功能效果的，应进行检验或检测。施工过程中应与工程进度同步形成完善的施工控制资料和质量验收资料。

工程质量创优过程验收单元仍然按照检验批、分项、分部工程逐级进行，对结构安全、使用功能、建筑节能和观感的性能应进行全面检验或检测。

创优的工程项目管理团队应加强分包工程质量的控制，制定单位工程中分包工程检查验收方案，单位工程中的分包工程完工后，分包单位应对所承包的工程项目进行自检，并应按本标准规定的程序进行验收。验收时，总包单位应派人参加。分包单位应将所分包工程的质量控制资料整理完整，并移交给总包单位。单位工程完工后，施工单位应按照审批通过的单位工程质量验收方案组织有关人员进行自检，并加强平行发包、分包的项目的检查验收。

5.6 成本管理

5.6.1 成本管理制度

1. 企业应建立健全成本管理制度，使项目成本结果符合规定要求。项目经理是项目成本管理的第一责任人，应保证项目成本管理责任得到落实，项目成本管理目标全部实现。

1 项目成本管理制度应包括下列内容：

1）成本管理责任制；

2）原始记录和统计台账制度；

3）计量验收制度；

4）考勤制度；

5）成本核算分析制度；

6）其他。

2 企业应在保证合同总体目标的前提下，确定项目成本管理原则，实现合理低成本目标要求。项目成本管理原则宜包括下列要求：

1）全面成本管理原则。项目成本管理涉及施工安全、质量、进度、技术、物资、机械、劳务、财务和其他系统管理工作，应实行全员项目成本责任制。

2）动态控制原则。项目成本管理应实行过程控制，对目标成本进行过程监督和调整。

3 项目成本管理基本流程应包括下列内容：

1）成本计划；

2）成本控制；

3）成本核算；

4）成本分析；

5）成本考核。

2. 项目成本管理内容

工程成本管理是建筑企业项目管理系统中的一个子系统，这一系统的具体工作内容包括：成本预测、成本决策、成本计划、成本控制、成本核算、成本分析和成本考核等。项目经理部在项目施工过程中，对所发生的各种成本信息，通过有组织、有系统地进行预测、计划、控制、核算和分析等一系列工作，促使工程项目系统内各种要素，按照一定的目标运行，使施工项目的实际成本能够在预定的计划成本范围内。

（1）工程成本预测

项目成本预测是通过成本信息和项目的具体情况，并运用一定的专门方法，对未来的成本水平及其可能发展趋势做出科学的估计，其实质就是工程项目在施工以前对成本进行核算。通过成本预测，可以使项目经理部在满足业主和企业要求的前提下，选择成本低、效益好的最佳成本方案，并能够在工程成本形成过程中，针对薄弱环节，加强成本控制，克服盲目性，提高预见性。因此，工程成本预测是工程成本决策与计划的依据。

（2）工程成本计划

工程成本计划是项目经理部对进行工程成本管理的工具。它是以货币形式编制工程项目在计划期内的生产费用、成本水平、成本降低率以及为降低成本所采取的主要措施和规划的书面方案，它是建立工程成本管理责任制、开展成本控制和核算的基础。一般来讲，一个工程成本计划应该包括从开工到竣工所必需的施工成本，它是该工程项目降低成本的指导文件，是设立目标成本的依据。可以说，成本计划是目标成本的一种形式。

（3）工程成本控制

工程成本控制指项目在施工过程中，对影响工程成本的各种因素加强管理，并采取各种有效措施，将施工中实际发生的各种消耗和支出严格控制在成本计划范围内，随时揭示并及时反馈，严格审查各项费用是否符合标准，计算实际成本和计划成本之间的差异并进行分析，消除施工中的损失浪费现象，发现和总结先进经验。通过成本控制，使之最终实现甚至超过预期的成本目标。工程成本控制应贯穿在施工项目从招投标阶段开始直至项目竣工验收的全过程，它是企业工程成本管理的重要环节。因此，必须明确各级管理组织和各级人员的责任和权限，这是成本控制的基础之一，必须给予足够的重视。

（4）工程成本核算

工程成本核算是指工程项目施工过程中所发生的各种费用和形成工程成本的核算。它包括两个基本环节：一是按照规定的成本开支范围对工程施工费用进行归集，计算出工程项目施工费用的实际发生额；二是根据成本核算对象，采取适当的方法，计算出该工程项目的总成本和单位成本。工程成本核算所提供的各种成本信息，是成本预测、成本计划、成本控制、成本分析和考核等各个环节的依据。因此，加强工程成本核算工作，对降低工程成本、提高企业的经济效益有积极的作用。

（5）工程成本分析

工程成本分析是在成本形成过程中，对工程成本进行的对比评价和剖析总结工作，它贯穿于工程成本管理的全过程，也就是说工程成本分析主要利用工程项目的成本核算资料（成本信息），与目标成本（计划成本）、预算成本以及类似的工程项目的实际成本等进行比较，了解成本的变动情况，同时也要分析主要技术经济指标对成本的影响，系统地研究成本变动的因素，检查成本计划的合理性，并通过成本分析，深入揭示成本变动的规律，寻找降低工程成本的途径，以有效地进行成本控制，减少施工中的浪费，促使企业和项目经理部遵守成本开支范围和财务纪律，更好地调动广大职工的积极性，加强工程项目的全员成本管理。

（6）工程成本考核

所谓成本考核，就是工程项目完成后，对工程成本形成中的各责任者，按工程成本责任制的有关规定，将成本的实际指标与计划、定额、预算进行对比和考核，评定工程成本计划的完成情况和各责任者的业绩，并以此给以相应的奖励和处罚。通过成本考核，做到有奖有罚，赏罚分明，才能有效地调动企业的每一个职工在各自的施工岗位上努力完成目标成本的积极性，为降低工程成本和增加企业的积累，做出自己的贡献。

工程成本管理系统中每一个环节都是相互联系和相互作用的。成本预测是成本决策的前提，成本计划是成本决策所确定目标的具体化。成本控制是则是对成本计划的实施进行监督，保证决策的成本目标实现，而成本核算又是成本计划是否实现的最后检验，它所提供的成本信息又是对下一个工程成本预测和决策提供基础资料。成本考核是实现成本目标责任制的保证和实现决策的目标的重要手段。

5.6.2　企业应实施成本计划工作，通过施工成本预测，确定成本控制目标。

1　成本计划内容，包括项目责任成本和项目计划成本：

1）项目责任成本是企业下达给项目经理部的项目总控成本目标；

2）项目计划成本应由项目经理部测定，作为项目实施计划内容及工程管理的依据；

3）原则上项目计划成本应小于项目责任成本。

2　成本计划应依据下列文件和资料的规定：

1）投标书，包括商务标、技术标及其他资料；

2）投标成本，包括相关方案、询价及其他资料；

3）项目施工合同、协议书、招标文件、投标答疑、图纸会审、往来函件、会议纪要；

4）企业内部有关文件规定；

5）项目策划书；

6）生产要素询价资料，分包、供应和租赁合同；

7）造价管理信息、企业定额、企业成本数据库；

8）施工图纸；

9）其他。

3 成本计划编制应符合下列要求：

1）项目中标后，企业应牵头组织测算项目责任成本；

2）项目进场后，项目经理部应根据项目责任成本，综合考虑管理措施、技术措施、经营措施和组织措施，具体测定项目计划成本指标，确定项目成本计划。

4 施工过程发生下列情况时，项目经理部应调整项目计划成本，保持成本计划的实效性和指导性：

1）设计变更、工程签证；

2）外部市场变化，引起的劳动力及材料、机具和其他价格的波动；

3）重大施工方案调整；

4）不可抗力；

5）其他。

5 项目成本计划编制程序

（1）预测项目成本；

（2）确定项目总体成本目标；

（3）编制项目总体成本计划；

（4）项目管理机构与组织的职能部门根据其责任成本范围，分别确定自己的成本目标，并编制相应的成本计划；

（5）针对成本计划制定相应的控制措施；

（6）由项目管理机构与组织的职能部门负责人分别审批相应的成本计划。

6 项目责任成本测算方法

项目责任成本是企业下达给项目经理部的工程总控成本目标，其测算是成本管理的重要环节。项目责任成本测算必须慎重、合理。

项目责任成本测算一般按照施工图预算为基数进行，将工程施工生产直接相关成本进行测算，综合各项影响因素，确定责任成本，并需经企业和项目经理部双方签字认可，作为项目成本考核的依据。

项目责任成本测算方法主要依据企业各项成本管理制度开展，每个企业测算方法不尽相同。因测算是在工程前期进行，具有一定假设和模拟性质，不能保证每项成本测算都是绝对公平公正，但企业内部每个项目的责任成本测算原则必须保持一致，以保证成本考核对各个项目经理部的相对公平。

项目计划成本测算基本同责任成本测算方法，但因责任成本采用的控制标准为企业平均管理水平，项目经理部需结合项目部具体优化方案及管控水平对各项成本的投入量、消耗率进行更高要求，才可实现计划成本控制在责任成本之下，以实现整体成本受控。

5.6.3 企业应实行项目成本逐级负责制，明确项目责任成本，并组织项目经理部进行责任成本交底；项目经理部应根据项目责任成本和项目计划，将成本控制目标分解到各岗位，并签订岗位成本责任书。

1 项目经理部按照成本控制目标，对合同履行过程中各项费用开支进行控制，实施预防、识别和纠正偏差活动，保证项目成本目标顺利实现。

2 项目经理部应建立成本支出会签制度。所有分包工程、物资采购、设备租赁必须办理进度结算，所有进度款或最终结算必须有相关人员会签，经项目经理确认后报送企业。

3 项目成本控制方法宜包括下列内容：

1) 招标竞价：建立内部价格信息库，采用招标方式，货比三家，优质优价；

2) 限额控制：以定额消耗量、施工图纸预算量、成熟的成本管控指标为依据，实行限额控制制度；

3) 包干控制：对于施工过程部分零星材料、小型机具、安全文明施工、零星用工及其他不易控制环节，可采用包干价方式；

4) 方案控制：对于机械、周转材料和相关费用，应组织评价，选择最为经济的施工方案，并落实方案实施计划，协调人员、物料、设备的配置工作，提高现场物料、设备的利用率；

5) 责任控制：将成本管控责任落实到人，实行节超奖罚制度。

5.6.4 企业应根据成本计划与成本控制绩效，实施项目成本核算。

1 定期成本核算应符合下列规定：

1) 企业对项目成本管理进行分析、指导和监控；

2) 项目经理部应逐月进行成本核算，对比合同收入、责任成本、计划成本和实际成本，研究成本控制情况，开展成本跟踪活动；

3) 项目经理部通过成本核算活动，查找不足、分析原因、总结经验，为改进成本管控措施提供信息。

2 项目成本核算应包括下列内容：

人工费、材料费、机械费、其他直接费、间接费、税金。

【规程解读：】

从一般的意义上说，成本核算是成本运行控制的一种手段，工程项目成本核算主要是在施工阶段，通过实际成本计算并和计划成本进行比较，从中发现是否存在偏差。因此，成本的核算职能不可避免地和成本的计划职能、控制职能、分析预测职能等产生有机的联系，有时强调施工项目的成本核算管理，实质上也就包含了全过程成本管理的概念。

施工项目成本核算的范围，原则上说，就是在施工合同所界定的施工任务范围内，作为施工项目经理的责任目标成本。一般是以单位或单项工程作为核算对象，具体内容包括工程直接费和间接费范围内的各项成本费用。

1. 直接费成本核算

工程直接费成本包括人工费、材料费、周转材料费、结构件费和施工机械使用费等，实践中尚无具体统一的模式，各施工企业根据自身管理的要求，建立相应的核算制度和办法。以下仅介绍个别企业的做法供参考。

（1）人工费核算

人工费包括两种情况，即内包人工费和外包人工费。内包人工费是指两层分开后企业所属的劳务分公司（内部劳务市场自有劳务）与项目经理部签订的劳务合同结算的全部工程价款。适用于类似外包工司的合同定额结算支付办法，按月结算计入项目单位工程成本；外包人工费是按项目经理部与劳务基地（内部劳务市场外来劳务）或直接与单位施工队伍签订的包清工合同，以当月验收完成的工程实物量，计算出定额工日数乘以合同人工单价确定人工费。并按月凭项目经济员提供的"包清工工程款月度成本汇总表"（分外包单位和单位工程）预提计入项目单位工程成本。

（2）材料费核算

工程耗用的材料，根据限额领料单、退料单、报损报耗单、大堆材料耗用计算单等，由项目料具员按单位工程编制"材料耗用汇总表"，据以计入项目成本。

（3）周转材料费核算

1）周转材料实行内部租赁制，以租费的形式反映其消耗情况，按"谁租用谁负担"的原则，进行核算并计入项目成本。

2）按周转材料租赁办法和租赁合同，由出租方与项目经理部按月结算租赁费。租赁费按租用的数量、时间和内部租赁单价计算计入项目成本。

3）周转材料在调入移出时，项目经理部都必须加强计量验收制度，如有短缺、损坏，一律按原价赔偿，计入项目成本（缺损数＝进场数－退场数）。

4）租用周转材料的进退场运费，按其实际发生数，由调入项目负担。

5）对 U 形卡、脚手扣件等零件除执行项目租赁制外，考虑到其比较容易散失的因素，故按规定实行定额预提摊耗，摊耗数计入项目成本。单位工程竣工，必须进行盘点，盘点后的实物数与前期逐月按控制定额摊耗后的数量差，按实调整清算计入成本。

6）实行租赁制的周转材料，一般不再分配负担周转材料差价。退场后发生的修复整理费用，应由出租单位作出租成本核算，不再向项目另行收费。

（4）结构件费核算

1）项目结构件的使用必须要有领发手续，并根据这些手续，按照单位工程使用对象编制"结构件耗用月报表"。

2）项目结构件的单价，以项目经理部与外加工单位签订的合同为准，计算耗用金额进入成本。

3）根据实际施工形象进度、已完施工产值的统计、各类实际成本报耗三者在月度时点上的三同步原则（配比原则的引申与应用），结构件耗用的品种和数量应与施工产值相对应。结构件数量金额账的结存数，应与项目成本员的账面余额相符。

4）结构件的高进高出价差核算同材料费的高进高出价差核算一致。结构件内三材数量、单价、金额均按报价书核定，或按竣工结算单的数量按实结算。

5）部位分项分包，如铝合金门窗、卷帘门等，按照企业通常采用的类似结构件管理和核算方法，项目经济员必须做好月度已完工程部分验收纪录，正确计报部位分项分包产值，并书面通知项目成本员及时、正确、足额计入成本。预算成本的拆算、归类可与实际成本的出账保持同口径。分包合同价可包括制作费和安装费等有关费用，工程竣工按部位分包合同结算书，据以按实调整成本。

（5）机械使用费核算

1）机械设备实行内部租赁制，以租赁费形式反映其消耗情况，按"谁租用谁负担"的原则，核算其项目成本。

2）按机械设备租赁办法和租赁合同，由企业内部机械设备租赁市场与项目经理部按月结算租赁费。租赁费根据机械使用台班，停置台班和内部租赁单价计算，计入项目成本。

3）机械进出场费，按规定由承租项目负担。

4）项目经理部租赁的各类大中小型机械，其租赁费全额计入项目机械费成本。

5）根据内部机械设备租赁市场运行规则要求，结算原始凭证由项目指定专人签证开班和停班数，据以结算费用。向外单位租赁机械，按当月租赁费用全额计入项目机械费成本。

（6）其他直接费核算

项目施工生产过程中实际发生的其他直接费，有时并不"直接"，凡能分清受益对象的，应直接计入受益成本核算对象的工程施工——"其他直接费"，如与若干个成本核算对象有关的，可先归集到项目经理部的"其他直接费"账科目（自行增设），再按规定的方法分配计入有关成本核算对象的工程施工——"其他直接费"成本项目内。

1）施工过程中的材料二次搬运费，按项目经理部向劳务分公司汽车队托运汽车包天或包月租费结算，或以运输公司的汽车运费计算。

2）临时设施摊销费按项目经理部搭建的临时设施总价（包括活动房）除以项目合同工期求出每月应摊销额，临时设施使用一个月摊销一个月，摊销完为止。项目竣工搭拆差额（盈亏）据实调整实际成本。

3）生产工具用具使用费。大型机动工具、用具等可以套用类似内部机械租赁办法以租费形式计入成本，也可按购置费用一次摊销法计入项目成本，并做好在用工具实物借用记录，以便反复利用。工用具的修理费按实际发生数计入成本。

4）除上述以外的其他直接费内容，均应按实际发生的有效结算凭证计入项目成本。

2. 间接费成本核算

为了明确项目经理部的经济责任，正确合理地反映项目管理的经济效益，对施工间接费实行项目与项目之间"谁受益，谁负担，多受益，多负担，少受益，少负担，不受益，不负担"的原则。组织的管理费用、财务费用作为期间费用，不再构成项目成本，组织与项目在费用上分开核算。凡属于项目发生的可控费用均下沉到项目去核算，组织不再硬性将公司本部发生费用向下分摊。

（1）要求以项目经理部为单位编制工资单和奖金单列支工作人员薪金。项目经理部工资总额每月必须正确核算，以此计提职工福利费、工会经费、教育经费、劳保统筹费等。

（2）劳务分公司所提供的炊事人员代办食堂承包服务、警卫人员提供区域岗点承包服务以及其他代办服务费用等计入施工间接费。

（3）内部银行的存贷利息，计入"内部利息"（新增明细子目）。

（4）施工间接费，先在项目"施工间接费"总账归集，再按一定的分配标准计入受益成本核算对象（单位工程）"工程施工——间接成本"。

3. 分包费成本核算

建设工程项目总承包方或其施工总承包方，根据工程项目施工需要或出于风险管理的考虑，在建设法规许可的前提下，可将单位工程中的某些专业工程、专项工程，以及群体建筑工程项目的某些单位或单项工程进行分发包。此时，总分包人之间所签订的分包合同价款及其实际结算金额，应列入总承包方相应工程的成本核算范围。分包合同价款与分包工程计划成本的比较，反映分包费成本的预控效果；分包工程实际结算款与分包工程计划成本的比较，反映分包费成本的实际控制效果。必须指出，分包工程的实际成本由分包方进行核算，总承包方不可能也没有必要掌握分包方的真实的实际成本。

在工程项目成本管理的实践中，施工分包的方式是多种多样的，除了以上俗称按部位分包外，还有施工劳务分包即包清工、机械作业分包等，即使按部位分包也还有包清工和包工包料（即双包）之分。对于各类分包费用的核算，要根据分包合同价款对分包单位领用、租用、借用总包方的物资、工具、设备、人工等费用，根据项目经理部管理人员开具的且经分包单位指定专人签字认可的专用结算单据，如"分包单位领用物资结算单"及"分包单位租用工器具设备结算单"等结算依据，入账抵作已付分包工程款，进行核算。

3 成本核算应符合下列依据：

1）人工费用台账、专业分包费用台账、材料费用台账、机械费用台账、现场其他直接费用台账；

2）间接费用台账；

3）设计变更签证台账；

4）建设单位供料台账；

5）分包合同台账；

6）其他。

台账范本见表5-20～表5-28。

人工费用台账

表 5-20

单位：元

劳务分包单位名称	分部分项工程名称	本月结算额				累计结算额			
		合计	其中：人工费	其中：管理费	其中：小型工具及辅材	合计	其中：人工费	其中：管理费	其中：小型工具及辅材
合计									

填表人：　　　　　　　审核人：　　　　　　　时间：

专业分包费用台账   表 5-21

单位：元

专业分包单位名称	分部分项工程名称	本月结算额			累计结算额		
		合计	结算	其中：税金	合计	其中：税金	其中：其他扣款
合计							

填表人：   审核人：   时间：

主要材料耗用台账   表 5-22

单位：元

类别	单位	本月预算消耗		本月实际耗用		累计预算消耗		累计实际消耗	
		数量	金额	数量	金额	数量	金额	数量	金额
钢材	吨								
混凝土	吨								
水泥	吨								
木材	立方								
砖	千块								
砂	吨								
石	吨								
木模	平方米								
周转材料摊销（租赁）	米								
零星材料									
合计									

填表人：   审核人：   时间：

机械费用台账   表 5-23

单位：元

设备名称	规格及型号	本月机械费用			累计机械费用			备注
		台班	单价	金额	台班	单价	金额	

续表

设备名称	规格及型号	本月机械费用			累计机械费用			备注
		台班	单价	金额	台班	单价	金额	
合计								

填表人：　　　　　　　　　审核人：　　　　　　　　　时间：

现场其他直接费用台账　　　　　　　　　表 5-24

单位：元

序号	费用名称	本月发生费用	开工累计费用	备注
	小计			

填表人：　　　　　　　　　审核人：　　　　　　　　　时间：

间接费用台账　　　　　　　　　表 5-25

单位：元

序号	费用名称	本月发生费用	开工累计费用	备注

续表

序号	费用名称	本月发生费用	开工累计费用	备注
	合计			

填表人：　　　　　　　　　　审核人：　　　　　　　　　　　　时间：

项目变更签证台账

表 5-26
单位：元

序号	变更签证编号	变更签证内容	变更签订日期	申报费用	申报时间	审核费用	备注

填表人：　　　　　　　　　　审核人：　　　　　　　　　　　　时间：

建设单位供料台账

表 5-27
单位：元

材料名称	规格及型号	本月供应费用			累计费用			备注
		数量	单价	金额	数量	单价	金额	
合计								

填表人：　　　　　　　　　　审核人：　　　　　　　　　　　　时间：

171

项目分包合同台账　　　　　　　　表 5-28

单位：元

序号	合同名称	合同编号	签订日期	签约人	对方单位及联系人	合同标的	工作内容	结算日期	违约情况	索赔记录

填表人：　　　　　　　　审核人：　　　　　　　　时间：

4　成本核算应遵守下列原则：

1） 当期成本全部完整核算；

2） 按照实际形象进度、实际产值、实际成本"三同步"的原则，划清已完工程成本与未完施工成本的界限，划清本期成本与下期成本的界限；

3） 确保成本分析对象、分析方法与成本核算范围相一致；

4） 遵循权责发生制原则、收入与费用配比原则，做到真实、准确、及时地反映成本费用的开支情况。

5.6.5　项目经理部应根据成本计划、控制与核算结果，进行成本分析。

1　成本分析应包括下列流程：

1） 确定当期形象进度：由现场生产人员根据现场施工进度，编制形象进度表，界定当期成本核算范围；

2） 成本收集：根据当期形象进度，项目相关成本支出部门将各类成本台账归集至项目成本工程师；

3） 成本核算：成本工程师根据企业规定的成本科目进行逐一核算；

4） 成本分析：根据成本核算结果，项目经理部组织成本分析会；

5） 上报成本核算分析结果：经项目经理签字后，将当期成本核算与分析资料上报企业。

2　项目成本分析可采用下列方法：

1） 三算对比分析法：即当期项目责任成本、项目计划成本和实际成本之间的对比分析；

2） 四算对比分析法：即当期对于合同、项目责任成本、项目计划成本和实际成本之间的对比分析。

3　项目成本分析应包括下列内容：

1） 是否承担的成本指标已经完成或超额完成；

2）是否按规定对成本指标进行了有效的监控；

3）是否按规定详细记录了各种原始记录；

4）是否按规定及时提交了成本核算、分析资料；

5）是否成本计划目标实现趋势处于正常状态；

6）成本盈亏原因分析、相应改进措施拟定；

7）成本控制考核与检查；

8）其他。

4 企业应建立项目成本预警机制，监控项目责任成本管控情况，根据项目定期成本分析结果，对超支成本情况向项目经理部下发预警单。项目经理部接到成本超支预警单后应查明原因、拟定措施，按照规定向相关人员下发预警单，相关人员接到预警单后应制定并实施整改措施。

5.6.6 企业应根据成本核算与分析结果，对照成本计划要求，进行项目成本考核。

1. 项目成本考核的依据

（1）项目施工合同或工程总承包合同文件；

（2）项目经理目标责任书；

（3）项目管理实施规划及项目施工组织设计文件；

（4）项目成本计划文件；

（5）项目成本核算资料与成本报告文件。

2. 项目成本考核的程序

（1）组织主管领导或部门发出考评通知书，说明考评的范围、具体时间和要求；

（2）项目经理部按考评通知书的要求，做好相关范围成本管理情况的总结和数据资料的汇总，提出自评报告；

（3）组织主管领导签发项目经理部的自评报告，交送相关职能部门和人员进行审阅评议；

（4）及时进行项目审计，对项目整体的综合效益做出评估；

（5）按规定时间召开组织考评会议，进行集体评价与审查并形成考评结论。

3. 1 成本考核应包括下列内容：

1）中间考核：施工过程中，根据月度或季度成本分析结果进行的预考核；

2）最终考核：工程竣工验收、办理完最终结算后进行最终考核。

2 企业应定期检查项目成本实施情况，进行项目成本考核，作出奖罚决定。项目经理部应定期根据岗位责任书内容对项目团队成员进行责任成本考核，并进行考核认定。

4. 3 企业应对项目总分包合同进行分析，对项目经理部实际发生的人工费、材料费、机械费、措施费、管理费、税金和其他费用的实际成本进行核定，与责任成本进行对比，鉴定项目经理部的管理成果。

5. 企业应根据规定进行项目成本还原，成本还原表格见表5-29。项目成本还原的内容宜包括以下内容：

1）项目整体成本；

2）分包结算汇总；

3）项目预算收入；

4）项目经理部管理费用；

5）项目经理部材料损耗控制；

6）项目经理部改进成本控制措施；

7）其他。

项目成本还原及指标分析表   表 5-29

工程概况	工程名称及编号			
	建筑面积（地上/地下）		建筑物高度/层高/层数（地上/地下）	
	承包范围		结算方式	
	工程地点		开、竣工日期	
	结构形式		合同范围内精装饰内容	
	合同造价（万元）			
	最终结算价（万元）			
	平方米造价（元/m²）		其中：土建： 安装： ……	
成本还原	1. 人工费			
	2. 材料费			
	其中：工程材料费			
	周转材料费			
	3. 机械使用费			
	4. 其他直接费			
	其中：大型机械进出场及按拆费			
	其中：临时设施费			
	安全措施费			
	其他费用			
	5. 间接费			
	6. 分包工程费			
	7. 税金			
	合计			
指标分析	土建（元/m²）	其中：地上	地下	
	钢筋含量（kg/m³）	其中：地上	地下	
	混凝土含量（m³/m²）	其中：地上	地下	
	砌体含量（m³/m²）	其中：地上	地下	
	门窗含量（m³/m²）	其中：地上	地下	
	水泥含量（t/m²）	其中：地上	地下	
施工做法	基坑支护			
	基础结构			
	墙体			
	主体结构			
	装修			
	屋面			
	其他			
	综合说明	合同规定结算方式、执行定额、取费标准等说明		

填表人：   审核人：   时间：

5.7 职业健康安全与环境管理

5.7.1 职业健康管理应遵守下列要求，确保施工现场职业健康得到充分保障。

1 企业坚持预防为主、防治结合的职业健康管理方针，实行分类管理、综合治理。项目经理部应根据施工项目特点，制定并实施职业健康管理计划。

2 项目经理部提供有效职业病防治设施，并为员工提供个人使用的职业病防护用品，实行专人管理。

3 项目经理部针对男女不同生理特性，合理安排施工工作。对于不适宜从事原工作的职业病人，调整工作并妥善安排。

4 项目经理部定期进行员工的职业卫生培训和职业病检查，并建立相应档案。

5 施工现场作业健康管理应满足下列规定：

1） 在产生职业病危害的风险场所，设置醒目公告栏，公布职业病危害因素的检测结果；

2） 在产生严重职业病危害作业岗位的醒目位置，设置警示标识和说明；

3） 将生产区与生活、办公区分离，配备紧急处理医疗设施，采取防暑、降温、保暖、消毒、防毒、防疫和其他卫生措施，确保现场生产、生活设施符合卫生防疫要求。

【规程解读：】

职业健康的特点是风险隐藏的时间比较长、后果比较严重，同时一些施工企业长期不重视职业健康问题，因此职业健康管理必须力求持续不断的风险预防与严防死守。

（1）施工企业应建立健全公司与项目两个层面的职业健康（安全）管理机构，明确其职责与权限。项目经理应负责项目职业健康（安全）的全面管理工作，项目职业健康（安全）管理的第一责任人。

（2）企业管理层应定期对项目部的职业健康（安全）管理工作过程进行监督检查。

（3）项目部应正确处理安全与进度、质量、环境、成本的内在管理关系，责任与风险对应，权利与职责一致，确保职业健康安全与施工管理的内在统一。

（4）企业应按照规定确保职业健康（含安全）生产费用投入，建立相应的台账和使用情况记录。

（5）企业应将采购活动纳入职业健康安全管理，并且与供方明确职业健康安全管理范围和责任。

（6）工地生活标准与饮食条件应符合卫生健康要求，避免造成集体中毒或疾病等。

（7）企业应按照规定办理施工过程的相关保险。

5.7.2 施工安全管理应遵守下列要求，确保作业现场施工过程处于本质安全状态。

1 企业围绕本质安全管理要求，根据事故因果联锁原理，建立健全公司与项目两个层面的施工安全管理机构，明确相应职责与权限。项目经理部应负责现场施工安全的具体管理工作，确立全员安全责任制。

2 企业将采购活动纳入施工安全管理，并且与发包方、分包方、供应方明确施工安全管理范围和责任。

3 针对项目自身管理模式和工程特点，项目经理部组织项目人员对现场可能导致的风险、环境影响及现有控制措施的充分性进行评估，确定风险等级。

4 施工现场确定的风险控制措施必须达到最低合理可行的风险水平，项目经理部按照风险等级选择控制措施的原则，编制安全施工管理计划，确保风险预防。

5 项目经理部实施安全施工管理计划，把安全管理与施工专业活动紧密融合，确保施工现场各种安全资源满足预防和控制风险的需求。

6 项目经理部在危险性较大的分部分项工程施工前编制专项施工方案。对于超过一定规模危险性较大的分部分项工程，项目经理部应组织外部专家对专项施工方案进行论证。

7 施工现场安全控制应符合下列规定：

1）事先发现和报告事故隐患或者其他安全危险因素，确保施工人员正确使用防护设备和个体防护用品，具备本岗位的施工安全操作技能；

2）持续实施施工现场人员安全培训，确保进入现场人员具有满足施工要求的安全意识和能力；

3）按照项目作业安全要求选择劳务与专业分包方，定期评价分包方满足施工安全要求的绩效；

4）针对潜在隐患与紧急情况发生的可能性及其应急响应的需求，制定相应的应急预案，测试预期的响应效果，预防二次伤害。

8 项目经理部实行日常的施工安全绩效检查，针对违章指挥、违章作业、违反劳动纪律的行为，做到主动检查，实现风险预防。

9 对施工现场所有拟定应对风险的措施，项目经理部在其实施前先通过由项目管理人员或专家的风险评价评审。

【规程解读：】

项目安全管理是人命关天的大事，所有施工活动应满足施工安全的需要。施工安全管理必须精心策划、系统推进、切实落实。

（1）项目施工安全管理流程包括：

1）识别与评价职业安全风险；

2）制定职业安全管理计划；

3）落实职业安全措施；

4）分析职业安全状态；

5）确定风险控制绩效并持续改进。

（2）施工企业应建立围绕项目的施工安全管理体系，确定组织结构，配备相应资源，规定工作流程和管理方法。建立与实施施工安全管理体系是确保实现本质安全要求的关键。

（3）项目施工现场内的常见危险源主要与施工部位、分部分项（工序）工程、施工装置（设施、机械）及物质有关。包括：

1）脚手架(包括落地架、悬挑架、爬架等)、模板支撑体系、起重吊装、物料提升机、施工电梯安装与运行、基坑(槽)施工、局部结构工程或临时建筑(工棚、围墙等)失稳，造成坍塌、倒塌意外；

2）高度大于一定高度的作业面（包括高空、洞口、临边作业），因安全防护设施不符合或无防护设施、人员未配备劳动保护用品造成人员踏空、滑倒、坠落等意外；

3）焊接、金属切割、冲击钻孔(凿岩)等施工及各种施工电气设备的安全保护（如：漏电、绝缘、接地保护等）不符合，造成人员触电、局部火灾等意外；

4）工程材料、构建及设备的堆放与搬（吊）运等发生高空坠落、堆放散落、撞击人员等意外；

5）人工挖孔桩(井)、室内涂料(油漆）及粘贴等因通风排气不畅造成人员窒息或气体中毒重大危险源；

6）施工用易燃易爆化学物品临时存放或使用不符合，防护不到位，造成火灾或人员中毒意外；

7）不良地质结构、竖井开挖、隧道开挖、初支及二衬结构施工等原因，造成隧道坍塌、透水、冒顶片帮、中毒、窒息等意外；

8）基坑开挖、隧道施工等因素，造成周边建（构）筑物、管线、道路、地表水体等沉降变形、开裂、坍塌、渗漏、泄露、破损等意外；

9）遭遇台风、暴雨、暴雪、地震等恶劣自然灾害时，地铁、隧道、地下管理等建设过程中造成人员伤亡、重大经济损失的意外；

10）市政、桥梁在桥梁架设施工过程中，存在有机械倾覆倒塌、梁体、架桥机、移动模架造桥机、桁架挂篮掉落的意外；

11）其他。

（4）本条款以施工现场施工安全的核心内容为基点，在错综复杂的风险因素中，提出了确保作业现场施工过程处于本质安全状态的 9 个方面的管理要求，简明扼要地明确了施工现场安全管理的重点内容，对施工现场的安全管理起到了提纲挈领的引领作用。

5.7.3 现场环境管理应遵守下列规定，确保项目环境绩效满足污染预防的需求。

1 企业建立施工现场环境管理责任制，确定施工环境管理计划，确保施工期间的环保工作有序进行，实现污染预防。

2 项目经理部制定施工现场环境管理措施，建立并完善各项专业环境管理流程，定期检查监督，落实现场文明施工的标准化工作。

3 项目经理部依据施工合同要求，建立绿色施工的管理机制，落实环境管理培训措施，围绕绿色施工标准，实施节能减排与环境保护工作。

4 施工现场环境管理应满足下列要求：

1) 实施现场节能减排管理措施，采用新技术、新工艺、新材料和新设备，落实建筑节能要求，节约施工能源与资源；

2) 按照施工工序落实各项施工环境保护措施，确保施工过程污水、噪声、固体废弃物、粉尘的达标排放，减少施工过程对周围环境造成的不利影响；

3) 设立节能减排工地标牌，提示创建节能减排型工地的责任人、目标、能源资源分解指标、主要措施的内容；生活区及施工现场内应在显著位置设置节能用水、用电的设施和标识；

4) 实施应急准备与响应工作，确定应急响应预案，配备应急资源，确保应急措施简单高效，减少二次污染影响。

【规程解读：】

　　施工现场环境管理不仅是企业社会责任的体现，而且是企业施工管理能力的重要标志。在实施本条款的同时，施工企业应重点关注以下内容：

　　（1）项目应在识别、评价重要环境因素的基础上，编制并实施本项目的施工环境管理计划或专项计划，准备应急响应预案，确保文明施工与环境保护的适宜性与有效性。

　　（2）项目部应细化各项施工现场文明施工管理岗位职责，建立健全各项专业管理制度和管理资料，落实现场文明施工管理的标准化工作。

　　（3）项目部应根据国家及地方环境相关法规的要求确定出施工过程中环境保护工作的具体措施。确保施工期间的环保工作有序，有效进行，减少施工过程对周围环境造成的不利影响。

　　（4）项目部应制定节能减排现场管理措施，积极采用新技术、新材料、新工艺和新产品，切实落实建筑节能要求，无不良记录。

　　（5）定期按照标准针对项目环境管理绩效进行检测，确定环境管理水平，及时实施改进提升。

　　下边的附件 1 为职业健康安全施工管理成果，附件 2 为绿色施工项目管理成果。

附件 1：职业健康安全施工管理成果

成果主题：坚持以人为本，保证安全质量，改善施工作业环境

一、成果背景

1. 社会背景

　　平山至赞皇高速公路是太行山高速的重要组成部分。建设太行山高速公路是贯彻京津冀协同发展重大国家战略，是推进京津冀交通一体化的重要措施，是列入《京津冀协同发展交通一体化规划》的重点工程，是穿越太行山集中连片特困地区的高速公路，平赞高速作为太行山高速的一部分，其修建改善了平山、赞皇革命老区出行条件，促进了革命老区经济和旅游资源开发，这是一条"扶贫路、致富路、旅游路、发展路"。如附图 5-1 所示。

2. 工程项目概况

　　平赞高速公路项目，位于太行山东麓，石家庄市井陉县境内，是中国建筑股份有限公司为项目投资牵头人的 PPP 项目。由某施工企业承建平赞高速工程第一合同段第二施工单元，标段总长 5.194km，包含路基、桥梁、隧道工程，其中赵村铺隧道 1079m，石棋峪隧道 1810m，两条隧道工程长度共计 2889m，隧道工程占比 55.8%。

二、选题理由

　　（1）近年来，工程质量和安全一直是高速公路建设的主旋律，始终摆在高速公路发展的首要位置。本项目隧道工程共计 2.889km 占比 55.8%，隧道工程比例重，因此提升隧道工程的质量及工艺水平、提高驻地及场站建设标准、改善农民工工作环境已成为推行现代工程管理的必然要求。

　　（2）隧道工程的安全生产、文明施工、质量管理、队伍管理、合同履约等必须树立科学的现场管理新体系，必须以改革现场管理方式和施工组织方式为切入点，整合管理资源，提高隧道工程施工水平，提高企业管理水平。

　　（3）推行隧道工程标准化，既是建筑行业创新的关键点，又是新时期施工现场管理的要求，可以有效地转变施工现场管理，提升行业形象，增强发展动力，具有深远的社会意义。

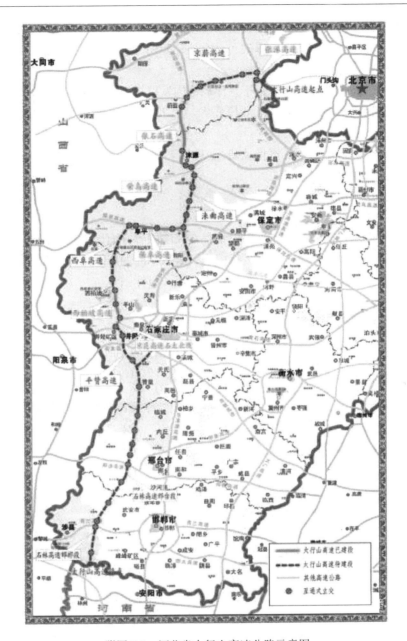

附图 5-1　河北省太行山高速公路示意图

三、实施时间

本工程从 2016 年 5 月份开工，到 2017 年 12 月份阶段性完工。

四、管理难点及重点

1. 管理重点

根据项目特点，项目部将隧道工程安全管理、标准化管理、绿色施工管理以及新技术新工艺的应用作为本工程的管理重点，树立相应的管理观念。

2. 管理难点分析

（1）项目总施工工期 32 个月，有效施工期 20 个月，工期紧、任务重，施工难度大，隧道地质结构复杂，多处裂隙、断层破裂带及浅埋段施工难度大，安全风险隐患高。

（2）各专业交叉施工，钻眼、爆破、立拱架、初期支护、仰拱施工、二次衬砌等，工序多，干扰大。

（3）环保要求高，平赞高速是处于京津冀协同发展规划中的重点项目，政府部门抓环保、治污染、保环境，山区隧道施工环境恶劣，施工现场 CI 形象及标准化方面没有成熟的案例。

（4）隧道作业队伍 4 个，隧道作业班组 32 个，作业人员 500 余人，各劳务班组管理水平不同，劳务管理难度大。

五、管理策划和创新特点

1. 管理策划

对项目重点难点，从提高管控入手，将存在风险的各方面因素综合进行考虑，对隧道施工重点部位、难点部位、风险点等进行梳理，采取不同的应对措施，提前管控。并相应的从工期、标准化、安全、绿色施工等各方面制定了目标。

（1）工期：按照建设单位要求完成工程建设；

（2）标准化：精细、规范、统一的科学管理；

（3）安全：河北省"平安工地"，局"安康杯"；

（4）绿色施工：绿色施工达标工地。

2. 创新特点

（1）针对隧道工程的施工特点，利用 BIM 建模技术模拟隧道洞口及洞内的 CI 标准化布置场景。

（2）运用 CI 管理策划形象管理，以安全文明、绿色施工为主要控制点，提升隧道整体施工形象。

（3）技术创新，引进 VR 虚拟现实技术，聘请专业人员设计模拟隧道施工所遇到的各种安全事故，使工人感受到事故的真实感受。

（4）建设职工之家，改善隧道工人生活环境，WIFI 全覆盖，通过手机端安全教育、安全考核答题等，强化工人意识，改变以往不良作风，做好自我监督管理。

（5）针对劳务人员管理难，引进了劳务实名制管理及洞内定位系统，及时掌握进洞人员的分布状况，对所有进洞人员实施考勤、精确定位、运行轨迹、险情报警等安全管理跟踪。

（6）隧道出入实行人车分离，行人和机动车完全分离开，互不干扰，各行其道。

（7）对隧道施工的二衬台车和防水板台车进行改造，通过小发明小革新的应用，引领安全管理创新，增强人的安全行为和机具的安全管理。

（8）隧道施工掌子面随时采用 TSP 地质雷达进行超前地质预报，消除安全隐患萌芽。设置标准化的通风管道和逃生管道，保证工人施工安全。

六、管理措施策划实施

（1）施工前实行标准化策划，依据公司标准化图集及地方标准化实施指南，合理规划场区内工作部署，坚持品牌理念，标准化施工保证工程质量。

策划部署：项目驻地建设→施工便道规划→场站选址、布置→施工作业现场规划→施工过程标准化规划。如附图 5-2 所示。

附图 5-2　厂区规划

（2）通过 BIM 及 3DMAX 渲染技术进行隧道施工洞内安全文明设施策划布置。如附图 5-3 所示。

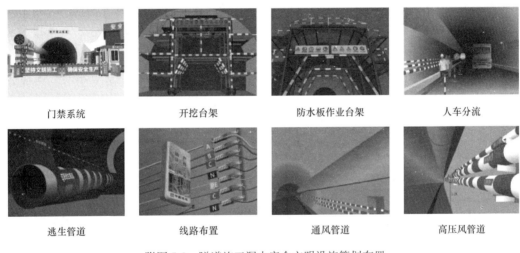

| 门禁系统 | 开挖台架 | 防水板作业台架 | 人车分流 |
| 逃生管道 | 线路布置 | 通风管道 | 高压风管道 |

附图 5-3　隧道施工洞内安全文明设施策划布置

（3）在偏远的山区，为了方便工人生活，让劳务人员感受到家的温暖，项目部打造了绿色、安全、温馨的职工之家。如附图 5-4 所示。

附图 5-4　职工之家

（4）安装空气能中央空调系统：通过热水器与空调相结合的一体多用机，既能保证冷暖气使用，又能实现热水 24h 供应，用电也比传统电热水器节省 80% 以上，方便节能。如附图 5-5 所示。

附图 5-5　空气能设备

（5）丰富工后文化生活，设置了工会活动室，开展各种文化娱乐活动和体育活动等，配备安全教育方面的书籍，加强了工人的思想教育，使工人对项目有更多的投入和更强的归属感。如附图 5-6 所示。

附图 5-6　工后活动

（6）雨水收集循环利用：水流入地下雨水收集系统，可以承接 $10m^3$ 以上容积储水池的重量，收集的雨水可以用作消防、板房喷淋。利用收集的雨水和抽取地下水做降温和消防，既能最大程度的利用水资源，又能节约用电用水。如附图 5-7 所示。

附图 5-7　雨水收集

（7）生活区安装 36V 安全电压系统，5V 的 USB 集中充电，彻底杜绝 220V 电压、大功率电器的使用，特色设备充电时可以放入充电柜，防止由于手机充电引起的火灾隐情，并方便手机、平板电脑等充电。如附图 5-8 所示。

（8）WIFI 全覆盖：为方便工人业余生活，开通 100M 光纤专线网络，实现了职工之家、工区现场的全覆盖，利用网络建立起网上巡查制度，将工程中出现的问题及时上传及时解决，同时项目部开设网络安全教育答题平台，在民工班后空闲时间学习安全知识。如附图 5-9 所示。

（9）太阳能路灯：充分利用太阳能资源，在光线低到一定程度后自动开启，既节能减排，又实现智能操控。如附图 5-10 所示。

附图 5-8 安全电压系统

附图 5-9 WiFi 覆盖 　　　　　　　　附图 5-10 太阳能路灯

（10）智能化无线监控系统：即时检测温度、湿度、风速、噪声、PM2.5、PM10 等环境数据和隧道洞口的实时状况，有利于消防、安全和实现对周围环境状况的实时监控。如附图 5-11 所示。

（11）隧道洞口建设太行山高速项目全线第一个 VR 体验馆，通过模拟建筑隧道施工环境，VR 虚拟操作及感受隧道施工作业场景，体验因操作不当导致的危险，在危险中逃生的虚拟体验，有身临其境的体感，如果不幸发生此类事故如何自救也做了深入的讲解，以此教育施工人员规范作业的重要性。如附图 5-12 所示。

（12）通过设置安全质量讲评台，将企业安全生产文化知识从会议室搬到施工现场，使抽象、枯燥的安全生产知识变得生动、具体，进一步提高现场管理人员和施工操作人员的安全生产防范意识，营造良好安全生产氛围，有效促进了现场施工管理水平和工程质量的稳步提升，为后期施工安全管理奠定了良好的基础。同时设置专门的饮水区和吸烟区，帮助工人养成良好的习惯，提高安全防范意识。如附图 5-13 所示。

（13）门禁系统：采用数字化智能管理，可以快速识别工人工种及工人个人信息，防止非施工人员随意进出，是对进出人员进行有效管理的系统，可实现高效率、高科技的现代管理。对持卡人的进出权限、允许进出的时间都可方便的统一进行管理，所有人员的进出详情、报警信息等资料实时反映到管理中心，并可对所有历史信息进行条件查询，而且在门禁系统基础上也实现了劳务管理和考勤管理的功能。如附图 5-14 所示。

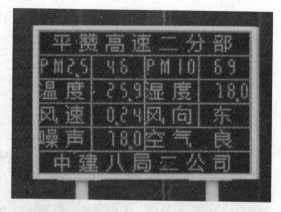

附图 5-11 智能化无线监控系统

附图 5-12 VR 体验馆

附图 5-13 安全质量教育大厅、饮水吸烟区

附图 5-14　门禁系统

（14）洞内人车分离，隧道进口设置一道红白色的反光柱，将行人和机动车完全分离开，互不干扰，为项目安全管理工作再增一道屏障。如附图 5-15 所示。

附图 5-15　人车分离

（15）声光报警器，确保每次爆破作业前能够及时地通知到洞内的每名工人，隧道内安装了声光报警系统，在每条隧道设置声光报警器，分别安装在洞口和二衬台车上，爆破之前相关人员启动报警器，确保洞内工人及时撤离到安全区域，保证洞内安全。如附图 5-16 所示。

附图 5-16　声光报警系统

（16）隧道内人员定位系统，识别卡由一般工作人员佩戴，设计安装在人员的安全帽上。识别卡通过和基站的双向通讯，得到人员识别卡的区域定位信息，通过对人员出/入洞时刻监测，可及时发现超时作业和未出洞人员，以便及时采取措施，防止发生意外。如附图 5-17 所示。

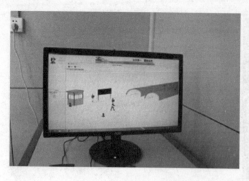

附图 5-17　人员定位系统

（17）逃生管道标准布置，逃生管道设置荧光灯带，同时放置应急食物箱和救护箱，应急食物箱须存放 10 人左右一天所需的方便面、饼干、矿泉水等食物；救护箱内备包扎纱布、消毒药水、常见外伤用药等，确保工人施工过程发生紧急情况时可安全逃离。如附图 5-18 所示。

附图 5-18　逃生管道

（18）隧道内临时用电标准化布置：电线采用标准三相五线制，包括三相电的三个相线（A、B、C 线）、中性线（N 线），以及地线（PE 线）。电设备外壳上电位始终处在"地"电位，从而消除了设备产生危险电压的隐患。如附图 5-19 所示。

附图 5-19　用电标准化布置

（19）通过 CI 标准化管理，创造和形成统一的公司形象，提高公司的凝聚力和竞争力，强化公司对社会的责任，悬挂的标准的标识标牌和安全警示，对施工工人思想上形成潜意识，提高工人自身的安全责任认识。如附图 5-20 所示。

附图 5-20　安全警示标识标牌

（20）在施工便道两侧及工作平台边坡设置大型的安全警示喷绘涂装和安全警示条幅，喷画了安全标准化教育图片，增强工人的红线意识、法制意识和安全意识，同时提高了企业施工形象。如附图 5-21 所示。

附图 5-21　警示喷涂

七、过程检查控制

（1）标准化目标情况：通过对工人的高频率教育和监督检查，采用标准化施工工序和要求，工程质量得到很好的控制，施工质量规范，效果明显。

（2）安全管理情况：坚持"安全第一、预防为主"的方针，认真贯彻落实国家法规，以平安工地建设作为目标，实现施工现场安全防护标准化、安全管理程序化，安全管理活动常态化。借助于"安全之星"活动，实现了安全管理目标。

（3）绿色施工目标情况：项目部深入开展平安工地创建活动，积极引进新技术、新工艺，开展绿色施工，创建美丽工地，为建设优质工程树立形象。

八、管理效果评价

在该施工企业的指导、项目员工的努力下，项目的隧道施工标准化水平得到认可，多次接待领导考察，受到社会各界的观摩学习 20 次，共计 600 余人次，获得各种荣誉表彰11 次，获得标准化先进单位和中建八局青年文明号荣誉称号，取得良好的成效，在太行山高速公路项目树立了隧道施工标杆。如附图 5-22、附图 5-23 所示。

1. 标准化管理成果

项目安全目标达到要求，安全施工零事故，获得河北省"平安工地"和中建八局"安康杯"荣誉称号。

2. 管理效果和荣誉

获得石家庄市交建高速公路建设管理有限公司文明施工标准化先进单位、百日攻坚良好单位、安全生产工作先进单位施工企业安全质量管理第一名、安全生产先进单位荣誉称号。

3. 社会效果

项目隧道施工标准化的推行，全年接受社会各界观摩二十余次，包括中建股份、石家庄市交建公司、石家庄交通局、石家庄铁道大学等，甚至迎来了外国友人观摩团。项目隧道施工标准化水平在河北日报、冀语、太行快讯等媒体得到了大力的宣传报道。

4. 经济效果

本项目通过新技术的推广应用，提高了工作效率，加快了施工进度，节省了资源，大大减少了施工教育成本。工程安全文明施工费用节省 200 万，获得表扬表彰奖励 98 万，科技进步双优化增加产值创造利润 300 万，综合成本降低率为 1.6%。同时为区域营销奠定坚实的基础，通过平赞高速项目大力推行的标准化，以现场赢得了市场，2017 年度为公司创造营销合同额 10 亿元。

附图 5-22 项目所获表彰

附图 5-23 观摩学习

附件 2：绿色施工项目管理成果

成果主题：优化设计，以四节环保为导向；科学管理，达绿色建造之标准

一、背景及要求

（一）社会及行业背景

本工程是邯郸市委市政府确定的"四大中心"之一，备受邯郸市政府及社会各界的关注。市委市政府多次莅临项目检查，对项目给予了极高的评价，各级领导也多次对项目的发展表达了关怀和关心。

（二）工程项目概况

（1）邯郸市科技中心位于邯郸市东部新区，赵王大街以东，蔺相如大街以西，丛台路以南，娲皇路以北。总建筑面积：164813m²，地下建筑面积：57682m²，地上建筑面积：107131m²。分为科技中心主楼和科技产业馆，其中北侧为主楼，南侧为科技产业馆。

（2）主楼地上25层，主体高度99.200m（自室外地坪算起，不包括局部突出楼，电梯间）；展馆地上4层，主体高度23.400m。主楼为高层办公建筑，科技产业馆为以展览科技产业成就为主要功能的多层展览建筑。

（3）结构形式：主楼为框架剪力墙结构，展馆为框架结构。主楼基础形式为钻孔灌注桩＋筏板基础；展馆及地下车库基础形式为筏板基础。

（三）管理及绿色施工目标

1. 管理目标

管理目标，详见附表5-1。

管理目标表　　　　　　　　　　　　　　　　　　　　　　　　　　附表 5-1

项目管理目标名称	目标叙述
项目施工成本	责任成本降低5%，确保实际成本控制在计划成本内
工期	开工日期：2015年4月20日；竣工日期：2017年2月28日； 总工期681日历天； 各节点工期：±0.000：2015年8月20日； 竣工验收：2017年2月28日
质量目标	合格，确保"安济杯"，争创"鲁班奖"或"国优"
安全管理目标	杜绝死亡、重伤和重大机械事故，杜绝火灾事故； "河北省安全文明工地" "国家AAA级安全文明标准化工地"
绿色建筑评价目标	达到二星级绿色建筑设计标准
CI目标	CI创优项目（金奖）

2. 绿色施工目标

（1）总体目标

在确保工程质量、安全的基本要求下，以"四节一环保"的各项控制指标的实现为目标，各阶段工作围绕该目标进行，力争实现环境效益、社会效益和经济效益的统一。创建绿色施工示范工程，为企业推广应用绿色施工技术总结经验。

（2）具体目标

具体目标详见附表5-2。

绿色施工目标表

附表 5-2

实施效果	指标要求
环境保护	环保责任投诉事件 0 起 建筑垃圾：总产量不超过 2500t，回收利用不小于 900t，回收利用率大于 35% 水污染控制：排入市政管网的污水符合环保排放标准要求，pH 酸碱度控制在 6～9 之间 噪声控制：土方作业及主体施工阶段昼间小于 70dB，夜间小于 55dB，桩基施工阶段昼间小于 85dB，夜间停止施工 扬尘控制：结构施工阶段扬尘高度≤0.5m，土方作业阶段≤1.5m
节材与材料资源利用	建筑主材损耗率比定额降低 30%，就地取材用量占建材总重量达到 85%以上，临建活动板房可周转使用率达到 80%以上
节水与水资源利用	万元产值用水量控制在 5.2t，非传统水利用率达到 30%，办公、生活区节水设备配备率达到 90%以上
节能与能源利用	万元产值用电量控制 35.7kWh，90%照明灯具采用节能灯具
节地与土地资源保护	合理规划施工现场平面布置，充分利用原有建筑，减少临时用地面积，减少土方开挖及外运

（四）选题理由

从客观上来说，我国现阶段的绿色施工才刚刚起步，很多建筑企业看到的仅仅是表面上的绿色施工，没有从根本上理解绿色施工的整体内涵及意义，在绿色施工技术方面也处于被动接受的状态，还是坚持原来的思维模式和施工形式进行施工，不能应用一些合适的技术以及先进的管理方式对绿色施工进行管理。

二、管理及创新特点

（一）管理难点及重点

（1）施工企业大多重视短期的经济效益。绿色建造设计和绿色施工前期投入大，收益缓慢，成效甚微，并且有很多绿色施工项只有投入没有收益，故现很多施工企业不增加此部分投入，故现建筑市场内各项目绿色施工工艺、措施等使用率较低。

（2）绿色施工措施维护周期长。绿色施工措施贯穿整个施工周期，施工现场很多绿色施工措施需要项目长期维护和定期更换。

（3）绿色施工理念缺失。工程建设单位、设计单位、施工单位等参建单位，对绿色施工认识不全面。在建筑施工过程中，绝大多数作业人员不注重对环境的保护、能源的节约，已经习惯灰尘的漫天飞扬、嘈杂的噪声。

（4）同行业之间不统一、不认可。绿色施工项要求标准不统一，类似项目采用的绿色施工项数量相差较大。施工过程达到的绿色标准不同，同行业之间对绿色施工的概念理解深度不同。

（二）管理策划和创新点

1. 实现设计绿色的创新

建筑实现使用绿色必须自设计阶段就融入绿色元素，项目第一版图设计采用市政供暖进行采暖，因本项目地处东部开发区肩负着重要的引领使命，并且市政集中供暖不能按工期要求节点接到项目，通过项目部与业主沟通和提交的成熟方案，最后变更为地源热泵，采用地下水的恒温，达到后期运行绿色节能。

2. 实现观念上的创新

根据建筑施工管理中出现的各种问题因素，有针对性地对这些问题因素，创造可行的解决方法。同时也要加强施工管理意识的创新，转变思想观念。用一种创新思维来管理建筑工程，总而言之，对项目建筑工程管理要追寻一种能和实际相匹配的模式，并进一步地发展和创新，而不是要一直采用一种固定的模式。所以，要增强建筑企业实力，必须加强施工管理中的建设，提高其在建筑工程管理中重要性、任务性。建立创新激励机制，为人才创造适合发展的环境。

3. 实现组织机构的创新

为适应建筑企业多元化经营发展的需要，建筑企业应把组织结构实施创新化管理，并将管理的重点放在施工工程项目上，有效地减少管理层次和裁减多余的人员，提高管理实效；并逐步实施综合化管理，改变部门工作重复设置的格局，简化专业分工，突出团队合作和综合管理部门的协调能力与作用；企业管理体制探索分权化管理模式，做到集权有道、分权有序、授权有章、用权有度，调动起各级、各方面的职能和各司其职的敬业激情；企业运行机制探索市场化管理模式，把市场机制引入企业内部，将分工协作变为契约关系，企业内各经济体均在内部市场竞价交易、自选调节、自行运转、相互制约，员工行为由被动执行转向创新与创造。

三、管理分析、策划和实施

（一）管理问题分析

（1）绿色施工关乎着各个项目利益相关方，这就要求将绿色施工工作列入项目建设初期，除了实施绿色施工，还要实施绿色项目管理，这能提高各方的关注度和认知度，为绿色施工提供坚固的经济和法律后盾，促进绿色施工朝着更深层次发展，创造优良的绿色建设氛围，增加社会的认可度。

（2）以绿色项目为基础制定鼓励性、引导性政策，其中以强制性指标为主，辅以鼓励性指标。对于绿色项目而言，尽量采取一些非强制性指标和措施，实施这些指标时全面考虑各利益相关方并提供一定的优惠政策。

（3）在以政府投资为主导力量的大型公共项目，由于内部利益相关方的价值取向是统一的，因此，应列出专门的绿色施工项目，或者将一定比例划入投资预算行列，绿色施工过程中，对节省的资金给予一定的鼓励，从而提高工作积极性。

（4）我国采用设计到招标再到建造的建设模式，虽然存在一定的优点，但也存在设计和建造脱节的可能性，也会产生绿色施工和绿色项目的脱节，这阻碍了绿色施工和绿色项目的均衡发展。朝着总承包模式的方向，不断改进现行的项目管理模式，节约绿色成本，促进绿色项目的健康发展。

（二）管理措施策划实施

绿色施工是建筑业落实可持续发展战略的重要手段和关键环节，所以要加强对绿色施工的推广和管理。建立绿色施工管理与评价指标体系。才能对绿色建筑工程施工管理进程部分加以控制，合理地利用自然资源，改进施工工艺、提高施工技术。加强对绿色材料的合理运用。下面对绿色施工管理提出了几点措施：

1. 加强对绿色材料采购

在建筑材料的采购过程中，必须加大绿色材料采购的控制力度。在一般的建筑工程中，对于材料的采购很多时候只注重材料的耐久性和外观性等外在的直接的因素，而对于一些潜在的有害物质，如放射性元素和甲醛、氨、苯等有害物质和气体的控制就忽视了，最后导致对人体的伤害。

2. 加强对绿色现场施工控制

绿色施工管理则强调的是在施工管理过程中尽量降低光、噪声、粉尘、污水等等直接对环境或人员的污染；符合绿色环保施工要求。此外，还必须减少砂浆、砖、砂、混凝土、瓦、石等固体建筑垃圾，对于一些必然形成的固体垃圾要进行分类处理，可以回收的要进行回收，这样有利于降低对土地的干扰和固体废物对环境的污染等。

3. 提高绿色施工策划能力

绿色施工管理方案在施工组织编制过程中可以作为单独的一个模块，并按照相关规定实行审批。总的来说，其内容可以包括下面几个部分：①环境保护措施，制定环境管理计划和应急救援预案，采用有效的举措，减少环境负荷，保护地下设施和文物等等资源；②节水措施，依据施工所在地的水资源情况，制定节水举措；③节能措施，实行施工节能策划，确立目标，制定节能举措；④节材措施，在确保建筑管理安全和质量的目标下，制定节约材料的举措。例如实行工程建筑方案的节材优化设计，工程建筑废物应减少量，应尽可能利用可循环的材料等等。

（三）过程检查控制

绿色施工检查记录表

序号	检查内容	检查标准		检查结果
1	施工现场的临时设施建设	按实际施工需要布置，禁止随意扩大，合理用地		
2	施工机械设备应建立时保养、保修、检验制度	施工机械设备按时保养、保修、检验		
3	节约的施工用水	施工工艺采取节水措施，混凝土养护采用覆盖保水养护		
4	材料管理	施工现场去行保管领料，建立原材料回收管理制度；工程混凝土浇注使用商品混凝土时，施工现场对工程剩余的预拌混凝土要进行采晏再利用，严禁随意丢弃		
5	材料运输	材料运输工具适宜，装卸方法得当，防止损坏和遗洒，根据施工现场平面布置情况就近卸载，避免和减少二次搬运		
6	扬尘污染控制	施工现场从事土方、材料和施工垃圾的运输必须使用密闭式运输车辆；遇有四级以上大风天气，不得进行土方回填，转运以及其他可能产生扬尘污染的施工；土方作业阶段：作业区目测扬尘高度小于1.5米；基础施工阶段：作业区目测扬尘高度小于0.5米		
7	地下设施、文物和资源保护	施工前应调查清楚地下各种设施，做好保护计划，保证施工场地周边的各类管道、管线、建筑物、构筑物的安全运行；施工场地严禁贯穿各类保护地		
8	有害气体排放控制	施工车辆、机械设备等应定期维护保养，施工车辆、机械设备的尾气排放应符合国家规定的排放标准		

（续表第9行：噪声污染控制）

序号	检查内容	施工阶段	主要噪声源	噪声限值 (DB)	
				昼间	夜间
9	噪声污染控制	土石方	挖掘机、	75	55
		基础施工	搅拌器、空压机、发电机、钻机等	85	禁止施工
		混凝	机动锯、钻孔机等	70	55
		架线	张力机、牵引机、液压机、小型发电机、吊车等	65	55

检查地点：　　　　　　　　检查人员：　　　　　　　　检查时间：

附图 5-24　绿色施工检查记录表

（四）方法工具应用

1. 强调绿色施工设计

绿色建筑的发展往往从设计阶段开始发展，只有从设计阶段充分考虑绿色主题，之后的施工阶段才能起到升华的作用，由此可见绿色施工设计的重要性。下面就邯郸市科技中心项目应用的地源热泵及屈曲支撑新技术的应用来介绍下设计阶段的绿色主题。

（1）地源热泵技术

地源热泵是利用地下常温土壤和地下水相对稳定的特性，通过深埋于建筑物周围的管路系统或地下水，采用热泵原理，通过少量的高位电能输入，实现低位热能向高位热能转移与建筑物完成热交换的一种技术。作为自然现象，正如水由高处流向低处那样，热量也总是从高温流向低温，用著名的热力学第二定律准确表述："热量不可能自发由低温传递到高温"。地源热泵实质上是一种热量提升装置，它本身消耗一部分能量，把环境介质中贮存的能量加以挖掘，提高温位进行利用，而整个热泵装置所消耗的功仅为供热量的三分之一或更低，这就是地源热泵节能的原理。

地源热泵系统是从常温土壤或地表水（地下水），冬季从地下提取热量，夏季把建筑的热量又存入地下，从而解决冬夏两季采暖和空调的冷热源。

地源热泵从设计上就考虑了资源的合理利用，节能环保，具有良好的经济效益和环境效益。

1）经济效益

由于地源的温度相对稳定，冬季比环境空气温度高，夏季比环境空气温度低，是很好的热泵热源和空调冷源。地源的这种温度特性使得地源热泵的制热效率高达 3～4.5，而锅炉仅为 0.7～0.9，可比锅炉节省 70% 以上的能源和 30%～50% 运行费用；制冷剂充灌量比常规空调装置减少 25%，而且制冷剂泄漏概率大为减少。

制冷时要比普通空调节能 15%～20%，可节省运行费用 40% 左右。与空气源热泵相比，其寿命一般为 15 年，而地源热泵的地下换热器由于采用高强度惰性材料，埋地寿命至少 50 年，具有良好的经济效益。

2）环境效益

地源热泵的污染物排放，与空气源热泵相比，相当于减少 40% 以上，与电供暖相比，相当于减少 70% 以上，如果结合其他节能措施，节能减排效果会更明显。虽然也采用制冷剂，但比常规空调装置减少 25% 的充灌量；属自含式系统，即该装置能在工厂车间内事先整装密封好，因此，制冷剂泄漏概率大为减少。该装置的运行没有任何污染，可以建造在居民区内，没有燃烧，没有排烟，也没有废弃物，不需要堆放燃料废物的场地，且不用远距离输送热量。

（2）屈曲支撑技术

防屈曲支撑（亦称屈曲约束支撑）是一种利用钢材宏观上发生轴向拉压塑性变形来消耗地震能量的位移相关型耗能减震装置，同时也是一种宏观上不会发生屈曲的钢支撑构件，其主要由承受轴力的钢支撑内芯以及支撑外围的约束构件两部分组成。在地震作用下，钢支撑内芯主要承担结构的水平地震力，而约束构件则仅对支撑的受压屈曲行为进行限制，从而使支撑在拉压两个方向都接近二力杆受力。

若把支撑按照大震地震力进行稳定性设计，虽然可做到支撑不屈曲，但却会导致结构太刚太强，地震力也随之增加，梁柱截面显著增大，工程造价显著提升。

屈曲支撑在以下方面有明显优势，在绿色建筑中起到很大的作用：

1）结构震后修复简便

地震过后，只需对防屈曲支撑部件进行局部更换，原主体结构经过小修后便可继续投入使用，很好地解决了震后修复问题，减少震后修复的时间和经济损失，工程总体经济效益与社会效益十分明显。

2）降低结构总体造价

防屈曲支撑消耗了大量的地震能量，因此可减小结构梁柱截面尺寸，减轻基础所承受的结构自重负担，一般可使结构总体造价降低 5%～10%。

3）节约钢材

屈曲支撑和普通钢支撑相比，屈曲支撑截面积明显降低很多，进而达到节约钢材的效果，对绿色建筑的打造很有利。

2. 绿色施工实施

结合本工程绿色建筑特点，以"四节一环保"为指导思想，根据局《绿色施工 2.0》指导作业书，项目应用绿色施工技术 154 项，具体绿色施工技术见附表 5-3，目前项目绿色施工技术应用在邯郸市处于领先水平，得到市建设主管部门的推崇。

<table>
<tr><td colspan="3" align="center">绿色施工技术表</td><td align="right">附表 5-3</td></tr>
<tr><td>序号</td><td colspan="2" align="center">绿色施工分项内容</td><td>实施类别</td></tr>
<tr><td>1</td><td colspan="2" align="center">太阳能路灯节能环保技术</td><td>B</td></tr>
<tr><td>2</td><td colspan="2" align="center">施工现场 LED 灯具的使用</td><td>A</td></tr>
<tr><td>3</td><td colspan="2" align="center">用电时间控制器及限电器的应用</td><td>A</td></tr>
<tr><td>4</td><td colspan="2" align="center">USB 手机充电插座应用</td><td>A</td></tr>
<tr><td>5</td><td colspan="2" align="center">36V 低压风扇应用</td><td>C</td></tr>
<tr><td>6</td><td colspan="2" align="center">建筑施工中楼梯间及地下室临电照明的节电控制装置</td><td>A</td></tr>
<tr><td>7</td><td colspan="2" align="center">现场塔吊镝灯使用时钟控制器</td><td>A</td></tr>
<tr><td>8</td><td colspan="2" align="center">洗车设施优化设计</td><td>A</td></tr>
<tr><td>9</td><td colspan="2" align="center">节水器具应用</td><td>A</td></tr>
<tr><td>10</td><td colspan="2" align="center">雨水回收利用技术</td><td>B</td></tr>
<tr><td>11</td><td colspan="2" align="center">深基坑支护技术</td><td>A</td></tr>
<tr><td>12</td><td colspan="2" align="center">活动板房</td><td>A</td></tr>
<tr><td>13</td><td colspan="2" align="center">办公生活区桥架的推广</td><td>B</td></tr>
<tr><td>14</td><td colspan="2" align="center">分区封闭围挡管理</td><td>A</td></tr>
<tr><td>15</td><td colspan="2" align="center">移动式茶水亭</td><td>A</td></tr>
<tr><td>16</td><td colspan="2" align="center">基坑边电缆固定装置</td><td>A</td></tr>
<tr><td>17</td><td colspan="2" align="center">可周转固定电缆支架使用</td><td>A</td></tr>
<tr><td>18</td><td colspan="2" align="center">……</td><td>A</td></tr>
<tr><td colspan="3" align="center">合计</td><td>154</td></tr>
</table>

（1）环境保护实施

1）环境保护宣传

为践行绿色施工，积极倡导绿色施工理念，项目部采用绿色施工宣传标语、绿色施工宣传画、绿色施工公示牌、绿色施工节约标识牌等形式宣传绿色施工。努力做到绿色施工、环境保护观念深入人心。

2）资源保护

项目采用基坑封闭降水措施，抽水量少、对周边环境影响小、止水系统配合支护体系一起设计降低造价，被纳为新的绿色施工技术之一。采取该项新技术是考虑到传统降水方法疏干井较深，影响范围较大，抽取潜水的同时也抽取大量的承压水，抽水量大，对周边环境造成明显影响，严重情况下会造成基坑周边建筑物、构筑物及设施出现明显不均匀沉降甚至开裂。此项新技术应严格区分抽取潜水过程和承压水减压过程，以达到减少抽水量，减少对周边环境影响的目的。

3）人员保障

现场设置多处可移动环保厕所并制定相应管理制度，安排专人对厕所、卫生设施、排水沟等阴暗潮湿地带定期进行消毒清理。

依据现行国家标准规定制定工人劳动时间，对从事有毒、有害、有刺激性气味和强光、强噪声施工的工人发放相应的防护器具。

4）扬尘控制

建筑工程施工现场往往是环境污染的重灾区，在诸多环境污染源中，扬尘污染是最难得到有效控制的。在此大环境背景下，扬尘污染的防治措施，是值得每个项目潜心思考的一大重点问题。

5）光污染控制

项目充分考虑了光污染的控制，夜间探照灯、路灯等室外照明灯均采用 LED 灯具，加设灯罩，减少光线外泄，靠近居民区位置围墙加高，避免影响居民休息。

6）噪声污染控制

现场四角及邻近居民区的部位设置 6 个噪声监测点，监测点设有扬尘与噪声实时在线监测装置，不定时对施工区域噪音进行动态监测。噪声检测系统一旦检测到噪声超标便会发出警报，项目部会启动应急预案。

（2）节材及材料利用实施

1）材料选择

项目根据就地取材的原则，于距离施工现场 500km 内进行材料选择，建立合格供应商档案库，采购质量优良、价格合理的材料，并留有实时记录。

2）材料节约

项目设立了健全的机械保养、限额领料、建筑垃圾再生利用等节材制度，物资部在项目施工过程中保留了大量的影像资料及带有分包签字的纸质资料，做到有据可查，有责可究。针对队伍原材、废料浪费、钢材进场时间争议等问题，分别编制了工作联系单下发至相应的分包商及分供商，及时化解项目分包商材料领用的风险。

① 垃圾处理

垃圾桶分为可回收利用和不可回收利用两类，并定期清理。

② 加气块节约

对于现场使用的加气块混凝土砖，二次结构施工前，项目部精确计算加气块的使用量；对现场剩余的加气块混凝土砌块，项目部使用加气块粉碎机对余料进行加工，用于主楼与产业馆的屋面找坡等。

③ 混凝土节约

现场墙柱浇筑的混凝土，浇筑时安排专人监视模板，杜绝了胀模造成的混凝土浪费；向搅拌站报量前工长和预算员按图纸精确计算混凝土用量，浇筑时出现误差及时查明原因；严格把控模板、标高控制线、定位线，避免偏差造成浪费；浇筑时施工员、技术员交底到位，现场监督，严格控制混凝土结构标高、平整度、构件尺寸，减少浪费；对现场剩余的混凝土余料加工，制成施工现场使用的预制构件。

④ 木材节约

对方木、脚手板按使用规格定尺进料，3m、4m 等合理搭配使用，减少截木浪费；完善模板配板图，精确计算使用量，按房间编号，固定使用部位，减少模板二次加工损耗；支拆、运输模板时严格按方案执行，提高周转率，顶板模板重复使用不少于 10 次；短木方采取加长处理，用于非承重结构等，废旧方木、板材、模板可用于安全防护设施制作和成品保护。

⑤ 钢材节约

现场使用的钢材通过优化配料单，根据需要采购 9m、12m 不同规格型材，减少搭接、焊接头数量；提高调直、弯曲机械使用功率，减少短头、废料数量；充分利用短、废料制作拉钩、马凳、过梁钢筋，模板定位筋、同条件试块笼及排水沟盖板等，提高利用率；墙、梁、柱、基础主筋采用套筒等连接技术，减少接头损耗。

3）新技术应用及管理节材

① BIM 技术及数字化软件节材

利用 BIM 技术进行机电管道综合排布，系统对碰撞部位自动识别，专业工程师根据软件识别点进行优化调整，现已优化碰撞点 837 处。避免了因管道碰撞造成的材料拆改，进而造成材料的浪费。

② 标准化管理

主体结构施工选择自动提升外架，与悬挑架比，费用低，使用安全系数高；现场临建设施、安全防护设施均定型化、工具化、标准化，周转率高，减少了材料的使用，资源重复使用率较高。

（3）节水及水资源利用实施

1）节水管理

为加强节约用水管理，科学合理的利用水资源，减少水资源浪费，建设节水型项目，我部在施工前，对工程项目的参建各方的节水指标，编制用水定额指标，限定分项工程用水量。

2）节水器具节水

生活区卫生间感应式小便斗使用前冲洗 3s 左右，使用后冲洗 5s 左右，节水效果可达70％左右；感应式水龙头节水效果可达 40％。方便卫生，自动开关，节约水资源。

办公区及施工现场节水器具配置率 100％，并在醒目位置立有节约用水的警示牌，时刻提醒员工和工人节约用水。

现场使用地下水净水设施对地下水进行净化，用于生活和工程使用。通过对水质进行监测，符合工程质量用水标准和生活卫生水质标准。

3）基坑降水利用

现场采用基坑降水及雨水利用技术，在基坑四周设置排水管道，用于基坑内降水收集。将降水及雨水汇集到两级沉淀池，再将沉淀池中的水存储到水箱中用于道路的喷淋降尘及混凝土养护。

（4）节能与能源利用实施

1）用电管理

项目部每月由专人负责用电量统计，同时对每月总用电量及各月用电量所占比例进行分析。对用电异常的及时查找原因，并采取措施加强节电管理。

2）节能设施

① 生活区浴室均采用太阳能热水器，比传统的电热水器能源利用率更高，减少了电能的损耗，降低了成本。

② 生活区、办公区和施工区域 LED 节能照明灯具使用率达 100%，使用寿命长；现场路灯使用太阳能 LED 灯照明，节约电能。

③ 宿舍照明采用 36V 低压，分时段供电，工人使用 USB 充电设施充电，限制了宿舍内大功率电器的使用；现场临时用电使用自动控制装置，节约能源。

④ 工人生活区安装使用了节能热水器，既保证了工人喝上安全健康的热水，又减少了能源的损耗。

⑤ 施工电梯、塔吊进行方案优选，选择节能高效的设备，同时做好管理制度，组织错峰使用，最大限度的节约能源。

（5）节地与土地资源保护实施

1）现场平面布置

结合场地情况，进行现场平面优化。合理布设办公区、生活区、加工区等，在满足基本功能的前提下，最大限度减少占地面积，节约用地。采用永临结合、动态调整的方式进行平面布置。

2）深基坑施工

优化深基坑土方开挖及回填方案，采取护坡桩施工工艺，减少土方开挖和回填量，保护周边自然环境。

3）临建建设

办公区和生活区均采用结构可靠的多层轻钢活动板房，职工宿舍满足 $2m^2$/人的使用要求，减少了临时用地面积，不影响施工人员的工作和生活，符合绿色施工技术标准要求。板房全部设置为双层，更加节约了施工用地。

4）材料进场

钢结构构件均在场外加工后，运至现场直接进行安装；现场使用的混凝土均为预拌商品混凝土，节省了现场加工场地；施工现场的仓库、加工厂全部设置在靠近临时道路位置，减小了运输距离。

5）场地绿化及用地保护

项目停车场采用植草砖，项目部用绿化代替硬化，绿化减少硬化面积；在生活区设置菜园，既改善了员工生活，又对土地起到了绿化和保护的作用。

四、管理效果评价

（一）效益分析

1. 经济效益

项目实施过程中，项目部认真贯彻绿色施工理念，改变和革新现有的施工方式和管理方式，做到全员参与，不断学习，不断创新，将绿色施工渗透到施工活动的各个环节，通过四节一环保的措施，最大限度地减少施工活动对环境的不利影响，践行高效、低耗、环保的理念，实现了经济、环境效益最大化。

2. 社会效益

通过实施绿色施工推广普及低碳绿色建筑，促进了环境保护、节能减排转型发展，提升了集团公司整体形象和管理水平、技术水平及市场竞争力，为我公司在邯郸乃至河北市场的发展起到推动作用。

科技中心项目部弘扬绿色建筑文化，大力发展绿色施工的做法得到了邯郸各界的广泛关注和认可，我项目部被评为"邯郸市绿色施工标杆工程"常有市级、省级领导和主管部门来我工地视察，并给予高度评价。

（二）总结评价

邯郸科技中心项目在绿色施工和绿色建筑方面的探索和努力为我们积累了宝贵的经验，同时我们清楚地认识到绿色施工的重要性及必要性。管理方面，我们总结出以下经验，用于指导今后的绿色建筑创建，详见附表 5-4。

绿色施工管理经验   附表 5-4

序号	管理经验	管理举措
1	事前策划是重点	每一个施工部位、施工程序、施工内容都有节能降耗的潜力和空间，开发、挖掘、创新是关键
2	新技术应用是灵魂	先进技术、方案优化、技术创新是实现绿色施工的核心，也是施工管理人员的智慧和管理能力的体现，大胆采用新技术、新工艺、创新优化一定能够取得意想不到的效益
3	数据资料是工具	绿色施工实施过程中及时对各种数据资料的收集，如电表数据、水表数据、材料损耗数据、各种检测数据等，完整的数据资料是进行绿色施工评价的重要依据，能够正式反映绿色施工管理成效

基于以上管理经验，我们结合实际情况对今后的绿色施工做出如下打算：

（1）加大绿色施工的管理力度，对前期策划项进行总结优化，不断改进。

（2）结合公司手册绿色施工要求，对数据进行总结分析，有效利用采集的数据，总结经验，并按手册要求规范后续绿色施工的管理。

（3）将绿色施工过程检查、评价纳入日常标准化管理，使绿色施工管理成为一种常态。

（4）注重新技术在绿色施工中的合理应用；加大绿色施工新技术的开发与创新工作，用技术创新求效益。

（5）下一施工阶段，针对施工内容，发掘新的绿色施工措施，对策划项进行完善，并有所创新。

5.8 施工项目风险管理

5.8.1 项目风险管理一般规定

在实现企业和项目目标的过程中，会遇到各种不确定性事件，这些事件发生的概率及其影响程度是无法事先预知的，这些事件将对企业和项目目标产生影响，从而影响项目标实现的程度。这种在一定环境下和一定限期内客观存在的、影响目标实现的各种不确定性事件就是风险。风险在项目中普遍存在，它具有以下基本特征：客观性、不确定性、不利性、可变性、相对性。

1. 企业风险管理

企业应建立风险管理制度，明确各层次管理人员的风险管理责任，管理各种不确定因素对项目的影响。

风险管理是社会组织或者个人用以降低风险的消极结果的决策过程，通过风险识别、风险估测、风险评价，并在此基础上选择与优化组合各种风险管理技术，对风险实施有效控制和妥善处理风险所致损失的后果，从而以最小的成本收获最大的安全保障。风险管理含义的具体内容包括：

（1）风险管理的对象是风险。

（2）风险管理的主体可以是任何组织和个人，包括个人、家庭、组织（包括营利性组织和非营利性组织）。

（3）风险管理的过程包括风险识别、风险估测、风险评价、选择风险管理技术和评估风险管理效果等。

（4）风险管理的基本目标是以最小的成本收获最大的安全保障。

（5）风险管理成为一个独立的管理系统，并成为一门新兴学科。

2. 工程项目的风险管理

（1）工程项目风险的含义

工程项目风险，是指影响工程项目目标实现的事先不能确定的内部和外部的因素及其发生的可能性和可能损失。工程项目从可行性研究、立项，到各种分析、规划、设计和施工都是基于未来情况的预测（政治、经济、社会、市场、技术等）。而在实际实施（施工建设）以及项目运行过程中，这些因素都有可能与预测目标有变化，甚至偏离较远，也就不能实现原定目标。

风险按性质可以分为：

1）纯粹风险（Pure Risk）

纯粹风险是只有损失机会而无获利可能的风险。如火灾暴雨、车祸、地震等。一般而言，纯粹风险事件会重复出现，通常其发生的概率服从大数定律，因而较有可能对之进行预测。

2）投机风险（Speculative Risk）

投机风险是既有损失可能又有获利机会的风险。如股票投资、购买期货、经营房地产等的风险。投机风险较为多变和不规则，大数定律常常对它不适用。

在现代工程项目中，风险和机会同在。把风险看作是纯粹的负面的东西，有利于我们专注于防范风险带来的负面效应，但同时有可能使我们忽略风险中蕴藏的机会。把风险纯粹定义为负面的影响还会带来一些技术处理上的困难。因为，某些不确定性的影响往往随着时间的变化游走于正负面之间，或者由于人们目标的改变而改变，当这种变化发生的时候，人为地割裂就会对分析风险造成一定的困难。风险的分析正负面不分开的重要原因在于人们对正负面的考虑往往是结合在一起的，正负面是同一个情形的两个侧面，同一个风险的两面。人们在考虑风险的时候必须同时考虑这两方面的因素。

风险在任何工程项目中都存在。风险会造成工程项目实施的失控现象，如工期延长、成本增加、计划修改等，最终导致工程经济效益降低，甚至项目失败。

在现代工程项目中风险产生的原因有：

1）现代工程项目的特点是规模大、技术新颖、结构复杂、技术标准和质量标准高、持续时间长、与环境接口复杂，导致实施和管理的难度增加。

2）工程的参加单位和协作单位多，即使一个简单的工程就涉及业主、总包、分包、材料供应商、设备供应商、设计单位、监理单位、运输单位、保险公司等十几家甚至几十家。各方面责任界限的划分、权利和义务的定义异常复杂，设计、计划和合同文件等出错和矛盾的可能性加大。

3）由于工程实施时间长，涉及面广，受环境的影响大，如经济条件、社会条件、法律和自然条件的变化等。这些因素常常难以预测，不能控制，但都会妨碍正常实施，造成经济损失。

4）现代建设项目科技含量高，是研究、开发、建设、运行的结合，而不仅仅是传统意义上的建筑工程。项目投资管理、经营管理、资产管理的任务加重，难度加大，要求设计、供应、施工、运营一体化。

5）由于市场竞争激烈和技术更新速度加快，产品从概念到市场的时间缩短。人们面临着必须在短期内完成建设（例如开发新产品）的巨大压力。

6）新的融资方式、承包方式和管理模式不断出现。使工程项目的组织关系、合同关系、实施和运行程序越来越复杂。

7）项目所需资金、承包商、技术、设备、咨询服务的国际化，如国际工程承包、国际投资和合作，增加了项目的风险。

8）项目管理必须服从企业战略，满足用户和相关者的需求。现在企业、投资者、业主、社会各方面对工程项目的期望、要求和干预越来越多。

在我国工程建设项目中，由风险造成的损失是触目惊心的，而且产生的影响是难以在短期内加以消除的。许多工程案例都说明了这个问题。特别在涉外或国际工程承包领域，人们将风险的作用作为项目失败的主要原因之一。

（2）工程项目风险管理

所谓工程项目风险管理是指对工程项目的风险因素进行识别、分析、评估，并制定防范对策等一系列管理过程。组织应建立风险管理制度，明确各层次管理人员的风险管理责任，管理各种不确定因素对项目的影响。

整个工程项目的生命周期可以分为四个阶段，按工程项目的不同阶段，可以分为不同阶段的风险管理。工程项目风险管理是涵盖以下四个阶段的全部的风险管理过程：

1）项目的前期策划阶段风险管理。此阶段从项目策划到立项批准。

2）项目的设计阶段风险管理。这个阶段从批准立项到现场开工。

3）项目的实施阶段风险管理，即项目的施工阶段。这个阶段从现场开工到项目交付。

4）项目的营运阶段风险管理。从项目接收到项目营运到项目结束。

按管理者主体不同，工程项目风险管理又分为：

1）投资者的风险管理。

2）业主的风险管理。

3）项目管理公司（监理公司或咨询公司）的风险管理。

4）项目承包商的风险管理。

5）政府主管部门对项目的风险管理。

（3）工程项目风险管理的目标

工程项目风险管理的目的并不是消灭风险。在工程项目中大多数风险是不可能被项目管理者消灭或杜绝的，而是采取适当的应对措施，减少风险损失和减轻影响范围。一般地，工程项目风险管理目标的确定要满足以下要求：

1）风险管理目标应与项目总体目标的一致。

2）目标应可以实现。

3）目标应明确、具体。

根据上述原则，可以认为，工程项目风险管理的目标就是通过对项目风险的识别，进行综合分析和评价，采取针对性的对策措施，从而实现项目的总体目标。总的来说，工程项目风险管理的最终目标是完成合同要求，获取最大的经济和社会效益。通过风险管理活动，能够预测风险，并采取预防措施，使损失降低，从而使项目目标能够顺利实现。

（4）工程项目风险管理的一般过程

风险管理主要包括：风险识别、风险评估、风险应对和风险控制四个过程。

1）风险识别。确定可能影响项目的风险的种类，即可能有哪些风险发生，并将这些风险的特性整理成文档。决定如何采取和计划一个项目的风险管理活动。

2）风险评估。风险评估通常又可以分为风险估计和风险评价。即对项目风险发生的条件、概率及风险事件对项目的影响风险进行分析，并评估他们对项目目标的影响，按它们对项目目标的影响顺序排列。

3）风险应对。即编制风险应对计划，制定一些程序和技术手段，用来提高实现项目目标的概率和减少负面风险的威胁，或者扩大正面风险的机遇。

4）风险控制。在项目的整个生命期阶段进行风险预警，在风险发生情况下，实施降低负面风险或者扩大正面风险计划，保证对策措施的应用和有效性，监控残余风险，识别新的风险，更新风险计划，以及评估这些工作的有效性等。

5.8.2 风险管理计划

风险管理计划就是制定风险识别、风险分析、风险减缓策略，确定风险管理的职责，为项目的风险管理提供完整的行动纲领。是确定如何在项目中进行风险管理活动，以及制定项目风险管理计划的过程。

风险管理计划是项目计划中的一部分。在项目管理策划时就应该确定项目风险管理计划，以清楚地反映出在项目整个生命周期中，风险识别、风险评估、应对措施、预警和控制如何建立并执行。它为项目风险管理工作提供了一个基准，为控制项目风险，检查项目绩效，发现与既定计划的偏差提供了依据，有助于提升实现项目目标的机会、减少对项目目标的威胁。

1. 项目风险管理计划编制依据

（1）项目范围说明；

（2）招投标文件与工程合同；

（3）项目工作分解结构；

（4）项目管理策划的结果；

（5）组织风险管理制度；

（6）其他相关信息和历史资料。

2. 风险管理计划应包括下列内容

（1）风险管理目标；

（2）风险管理范围；

（3）可使用的风险管理方法、措施、工具和数据；

（4）风险跟踪的要求；

（5）风险管理的责任和权限；

（6）必需的资源和费用预算。

3. 制定风险管理计划应该注意的问题

（1）项目风险管理计划应根据风险变化进行调整，并经过授权人批准后实施

一般来说，编制了风险管理计划后，项目团队往往就认为与风险相关的计划工作已经完成。但是实践告诉我们，风险管理计划帮助我们识别主要风险的重要性超过风险发生后采取措施的制定。并且，风险管理计划不是重在编制，而是重在落实。

（2）对计划的实施情况进行监督和检查

对于风险管理计划的重点在于落实，组织应该安排专门人员负责风险管理计划实施的跟踪监督工作，由于风险具有可变性和阶段性等特点，风险管理人员要对风险管理计划的落实情况进行动态的监督和检查，一旦项目出现新情况新变化，或在计划实施过程中发现了与原计划不匹配，就需要及时调整项目风险管理计划。

4. 风险管理计划编制的方法

（1）确定项目风险管理目标

风险管理计划进行编制之前，首先要先确定项目风险管理的目标。项目总承包合同一旦签订，则项目部的工作任务范围和组织分工也随之确定，此时也要将项目风险管理的总目标和阶段目标确定下来。通常情况下，按照项目风险产生具有阶段性特点和根据工作分解结构分解后的指标量化可以将项目风险管理目标分为以下三种：

1）总体目标。项目风险管理总体目标是构建完善的风险管理组织机构，确立清晰明确的风险策略，制定明确的风险管理职责，建立能够快速反应有效运行的风险管理系统的全面风险管理体系，以使得项目效益价值最大化。

2）阶段目标。根据风险产生具有阶段性的特点，可将风险发展态势分为风险的潜伏、发生和后果三个阶段，同时按照这个划分，可以进一步将风险管理目标细分为四个可行的阶段性目标。第一要尽早识别项目执行中可能出现的各种风险，这是风险潜伏阶段的管理目标；第二是尽力避免风险事件的发生，这也是风险潜伏阶段的管理目标；第三是一旦风险发生，要尽量减少或降低风险造成的损失，这属于风险发生阶段的管理目标；第四是风险发生后，要尽责任总结风险带来的教训，这是风险后果阶段的管理目标。因此从主观角度来说，可以将上述四个阶段简称为"四尽原则"，即尽早、尽力、尽量、尽责。

3）具体目标。在项目执行过程中，工作分解结构完成后，就可以对项目风险管理进行量化的，具体的费用、进度、质量和安全目标分解，以使各项工作协调进行，确保项目的实施过程符合合同要求规定。

（2）设立项目风险管理组织机构

为了项目风险管理活动能够有序有效进行，就需要建立一个结构健全、合理有序、稳固运行的风险管理组织机构。工程项目的组织结构可以多种多样，但大多数公司将于项目管理相对应的风险管理组织作为基本模式。由此看来，风险管理组织形式也可采用职能式组织结构、项目式组织结构、矩阵式组织结构等，而对于 EPC 国际项目，大多采用项目式的组织结构。

（3）确定风险管理计划的编制原则

项目风险管理计划编制要遵行以下原则：

1）编制风险管理计划时，要针对识别出的风险源，编制出可行得当，适用性强、具体可操作的管理措施，确保管理措施的有效性，即可行、适用、有效原则。

2）编制出的管理措施和方案应本着简洁明了，信息沟通渠道流畅，操作手段先进，管理成本节约合理原则进行。

3）编制风险管理计划，尤其是制订管理方案时，要本着控制风险要有主动性的管理思想，如果周围环境变化或出现其他新的问题时，要及时采取应对措施，或者对管理措施在项目全生命周期内进行相应调整。

（4）编制风险管理计划时，要结合有效合理的风险管理组织机构，动员所有项目参与人员力量，采取综合治理原则，合理科学地划分每个人的风险职责，共同建立项目全周期、全方位和风险利益一体化的风险管理体系。

5.8.3　风险识别

风险识别是指风险管理人员在收集资料和调查研究之后，运用各种方法对尚未发生的潜在风险以及客观存在的各种风险进行系统归类和全面识别。它是进行风险管理的第一步。在这个过程中，要全面调查、详细了解和研究项目面临的内部和外部情况，从而了解项目的潜在威胁。风险识别出来后，应针对不同的风险类型进行分析和采取决策措施。风险识别是一个连续的过程，应贯穿在项目实施的全过程，风险也会因条件的变化而不断变化。由于边界条件的变化，旧的风险被处置后，新的风险又可能会出现，并且原来处于弱势的风险因素可能会逐渐转化为风险。

1. 工程项目风险识别

工程项目的建设涉及业主、投资人、承包商、咨询监理、设计、材料供应商等多方参与，他们会面临一些共同风险，而有的风险因素对某一方来说是风险，对另一方来说则不是风险而是机会。

（1）项目管理机构应进行下列风险识别：

1）工程本身条件及约定条件；

2）自然条件与社会条件；

3）市场情况；

4）项目相关方的影响；

5）项目管理团队的能力。

（2）工程风险源及其可能造成的影响

1）费用超支或者节约风险

在施工过程中，由于通货膨胀、环境、新的规定等原因，致使工程施工的实际费用超出原来的预算。或者由于管理优化、技术提升导致了工程成本的节约。

2）工期拖延或者提前风险

在施工过程中，由于设计错误、施工能力差、自然灾害等原因致使项目不能按期建成，或者由于施工优化形成了工期提前的风险。

3）质量风险

在施工过程中，由于原材料、构配件质量不符合要求，技术人员或操作人员水平不高，违反操作规程等原因而产生质量问题。或者由于质量管理改进提升了质量等级的风险。

4）技术风险

在施工项目中采用的技术不成熟，或采用新技术、新设备、新材料、新工艺时未掌握要点致使项目出现质量、工期、成本问题。或者由于技术应用的改进导致了质量、工期、成本的效益提升。

5）自然灾害和意外事故风险

自然灾害风险指由于火灾、暴风雨等一系列自然灾害所造成的损失可能性。意外事故是指由于人们的过失行为或侵权行为给项目带来的损失。

6）财务风险

由于业主经济状况不佳而拖欠工程款致使工程无法顺利进行，或由于意外使项目取得外部贷款发生困难，或已接受的贷款因利率过高而无法偿还。或者由于财务管理的集约化改善了财务水平与财务效益。

2. 识别项目风险应遵循下列程序

（1）收集与风险有关的信息

收集信息应该从两个方面着手：①安全检查记录，项目管理者进行安全检查并记录检查结果；②分析工程资料，包括项目的设计方案、施工技术方案、水文地质资料、人力资源管理资料、财务报表、合同、物料供应资料等。

（2）确定风险因素

风险因素是指引起或增加风险事故发生的机会或扩大损失幅度的条件，是风险事故发生的潜在原因，风险因素引起或增加风险事故。根据性质的不同，风险因素可以分为实质性风险因素、道德风险因素和心理风险因素，实质性风险因素指能引起或增加损失机会与损失程度的物理的或实质性的因素。道德风险因素指能引起或增加损失机会和程度的、个人道德品质问题方面的原因，如不诚实、抢劫企图、纵火索赔图谋等。心理风险因素指能引起或增加损失机会和程度的、人的心理状态方面的原因，如不谨慎、不关心、情绪波动等。其中，道德风险因素和心理风险因素均属人为因素，但道德风险因素偏向于人的故意恶行，而心理风险因素则偏向于人的非故意的疏忽，这两类因素一般是无形的。

（3）编制项目风险识别报告

在风险识别的最后还应该编制项目风险识别报告，对识别结果进行记录。

3. 风险识别的方法

项目经理部应根据工程特点、工程所处的自然社会环境、所掌握的信息资源和其他具体情况，选择定性、定量或定性与定量结合的风险识别方法进行风险识别。

（1）工程风险的定性识别方法有：风险核查表法、风险分解结构法、头脑风暴法、德尔菲法、情景分析法、假设分析法、风险图解技术法、WBS-RBS法、SWOT分析法、专家访谈法等。

（2）工程风险的定量识别方法有：敏感性分析法和挣值法。

（3）风险包括正面风险（机遇）与负面风险（威胁）。

项目经理部在识别风险时，首先建立风险初始清单。在工程风险初始清单基础上，进行施工风险的系统识别，并形成工程风险清单。工程风险清单是指通过风险识别而得到的特定工程风险汇总表。工程风险清单应包括下列内容：

1）工程风险的划分和描述；

2）工程风险发生的原因、时间段、受影响的工程范围；

3）工程风险发生的概率及后果。

当风险识别的深度可以接受时，项目经理部应将下列内容列入工程风险清单：

1）工程风险来源；

2）工程风险管理的成本及收益；

3）残留风险或者效益。

以下简要介绍目前比较常用的风险识别方法：

（1）德尔菲法

该方法又称专家调查法，起源于20世纪40年代。这种预测方法已经在经济、社会、工程技术等到领域中广泛采用。德尔菲法采用匿名发表意见的方式，通过多轮次调查专家对问卷所提问题的看法，最后汇总成专家基本一致的看法，作为预测的结果。这种方法具有广泛的代表性，较为可靠。

采用德尔菲法的重要一环就是制定函询调查表，调查表制定的好坏，直接关系到预测结果的质量。在制定调查表时，应该以封闭型的问句为主，将各种答案列出，由专家根据自己的经验和知识进行选择，在问卷的最后，往往加入几个开放型的问句，让专家充分表述自己的意见和看法。

对于调查表确定的主要风险因素，还可以设计更加详细的风险识别问卷，选择若干专家进行进一步调查，着重调查风险可能发生的时间、影响范围、风险的管理主体等问题。这一类的问卷往往采用开放式的问句，必须选择该领域具有丰富实践经验的专家进行调查，因此，人数不宜过大，由于回答工作量较大，可以由风险管理人员采用面对面提问的方式进行。

（2）头脑风暴法

这是最常用的风险识别方法，它是借助于专家的经验，通过会议，集思广益来获取信息的一种直观的预测和识别方法。这种方法通过与会专家的相互交流和启发，发挥创造性思维，达到相互补充和激发的效应，使预测结果更加准确。它是一种思想产生过程，鼓励提出任何种类的方案设计思想，同时禁止对各种方案的任何批评。

头脑风暴法可以在很短的时间内得出风险管理所需要的结论。在项目实施的过程中，也可以采用这种方法，对以后实施阶段可能出现的风险进行预见性的分析。头脑风暴法是建筑企业进行工程项目风险管理最直接而且行之有效的方法。

（3）面谈法

风险管理者通过和项目相关人员直接进行面谈，收集不同人员对项目风险的认识和建议，了解项目执行过程中的各项活动，这有助于识别那些在常规计划中容易被忽视的风险因素。访谈记录，汇总成项目风险资料。如果需要专家介入，就可以组织专家面谈：

1）准备一系列未解决的问题；

2）提前把问题送到面谈者手中，使之对要面谈的问题有所准备；

3）记录面谈结果，汇总成项目风险清单。

（4）情景分析法

情景分析法是一种假设分析法。首先总结整个项目系统内外的经验和教训，根据项目发展的趋势，预先设计出多种未来的情景；与此同时，结合各种技术、经济和社会影响，对项目风险进行识别和预测。这种方法特别适合于提醒决策者注意某种措施和政策可能引起的风险或不确定性的后果；建议进行风险监视的范围；确定某些关键因素对未来进程的影响；提醒人们注意某种技术的发展会给人们带来的风险。情景分析法是一种适用于对可变因素较多的项目进行风险预测和识别的系统技术，它在假定关键影响因素有可能发生的基础上，构造多种情景、提出多种可能结果，以便采取措施防患于未然。

（5）核查表法

核查表法是建筑工程中常用的分析方法，其优点在于方法简单，易于应用，节约时间。它的应用由两步骤组成：首先，辨识出工程计划周期可能遇到的所有风险，列出风险调查表。其次，利用专家经验，对可能的风险因素的重要性进行评估，综合成整个计划风险。

该方法的优点在于使风险识别的工作变得较为简单，容易掌握；缺点是对单个风险的来源描述不够，没有揭示出风险来源之间的相互依赖关系，对风险重要程度没有特别指出，而且有时不够详尽，容易发生遗漏。

（6）流程图法

流程图是将施工项目的全过程，按其内在的逻辑关系制成流程，针对流程中的关键环节和薄弱环节进行调查和分析，找出风险存在的原因，从中发现潜在的风险威胁，分析风险发生后可能造成的损失和对施工项目全过程的影响。

运用流程图分析，项目人员可以明确的发现项目所面临的风险。但流程图分析仅着重于流程本身，而无法显示发生问题的阶段的损失值或损失发生的概率。

（7）因果分析图

因果分析图又称鱼刺图，它通过带箭头的线，将风险问题与风险因素之间的关系表示出来。因果分析图由若干个枝干组成，枝干分为大枝、中枝和小枝，它们分别代表大大小小不同的风险因素，一般从人、设备、材料、方法和环境等方面进行分析。

（8）工作分解结构（WBS）

1）工作分解结构样板。工作分解结构是由施工项目各部分构成的、面向成果的树形结构，该结构界定并组成了施工项目的全部范围。一个组织过去所实施的项目的工作分解结构常常可以作为新项目的工作分解结构的样板。虽然每个项目都是独一无二的，但是仍有许多施工项目彼此间都存在着某种程度的相似之处。许多应用领域有标准的或半标准的工作分解结构样板，因为在一个组织内的绝大多数项目是属于相同的专业应用领域，如土建工程或设备安装工程，而且一个组织的管理模式是相对稳定的。

2）分解技术。分解就是把项目的可交付成果分解成较小的、更易管理的组成部分，直到可交付成果界定得足够详细，如施工项目可以分解为分项工程、分部工程和单位工程等。分解的步骤如下：

① 识别项目的主要组成部分。

② 确定每一组成部分是否分解得足够详细，以便可以对它进行费用和时间的估算。

③ 确定可交付成果的构成要素。

④ 核对分解是否正确。可以从以下方面来确定：第一，确定低层次的要素对于被分解的要素的完成是充分必要的；第二，确定每个构成要素都被清楚完全的界定；第三，确定对每一个构成要素都已经做了预算及时间安排。

⑤ 工作分解结构图。工作分解结构图就是将项目按照其内在结构或实施过程的顺序进行逐层分解而形成的结构示意图。

4. 项目风险识别报告

项目风险识别报告应由编制人签字确认，并经批准后发布。项目风险识别报告应包括下列内容：

（1）风险源的类型、数量；

（2）风险发生的可能性；

（3）风险可能发生的部位及风险的相关特征。

5.8.4 风险评估

风险评估是在风险识别和量化的基础上，运用概率和数理统计的方法对项目风险发生的概率、项目风险的影响范围、项目风险后果的严重程度和项目风险的发生时间进行估计和评价，确定项目风险水平并明确关键风险，并依照风险通过建立项目风险的系统评价模型，对项目目标的影响程度进行项目风险分级排序的过程。

1. 风险评估的一般规定

（1）项目经理部应根据类似工程风险概率统计资料、工程自身情况及所处环境，基于工程风险清单，对风险发生的可能性进行定性、定量分析。

（2）风险事件发生的概率可分为极高、很高、较高、较低、极低五个等级。采用定量方法估计风险概率时，应综合考虑工程特点及所处环境、企业承受风险的能力和其他因素确定风险事件发生的概率值。

（3）风险事件造成的损失大小、效益成果及其对施工目标的影响程度可分为极大、很大、较大、可接受、可忽略五个等级。应综合考虑工程特点及所处环境、施工目标的影响程度因素确定风险损失值或者效益水平。

（4）当进度拖延、费用超支、质量事故、安全事故、环境影响和其他损失形态不便换算成经济损失时，应对安全、质量、工期、环境、成本和其他影响进行评价。

（5）当工期缩短、利润提升和对工程质量、安全、环境的正面影响不能精准确定时，可依据经验资料或对相关方的感受进行评估。

（6）施工风险等级应包括单项风险等级和整体风险等级两个层面。风险可分为极高、高、中、低、极低五个等级。

（7）对于单项风险等级，应根据不同的风险概率等级和风险损失等级，建立风险矩阵，确定风险等级。

（8）单项风险等级确定后，应根据其对工程整体影响程度，分别赋予权重，综合确定整体风险等级。

（9）风险评估可以采用以下方法：

1）风险事件发生概率的估计方法有：蒙特卡洛模拟法、关键事件法、专家打分法、层次分析法、模糊数学法、敏感性分析法等。

2）风险损失的估计方法有：类决策树法、集值统计法、转换估计法、损失期望值法、模拟仿真法等。

3）当负面风险的风险概率、风险损失均可定量描述时，应按风险概率值与风险损失值的乘积定量确定单项风险等级。正面风险宜以风险概率值为基础、采用定性与定量相结合方法确定单项风险等级。

2. 风险评估的内容

由于识别出来的每一个风险都有发生的规律和特点、影响范围和影响量。因此项目管理机构通常对罗列出来的风险必须作如下分析和评估：

（1）风险发生的可能性分析，是研究风险自身的规律性，通常可用概率表示。既然被视为风险，则它必然在必然事件（概率＝1）和不可能事件（概率＝0）之间。它的发生是不确定的，但有一定的规律性。人们可以通过后面所提及的各种方法研究风险发生的概率。

项目风险事件发生的可能性，即发生的概率，一般可利用已有数据资料分析与统计、主观测验法、专家估计法等方法估算。

（2）风险损失量或效益水平的估计。风险的发生会对项目产生一定的影响，使项目偏离预期的目标，这种影响可以是正面的也可能是负面的。

（3）风险存在和发生的时间分析。即风险可能在项目的哪个阶段、哪个环节上发生。有许多风险有明显的阶段性，有的风险是直接与具体的工程活动（工作包）相联系的。这个分析对风险的预警有很大的作用。

（4）风险事件的级别评定。风险因素非常多，涉及各个方面，但人们并不是对所有的风险都予以十分重视。否则将大大提高管理费用，而且谨小慎微，反过来会干扰正常的决策过程。

1）风险位能的概念。通常对一个具体的风险，它如果发生，则损失为 R_H，发生的可能性为 E_w，则风险的期望值 R_w 为：

$$R_w = R_H \times E_w$$

例如，一种自然环境风险如果发生，则损失达 20 万元，而发生的可能性为 0.1，则损失的期望值 $R_w = 20 \times 0.1 = 2$ 万元。

引用物理学中位能的概念，损失期望值高的，则风险位能高。可以在二维坐标上作等位能线（即损失期望值相等），则任何一个风险可以在图上找到一个表示它位能的点。

2）风险分类：不同的风险位能可分为不同的类别。

A 类：即风险发生的可能性很大，同时一旦发生损失也很大。这类风险常常是风险管理的重点。对它可以着眼于采取措施减小发生的可能性，或减少损失。

B 类：如果发生损失很大，但发生的可能性较小的风险。对它可以着眼于采取措施以减少损失。

C 类：发生的可能性较大，但损失很小的风险。对它可以着眼于采取措施以减小发生的可能性。

D 类：发生的可能性和损失都很小的风险。

有时也可以用其他形式的分类，例如 1 级、2 级、3 级、4 级等，其意义是相同的。

显然，也可以按照上述方法，把正面风险依据其发生的效益水平进行风险分类。

3. 风险估计

风险估计就是估计风险的性质、估算风险事件发生的概率及其后果的大小，以减少项目计量的不确定性。风险估计的对象是项目的各个单个风险，非项目整体风险。风险估计应考虑两个方面：风险事件发生的概率和可能造成的损失。风险事件发生可能性的大小用概率表示，可能的损失则用费用损失或建设工期增加来表示。

（1）风险估计的主要内容

风险估计的首要工作是确定风险事件的概率分布。一般来讲，风险事件的概率分布应当按照历史资料来确定；当项目管理人员没有足够的历史资料来确定风险事件的概率分布时，可以利用理论概率分布进行风险估计。其次是对风险事故后果的估计，要从三个方面来衡量：风险损失的性质、风险损失范围大小和风险损失的时间分布。

1）风险发生的可能性分析是研究风险自身的规律性，通常可用概率表示。既然被视为风险，则它必然在必然事件（概率＝1）和不可能事件（概率＝0）之间。它的发生是不确定的，但有一定的规律性。人们可以通过后面所提及的各种方法研究风险发生的概率。

项目风险事件发生的可能性，即发生的概率，一般可利用已有数据资料分析与统计、主观测验法、专家估计法等方法估算。

2）风险的影响和损失分析。风险的影响是个非常复杂的问题，有的风险影响面较小，有的风险影响面很大，可能引起整个工程的中断或报废。

项目风险损失就是项目风险发生后，将会对工程项目的实施过程和目标的实现产生不利影响，风险损失可能包括：工期损失的估计、费用损失的估计、对工程的质量、功能、使用效果等方面的影响以及对人身保障、安全、健康、环境、法律责任、企业信誉、职业道德等方面的影响。

（2）风险估计的计量标度

对风险估计进行计量是为了取得有关数值或排列顺序。计量使用标识、序数、基数和比率四种标度。

1）标识标度。标识对象或事件，用来区分不同的风险，但不涉及数量。不同的颜色和符号都可以作为标识标度。在尚未充分掌握风险的所有方面或同其他已知风险的关系时，使用标识标度。

2）序数标度。事先确定一个基准，然后按照与这个基准的差距大小将风险排出先后顺序，使之彼此区别开来。利用序数标度还能判断一个风险是大于、等于还是小于另一个风险。但是，序数标度无法判断各风险之间的具体差别大小。将风险分为已知风险、可预测风险和不可预测风险用的就是序数标度。

3）基数标度。使用基数标度不但可以把各个风险彼此区别开来，而且还可以确定他们彼此之间差别的大小。

4）比率标度。不但可以确定他们彼此之间差别的大小，还可以确定一个计量起点。风险发生的概率就是一种比率标度。

（3）风险估计可以采取下列方法

1）根据已有信息和类似项目信息采用主观推断法、专家估计法或会议评审法进行风险发生概率的认定；

2）根据工期损失、费用损失和对工程质量、功能、使用效果的负面影响进行风险损失量的估计；

3）根据工期缩短、利润提升和对工程质量、安全、环境的正面影响进行风险效益水平的估计。

4. 风险评价

企业和项目部应根据风险因素发生的概率、损失量或效益水平，确定风险量并进行分级。风险评价就是对工程项目整体风险，或某一部分、某一阶段风险进行评价，即评价各风险事件的共同作用，风险事件的发生概率（可能性）和引起损失的综合后果对工程项目实施带来的影响。

（1）风险评价的步骤

工程项目风险评价的步骤主要有以下几步：

第一步，确定项目风险评价基准。工程项目风险评价基准就是工程项目主体针对不同的项目风险后果，确定的可接受水平。单个风险和整个风险都要确定评价基准，分别称为单个评价基准和整体评价基准。项目的目标多种多样：时间最短、利润最大、成本最小和风险损失最小等等，这些目标可以进行量化，成为评价基准。

第二步，确定项目风险水平。其中包括单个风险水平和整体风险水平。工程项目整体风险水平是综合了所有风险事件之后确定的。要确定工程项目的整体风险水平，有必要弄清单个风险之间的关系、相互作用以及转化因素对这些相互作用的影响。另外，风险水平的确定方法要和评价基准确定的原则和方法相适应，否则两者就缺乏可比性。

第三步，将工程项目单个风险水平与单个评价基准、整体风险水平与整体评价基准进行比较，进而确定它们是否在可接受的范围之内，进而确定该项目是应该就此止步还是继续进行。

对工程项目中各类风险进行评价，根据它们对项目目标的影响程度，包括风险出现的概率和后果，以确定它们的排序，为考虑风险控制先后和风险应对措施提供依据。表面上看起来不相干的多个风险事件常常是由一个共同的风险因素所造成的。因此，风险评价就是要从工程项目整体出发，弄清各风险事件之间确切的因果关系，这样才能准确估计风险损失，并且制定相应的风险应对计划，在以后的管理中只需消除一个风险因素就可避免多种风险。另外，考虑不同风险之间相互转化的条件，同时还要注意降低风险发生概率和后果估计中的不确定性。必要时根据项目形势的变化重新估计风险发生的概率和可能的后果。

（2）风险评价的方法

风险评价的方法包括定量分析（包含敏感性分析、概率分析、决策树分析、影响图技术、模糊数学法、CIM 模型等）和定性分析（包含幕景分析法、专家调查法、层次分析法等）这两种方法。下面具体介绍决策树法和层次分析法。

1）决策树方法

决策树常常用于不同方案的选择。例如某种产品市场预测，在 10 年中销路好的概率为 0.7，销路不好的概率为 0.3。相关工厂的建设有两个方案：

① 新建大厂需投入 5000 万元，如果销路好每年可获得利润 1500 万元；销路不好，每年亏损 20 万元。

② 新建小厂需投入 2000 万元，如果销路好每年可获得 600 万元的利润；销路不好，每年只可获得 300 万元的利润。

对 A 方案的收益期望为：

$$E_A = 1600 \times 10 \times 0.7 + (-500) \times 10 \times 0.3 - 5000 = 4700 \text{ 万元}$$

对 B 方案的收益期望为：

$$E_B = 600 \times 10 \times 0.7 + 300 \times 10 \times 0.3 - 2000 = 3100 \text{ 万元}$$

由于 A 方案的收益期望比 B 高，所以 A 方案是有利的。

2）层次分析法（AHP）

层次分析法是将决策有关的元素分解成目标、准则、方案等层次，在此基础之上进行定性和定量分析的决策方法。该方法是美国运筹学家匹茨堡大学教授萨蒂于 20 世纪 70 年代初，在为美国国防部研究"根据各个工业部门对国家福利的贡献大小而进行电力分配"课题时，应用网络系统理论和多目标综合评价方法，提出的一种层次权重决策分析方法。这种方法的特点是在对复杂的决策问题的本质、影响因素及其内在关系等进行深入分析的基础上，利用较少的定量信息使决策的思维过程数学化，从而为多目标、多准则或无结构特性的复杂决策问题提供简便的决策方法。尤其适合于对决策结果难于直接准确计量的场合。层次分析法的步骤如下：

① 通过对系统的深刻认识，确定该系统的总目标，弄清规划决策所涉及的范围、所要采取的措施方案和政策、实现目标的准则、策略和各种约束条件等，广泛地收集信息。

② 建立一个多层次的递阶结构，按目标的不同、实现功能的差异，将系统分为几个等级层次。

③ 确定以上递阶结构中相邻层次元素间相关程度。通过构造两两比较判断矩阵及矩阵运算的数学方法，确定对于上一层次的某个元素而言，本层次中与其相关元素的重要性排序—相对权值。

④ 计算各层元素对系统目标的合成权重，进行总排序，以确定递阶结构图中最底层各个元素的总目标中的重要程度。

⑤ 根据分析计算结果，考虑相应的决策。

层次分析法（AHP 法）是对人们主观判断做形式的表达、处理与客观描述，通过判断矩阵计算出相对权重后，要进行判断矩阵的一致性检验，克服两两相比的不足。层次分析法的整个过程体现了人的决策思维的基本特征，即分解、判断与综合，易学易用，而且定性与定量相结合，便于决策者之间彼此沟通，是一种十分有效的系统分析方法，广泛地应用在经济管理规划、能源开发利用与资源分析、城市产业规划、人才预测、交通运输、水资源分析利用等方面。

上述的各种风险评价方法都有各自的优点和缺点，都不是万能的。因此，风险评价的方法必须与使用这种方法的模型和环境相互适应，没有一种方法可以适合于所有的风险分析过程。所以在分析某一风险问题时，应该具体问题具体分析。

（3）风险评价的作用

在建设工程项目风险管理中，项目风险评价是一必不可少的环节，其主要作用表现在：

1）通过风险评价，确定项目风险大小的先后顺序。对工程项目各种风险进行评价，根据它们对项目的影响程度，包括风险出现的概率和后果，以确定它们的排序，为考虑风险控制先后顺序和风险控制措施提供依据。

2）通过风险评价，可以确定各种风险事件间的内在联系。工程项目中各种各样的风险事件，表面上看是互不相关的，当进行详细分析评价后，便会发现某一些风险事件的风险源是相同的或有密切关联的。掌握了风险事件间的内在联系，在以后的风险控制中可以重点控制相同的风险源，消除由此风险源产生风险。

3）通过风险评价，把握风险之间的相互关系，将风险转化为机会。

4）通过风险评价，可以进一步认识已估计的风险发生的概率和引起的损失，降低风险估计过程中的不确定性。当发现原估计和现状出入较大，必要时可根据工程项目进展现状，重新估计风险的概率和可能的后果。

5. 风险评估报告

风险评估后应出具风险评估报告。风险评估报告应由评估人签字确认，并经批准后发布。

风险评估报告应包括下列内容：

（1）各类风险发生的概率；

（2）可能造成的损失量或效益水平、风险等级确定；

（3）风险相关的条件因素。

5.8.5 风险应对

项目风险应对是针对项目的定量风险分析结果，为降低项目风险的负面效应制定风险应对策略和技术手段的过程。

1. 施工项目风险应对的原则

（1）项目经理部应根据风险分析与评估结果，企业风险接受准则及工程实际情况，提出风险应对策略。风险应对策略是项目实施策略的一部分。对重大的风险，要进行专门的策略研究。

（2）不同风险等级宜采用不同的应对策略，同时还要结合企业风险接受准则和工程实际情况，综合多种因素确定。风险接受准则表示在规定的时间内可接受或可管理的风险等级水平分级。风险接受准则直接决定了施工过程各项风险需采取的应对措施。在制定风险应对策略时，必须首先确定企业风险接受准则。

（3）风险应对可从工程报价、合同、汇率、技术等方面采取措施。负面风险可从减少风险发生的概率入手，降低风险造成的损失程度。正面风险可从增加风险发生的概率入手，提升风险形成的成果水平。

（4）负面风险应对策略应包括风险规避、风险减少、风险转移、风险自留方式。正面风险应对策略应包括充分有效的机遇利用与效益提升措施。

（5）不同企业能够承担的损失程度不同，因而各企业应根据自身情况确定具体的损失概率和最大损失程度限额。针对负面风险，超过该概率和限额，则应采取主动放弃或变更工程计划的策略。针对正面风险，则应根据发生的概率与预测的成果采取促进风险发生的策略。

2. 施工项目风险应对策略

（1）风险规避

1）风险规避就是通过回避产生项目风险的有关因素，从而避免项目风险产生的可能性或潜在损失，这是一种常用的处理方法。它侧重于一种消极或放弃和中止。风险回避主要是中断风险来源，使其不发生或遏制其发展。回避风险有两种基本途径，一是拒绝承担风险，二是放弃以前承担的风险。

采取风险规避时应该注意：

① 风险发生的概率较高，且后果较为严重，而组织对该风险有足够的认识时通常采取风险规避的方法。

② 当采用其他应对策略的成本或效益的期望值不理想时，可以采用风险规避。

③ 有些风险无法采用风险规避策略，比如：地震、台风、洪灾等不可抗力造成的风险。

④ 规避了某种风险可能会带来新的风险，应该综合考虑规避措施的有效性。

⑤ 虽然回避风险是一种防范性的措施，但是这也是一种比较消极的方法。因为回避了风险虽然能够避免损失，但是也失去了获取利润的机会。所有的事情都进行回避的话，最终的结果就是企业停滞不前，甚至可能倒退。如果企业家要生存发展，而且还需要回避预测到的风险最好的方法就是采取除了回避之外的方法。

2) 下列情形下，企业应采取主动放弃或变更工程计划的策略规避负面风险：

① 某种特定风险所导致的损失概率和损失程度巨大；

② 采用其他风险应对策略的成本超过其产生的经济收益，而采用负面风险规避策略可使工程受损失的可能性最小。

3) 企业应从工程报价、合同、汇率、技术和其他方面采取有效措施，减少负面风险发生的概率，降低风险造成的损失。

4) 对于无法规避、无法分散的负面风险，企业可通过合同或非合同方式合理转移。

（2）风险转移

风险转移是指组织为避免承担风险损失而将风险损失转嫁给其他组织。有些风险无法通过上述手段进行有效控制，需要通过合同，保险等转移风险，让第三者承担风险。如通过寻找分承包商转移相关风险。

风险转移的具体措施包括下列内容：

1) 工程保险。通过投保建筑工程一切险、安装工程一切险、施工人员意外伤害险和其他险，将工程风险转移给保险公司；

2) 合同转让。工程中标后，因资金安排出现困难和其他原因，可根据有关规定在签约后将合同转让给其他企业；

3) 第三方担保。企业应实施履约担保，同时宜要求建设单位提供第三方付款担保，并应要求分包商提供第三方履约和预付款担保；

4) 工程分包。可根据相关规定将专业技术要求超过自身技术能力的部分工程分包给其他专业承包商。

（3）风险减轻

风险缓解是指通过技术、管理、组织手段，减少风险发生的机会或降低风险的严重性，设法使风险最小化。通常有两种途径：一是风险预防，指采用各种预防措施以减小风险发生的可能；二是减少风险，指在风险损失已经不可避免的情况下，通过各种措施来遏制风险势头继续恶化或限制其扩展范围使其不再蔓延。

（4）风险自留

风险自留又称承担风险，它是一种由项目组织自己承担风险事故所致损失的措施。那些造成损失小、重复性较高的风险是最适合于自留的。因为不是所有的风险都可以转移，或者说，将这些风险都转移是不经济的，对于这些风险就不得不自留。除此之外，在某些情况下，自留一部分风险也是合理的。通常承包商自留风险都是经过认真分析和慎重考虑之后才决定的，因为对于微不足道的风险损失，自留比转移更为有利。

3. 应对正面风险或机遇时采取的策略

人们通常将对项目目标有负面影响的可能发生的事件视为风险，而将对项目目标有正面影响的可能发生的事件视为机会。在工程项目中，风险和机会具有相同的规律性，而且有一定的连带性。抓住正面风险带来的机遇，已经成为项目管理提升自身价值的重要途径。

项目管理部当面对正面风险或机遇时管理者可以采取以下策略：

（1）为确保机会的实现，消除该机会实现的不确定性；

（2）将正面风险的责任分配给最能为组织获取利益机会的一方；

（3）针对正面风险或机会的驱动因素，采取措施提高机遇发生的概率。

4. 风险应对措施

项目管理机构应形成相应的项目风险应对措施并将其纳入风险管理计划。通常的风险应对措施有：

（1）技术措施

如选择有弹性的，抗风险能力强的技术方案，一般不采用新的未经过工程检验的不成熟的施工方案；对地理、地质情况进行详细勘察或鉴定，预先进行技术试验、模拟，准备多套备选方案，采用各种保护措施和安全保障措施。

（2）组织措施

风险管理是承包人各层次管理人员的任务之一，应在项目组织中全面落实风险管理责任，建立风险管理体系。

1）建立风险监控系统，能及时发现风险，及时作出反应。

2）对风险很大的施工项目，加强计划工作，选派最得力的技术和管理人员，特别是项目经理。

3）对已被确认的有重要影响的风险应制定专人负责风险管理，并赋予相应的职责、权限和资源。将风险责任落实到各个组织单元，使大家有风险意识；在资金、材料、设备、人力上对风险大的工程予以保证，在同期项目中提高它优先级别，在实施过程中严密地控制。

4）通过项目任务书、责任证书、合同等分配风险。风险分配应从工程整体效益的角度出发，最大限度地发挥各方的积极性；应体现公平合理，责权利平衡；应符合工程项目的惯例，符合通常的处理方法。

（3）工程保险

工程保险作为风险转移的一种方式，是应对项目风险的一种重要措施。工程保险按保障范围可分为建筑工程一切险、安装工程一切险、人身伤亡保险、第三方责任、机械设备保险、保证保险、职业责任保险。

按实施形式分为自愿保险、强制保险或法定保险。

当风险发生时由保险公司承担（赔偿）损失或部分损失。其前提条件是必须支付一笔保险金，对任何一种保险要注意它的保险范围、赔偿条件、理赔程序、赔偿额度等。工程保险不仅具有防范风险的保障作用，还有利于对建筑工程风险的监管，有利于降低处理事故纠纷的协调成本，并且有利于发挥中介机构的特殊作用，为市场提供良好的竞争环境。

（4）工程担保

这主要针对合作伙伴的资信风险。例如由银行出具投标保函，预付款保函，履约保函，在BOT项目中由政府出具保证。工程担保和工程保险是建设工程管理的有效途径，工程担保和工程保险的推行将大大增强各行为主体的质量安全责任意识，有利于工程交易的优化和工程质量水平的提高，有助于按照市场经济的规则规范工程建设中各种行为，形成有效的风险防范机制。

工程担保与工程保险的不同之处在于：

1）工程担保契约有三方当事人：承包商、业主和保证人，而工程保险只有两方：保险人和被保险人；

2）工程保险所赔偿的只能是由于自然灾害或意外事故引起的，而工程担保的是人为因素，换句话说，其保证的对象是因资金、技术、非自然灾害、非意外事故等原因导致的违约行为，是道德风险；

3）工程担保人向被保证人提供保证担保，可以要求被保证人提供反担保措施，签订反担保合同，一旦保证人因被保证人违约而遭受损失，可以向被保证人追偿，工程保险一旦出现，保险人支付的赔偿只能自己承担，不能向被保险人追偿；

4）被保证人因故不能履行合同时，工程担保人必须采取各种措施，保证被保证人未能履行的合同得以继续履行，提供给权利人合格的产品，而投保人出现意外损失，保险人只需根据投保额度，支付相应的赔款，不再承担其他责任；

5）保证担保费用一般即如工程成本，包含在业主支付工程款中；而强制保险的保险费由业主承担，自愿保险的保险费用由被保险人承担。

（5）风险准备金

风险准备金是从财务的角度为风险做好财务准备。在计划（或合同报价）中额外增加一笔费用。例如在投标报价中，承包商经常根据工程技术、业主的资信、自然环境、合同等方面的风险的大小以及发生可能性（概率）在报价中加上一笔不可预见风险费。

当然风险越大，则风险准备金越高。从理论上说，准备金的数量应与风险损失期望相等，即为风险发生所产生的损失与发生的可能性（概率）之积。但风险准备金存在如下基本矛盾：

1）在工程项目过程中，经济、自然、政治等方面的风险的发生是不可捉摸的。许多风险的发生很突然，规律性难以把握，有时仅5％可能性的风险发生了，而95％可能性的风险却没有发生。

2）风险如果没有发生，风险准备金则造成一种浪费。例如合同风险很大，承包商报出了一笔不可预见风险费，结果风险没有发生，则业主损失了一笔费用。有时项目的风险准备金会在没有风险的情况下被用掉。

3）如果风险发生，这一笔风险金又不足以弥补损失，因为它是仅按一定的折扣（概率）计算的，所以仍然会带来许多问题。

4）准备金的多少是一个管理决策，除了要考虑到理论值的高低外，还应考虑到项目边界条件和项目状态。例如对承包商来说，决定报价中的不可预见风险费，要考虑到竞争者的数量，中标的可能性，项目对组织经营的影响等因素。

如果风险准备金高，报价竞争力降低，中标的可能性很小，即不中标的风险就大。

（6）采取合作方式共同承担风险

任何项目不可能完全由一个组织或部门独立承担，须与其他组织或部门合作。有合作就有风险的分担。但不同的合作方式，风险不一样，各方的责权利关系不一样，例如借贷、租赁业务、分包、承包、合伙承包、联营和 BOT 项目，它们有不同的合作紧密程度，有不同的风险分担方式，则有不同的利益分享。因此，应该寻找抗风险能力强的可靠的有信誉的合作伙伴。双方合作越紧密，则要求合作者越可靠。例如合资者为政府、大的可靠的信誉良好的公司、金融集团等，则双方结合后，项目的抗风险能力会大大增强。

在许多情况下通过合同排除（推卸）风险是最重要的手段。合同中可规定风险分担的责任及谁对风险负责。例如对承包商要减少风险，在承包合同中要明确规定：

1）业主的风险责任及哪些不利情况应由业主负责；

2）承包商的索赔权利，即要求调整工期和价格的权力；

3）工程付款方式、付款期，以及对业主不付款的处置权力；

4）对业主违约行为的处理权力；

5）承包商权力的保护性条款；

6）采用符合惯例的通用的合同条件；

7）应该注意仲裁地点和适用法律的选择。

在现代工程项目中越来越多地采用多领域、多地域、多项目的投资以分散风险。因为理论和实践都证明：多项目投资，当多个项目的风险之间不相关时，其总风险最小，所以抗风险能力最强。这是目前许多国际投资公司的经营手段，通过参股、合资、合作，既扩大了投资面，扩大了经营范围，扩大了资本的效用，能够进行独自不能承担的项目，同时又能与许多组织共同承担风险，进而降低了总经营风险。

5. 风险应急计划

（1）对于在可接受的水平范围内或无法规避、分散、减少和转移的负面风险，企业应有针对性地制定应急计划。

应急计划应包括下列内容：

1）风险及风险概率、风险等级；

2）风险发生的征兆和预警信号；

3）风险责任主体及其管理职责；

4）风险预防措施及发生时的应急措施；

5）实施应急措施的预算费用和时间；

6）残留风险及次生风险的处理方法。

（2）对于正面风险，企业可采用消除该机会发生的不确定性、将正面风险的责任分配给最能为企业获得利益机会的一方、提高机遇发生的概率和其他方法，确保项目效益的持续提升。

5.8.6 风险监控

项目风险监控就是跟踪已识别的风险，监视剩余风险和识别新的风险，保证风险计划的执行，并评估消减风险的有效性。

风险监控是建立在项目风险的阶段性、渐进性和可控性基础上的一种管理工作。通过对项目风险的识别和分析，以及对风险信息的收集，并且对可能出现的潜在风险因素进行监控，跟踪风险因素的变动趋势，就可以采取正确的风险应对措施，从而实现对项目风险的有效控制。

在工程实施过程，企业应跟踪已识别的风险，预测已识别风险的变化趋势，并应识别和评估新出现的风险。

在工程监督过程，企业和项目部应监测风险应对策略的实施效果，并应根据工程风险的变化趋势及新出现的风险细化或调整风险应对策略。

1. 风险预警

企业应收集和分析与项目风险相关的各种信息，获取风险信号，预测未来的风险并提出预警，预警应纳入项目进展报告，采用下列方法：

（1）通过工期检查、成本跟踪分析、合同履行情况监督、质量监控措施、现场情况报告、定期例会，全面了解工程风险。

（2）对新的环境条件、实施状况和变更，预测风险，修订风险应对措施，持续评价项目风险管理的有效性。

2. 风险监控的内容

企业应对可能出现的潜在风险因素进行监控，跟踪风险因素的变动趋势。工程项目风险监控的内容包括：

（1）风险应对措施是否按计划正在实施。

（2）风险应对措施是否如预期的那样有效，是否需要制定新的应对方案。

（3）对工程项目建设环境的预期分析，以及对项目整体目标实现可能性的预期分析是否依然成立。

（4）风险的发生情况与预期的状况相比是否发生了变化。

（5）识别到的风险哪些已发生，哪些正在发生，哪些可能在后面发生。

（6）是否处出现了以新的风险因素为核心的风险事件，它们是如何发展变化的。

3. 工程项目风险的控制措施

企业应采取措施控制风险的影响，降低损失，提高效益，防止负面风险的蔓延，确保工程的顺利实施。工程项目的风险控制措施如下：

（1）权变措施

风险控制的权变措施，即未事先计划或考虑到的应对风险的措施。建设工程项目是一个开放性的系统，建设环境较为复杂，有许多风险因素在风险计划时考虑不到，或对其没有充分认识，因此应对措施可能考虑不足，而在风险监控中才发现了某些风险的严重性或是别出一些新的风险。针对这种情况，就要求能随时应变，提出应急应对措施，并把这些措施项目风险应对计划之中。

（2）纠正措施

纠正措施就是使项目未来预计绩效与原定计划不一致所作的变更。在项目风险监控过程中，一旦发现工程项目列入控制的风险进一步扩展或出现了新的风险，则应对项目风险作深入分析的估计，并在找出引发风险事件影响因素的基础上，即时采取纠正措施。

（3）项目变更申请

项目变更申请就是提出改变工程项目的范围、改变工程设计、改变项目实施方案、改变项目环境、改变工程项目费用和进度安排的申请。

（4）风险应对计划更新

建设工程项目实施的开发环境是在随时发生变化的，在风险监控的基础上，有必要对项目的各种风险重新进行评估，将项目风险的重要次序重新排列，风险的应对计划相应也要进行更新，以使风险得到有效全面的控制。

4. 工程项目风险监控方法

工程项目控制的三大目标进度、质量和费用是风险监控的主要对象，对不同的目标应采用不同的监控方法；对同一目标也应分层次，采取适当的方法分别进行监控。风险监控的常用方法如下：

（1）工程项目进度风险监控方法

1）横道图法

横道图法，是把在项目施工中检查实际进度收集的信息，经整理后直接用横道线并列标于原计划的横道线处，进行直观比较的方法。通过比较，为进度控制者提供了实际施工进度与计划进度之间的偏差，为采取调整措施提供了明确的任务。这是人们施工中进行施工项目进度控制经常用的一种最简单、熟悉的方法。利用横道图进行进度控制时，可将每天、每周或每月实际进度情况定期记录在横道图上，用以直观地比较计划进度与实际进度，检查实际执行的进度是超前、落后，还是按计划进行。

2）前锋线法

前锋线又称为实际进度前锋线，它是在网络计划执行中的某一时刻正在进行的各个活动的实际进度前锋的连线。前锋线一般是在时间坐标网络上标示的，从时间坐标轴开始，自上而下依次连接各线路的实际进度前锋，即形成一条波折线，这条波折线就是前锋线。实际进度前锋线的功能包括两个方面：分析当前进度和预测未来的进度风险。

（2）工程项目质量风险监控方法

对建设工程项目质量风险的监控主要在项目施工阶段，对其监控分为施工过程和工程产品两个层面。主要的控制方法采用控制图。控制图也称作管理图，它既可以用来分析施工工序是否正常、工序质量是否存在风险，也可以用来分析工程产品是否存在质量风险。控制图一般有三条基本线，上控制线（UCL）为指标控制上限，下控制线（LCL）为指标控制下限，中心线（CL）为指标平均值。把控制对象发出的反映质量状态的质量特性值用途中某一相应点来表示，将连续打出的点子顺次连接起来，形成表示质量波动的折线，即为控制图图形。根据质量特性数据点子是否在上下控制界限内和质量数据间的排列位置来分析建设工程项目质量风险。

（3）建设工程项目费用风险监控方法

费用风险监控可采用横道图法和挣值法，横道图的使用方法如上述，而挣值法又称为赢得值法或偏差分析法。挣值分析法是在工程项目实施中使用较多的一种方法，是对项目进度和费用进行综合控制的一种有效方法。该方法的核心是将项目在任一时间的计划指标，完成状况和资源耗费综合度量，将进度转化为货币，或人工时，工程量。它的价值在于将项目的进度和费用综合度量，从而能准确描述项目的进展状态。挣值法的另一个重要优点是可以预测项目可能发生的工期滞后量和费用超支量，从而及时采取纠正措施，为项目管理和控制提供了有效手段。

6 施 工 收 尾

6.1 一般规定

6.1.1 施工收尾概念

施工收尾是施工管理的最后阶段，自工程已实质上完工，通过项目内部验收，或工程主体全部完工，施工累计进度达到工程总量的 95％ 以上之日起，至项目经理部满足终结条件并解散。施工收尾包括项目收尾计划、竣工验收、工程价款结算、工程移交、缺陷责任期与工程保修、项目管理总结和项目管理绩效评价。

施工收尾管理是建设工程施工项目管理系统中一个规律性、阶段性、综合性很强的管理，且是各项专业管理内容、方法、要求的总和。所谓规律性，是指收尾管理应按照项目管理内在规律和工程项目专业特点，始终做好项目科学化管理；所谓阶段性，是指收尾管理应按照项目管理对收尾阶段控制目标的约束，有效实行项目程序化管理；所谓综合性，是指收尾管理应按照项目管理系统论和专业化对项目的要求，切实加强项目系统化管理。

企业应建立项目收尾管理制度，构建项目收尾管理保证体系，明确项目收尾管理的职责和工作程序。项目收尾保证体系是指为实现收尾管理目标，实施项目收尾工作的组织机构、职责、管理流程、方法、资源等的有机整体。项目经理部可根据需求成立收尾工作小组，成员宜包括项目经理、生产副经理、技术负责人、施工、质检、合同管理员和其他相关人员（可包括安全员、试验员、材料员、仓库保管员等）。

项目收尾工作流程应包括下列内容：

（1）编制项目收尾计划。

（2）实施项目竣工验收。

（3）进行项目竣工结算。

（4）关闭项目合同。

（5）完成项目管理总结。

（6）其他。

此外，企业应对项目收尾相关业务进行指导和管理，组织对施工管理进行绩效评价；并应根据项目管理制度及合同约定，在规定时间内完成项目解体工作。

6.1.2 施工收尾管理要求

项目收尾阶段的工作内容多，应制订涵盖各项工作的计划，并提出要求将其纳入项目管理体系进行运行控制。工程项目收尾阶段各项管理工作应符合以下要求：

（1）项目收尾计划。编制项目收尾计划是收尾阶段的一项重要基础工作，项目经理应组织编制项目收尾计划，必要时，项目收尾计划应征得建设单位、发包方或监理单位批准后实施。收尾计划应包括剩余工程完成责任人和时限、竣工资料完成责任人和时限、竣工结算资料完成责任人和时限、项目收尾费用计划、工程竣工验收计划等内容。

（2）竣工验收。工程项目竣工收尾工作内容按计划完成后，除了承包人的自检评定外，应及时地向发包人递交竣工工程申请验收报告，实行建设监理的项目，监理人还应当签署工程竣工审查意见。发包人应按竣工验收法规向参与项目各方发出竣工验收通知单，组织进行项目竣工验收。

（3）工程价款结算。企业应根据需求制定项目结算管理制度和结算管理绩效评价制度，明确负责项目工程价款结算管理工作的主管部门，实施施工总承包项目和分包项目的价款结算活动，对工程项目全过程造价进行监督与管控，并负责下列结算管理相关事宜的协调与处理。

（4）工程移交。收到工程竣工结算价款后，承包方应向发包方办理工程实体和工程档案资料移交。实行工程总承包的，专业分包单位宜将竣工资料上交总承包单位，由总承包单位统一上交发包方。

（5）缺陷责任期与工程保修。企业应制定工程缺陷责任期管理制度和工程质量保修制度。缺陷责任期内，企业应承担质量保修责任；责任期届满后，回收质量保证金，实施相关服务工作。

（6）项目管理总结。工程项目结束后，应对工程项目管理的运行情况进行全面总结。工程项目管理总结是项目相关方对项目实施效果从不同角度进行的评价和总结。通过定量指标和定性指标的分析、比较，从不同的管理范围总结项目管理经验，找出差距，提出改进处理意见。

（7）项目管理绩效评价。企业应建立项目管理绩效评价标准，按规定程序和方式对项目经理部实施绩效评价。

6.1.3 施工收尾情况报告

项目进入收尾阶段后，项目经理部应向企业提交项目收尾情况报告，说明项目实施情况、目前状态、剩余工程量及其他工作。企业应组织评审项目收尾情况报告，对进入收尾阶段的项目宜下发项目收尾通知书及收尾工作人员名单。

项目经理部编制的项目收尾情况报告宜包括下列内容：

（1）项目基本情况。

（2）项目实施状态：

1）项目实施情况及目前状态（是否已初验或是竣工交验）；

2）剩余工作介绍（对工程量及预计完成并达到交验状态需要时间进行说明）。

（3）目前项目材料、机具设备（含办公设备）等情况。

（4）收尾人员基本情况（含工作责任分工、办公地址及联系方式等）。

（5）项目内业资料情况（需进行详细说明，包括验工资料、竣工资料的编制、报送以及人员分工，完成资料的时间节点安排等）。

（6）项目验收情况（需对验收存在问题进行详述，同时对清算索赔、未定索赔增收事项、剩余未完成工作量预计成本进行说明）。

（7）项目财务状况及经营成果情况（包括资金累计收入、使用以及与预算合同收入确定差异说明）。

（8）项目的债权、债务情况。

（9）遗留问题处理情况（含合同纠纷、委外合同执行、劳务承包遗留问题情况等）。

（10）安全质量状况及预期获得各种奖项情况。

（11）风险预测及对策措施。

（12）项目需企业解决的其他事项。

6.2 项目收尾计划

6.2.1 项目收尾工作

项目竣工验收前的分项验收内容多，如消防、电梯、强配电、供水、环保、电梯、绿化等，这些验收是要由相关政府部门来进行的，因此项目要提前进入收尾状态，正常情况下要在计划项目竣工验收前 3 至 4 个月进入收尾阶段。

收尾工作包括三大项：实体收尾、资料收尾、工程量确认。

1. 收尾前要进行工程完成状态摸底

在确定了收尾阶段起始日后，在起始日前一周要对工程完成的状态进行全面地摸底，查清楚有哪些项目没有完成，有哪些小项还没有开始，有哪些项目做错了要进行变更，有哪些严重的施工质量缺陷。

2. 收尾工程状态摸底应包括以下内容：

1）工程分部分项的完成情况，按承包单位甚至班组进行分类归纳。

2）已完成的分部分项工程的成品保护和运行状态。

3）是否存在完全没开工的分部分项。

4）没完成、没开工的分部分项的原因。是否材料采购困难、材料不足？是否专业工种工人缺乏、劳动力不足？是否特种设备、配件不足？是否特种施工工具或机械缺乏？

5）不要忽视小项目，如车库门、门锁、路牙石、门牌安装等。一些小项目由于特种工人不好找，影响后续工序，所以不能忽视。

6）不要小看现场清理，这也是一个重要项目，而且在清理后要设法维持整洁状态。

7）各种边角部位的收口。在统计未收口的同时，要弄清楚未收口的原因，如还有项目没完成收不了口、单纯是收口没做、分包单位做不了如弱电燃气管穿墙板管洞的封堵、施工合同的空白地带、交叉地带或扯皮地带等。

3. 制订消项收尾工作计划

制订收尾工作计划要注意在收尾工作与裂缝、渗漏等工作区别开来，即便是同时进行也要以完成工程内容优先。收尾计划要采取消项计划的方式，按单元、按部位、按楼栋一项一项地规定完成时间，完成一项消除一项。

4. 专人跟踪

将收尾工作计划任务进行分工，派专人盯着和督促。

5. 做好工程资料和工程量确认

工程资料在交工前是必须完成的，工程量确认有利于提高和保证工人的工作积极性。

加快竣工资料收集，提早收尾时间。快速系统地完成竣工资料的收集整理对缩短项目收尾时间，减少项目费用至关重要。对资料收集整理应明确节点目标和奖惩措施。在资料收集过程中，及时与资料接收单位、业主、设计、监理等相关单位沟通，明确竣工资料的具体要求。同时根据竣工资料的要求，建立项目竣工文件资料清单，明确相关责任人员。

6.2.2 项目收尾计划的编制

项目收尾是项目结束阶段管理工作的关键环节，项目经理应组织编制详细的项目收尾计划，对项目人员、物资设备、工程结算、债权债务、竣工文件编制、项目风险、后期经营等进行明确，并对工作进行早计划、早布置、早安排，明确各部门收尾工作的内容，按时间节点层层分解目标，落实责任到人，锁定好完成时间，采取有效措施逐项落实，保证按期完成。

1. 工程项目竣工计划的编制应按以下程序：

（1）制订项目收尾计划。项目收尾应详细整理项目竣工收尾的工程内容，列出清单，做到安排的收尾计划有切实可靠的依据。

（2）审核项目收尾计划，项目经理应全面掌握项目竣工收尾条件，认真审核项目收尾内容，做到安排的收尾计划有具体可行的措施。

（3）批准项目收尾计划。主管部门应调查核实项目收尾情况，按照报批程序执行，做到安排的收尾计划有目标可控的保证。

2. 项目收尾计划应包括下列内容：

（1）剩余工程完成责任人和时限

项目收尾过程中，由于项目管理人员更换频繁，管理层对剩余工程量没有整体认识，缺乏总体管理思路，容易出现发现一项就施工一项的现象，造成人员窝工、机械设备闲置、材料浪费、劳务队伍反复进退场等，引起项目经济效益的流失。梳理剩余工作量，项目经理要组织各专业人员对剩余工作进行整理和核实，掌握作业环境情况，明确管理人员责任，落实剩余工程完成责任人和时限，并组织安全技术交底。

（2）竣工资料完成责任人和时限

加快竣工资料收集，明确竣工资料完成责任人，明确竣工资料的具体要求，明确竣工资料完成时间节点和奖惩措施。

对于工程变化较大的一定要重新绘制竣工图，对结构件和门窗重新编号。竣工图绘制后要盖竣工图章。

设计变更通知必须是由原设计单位下达的，必须要有设计人员的签名和设计单位的印章。

（3）竣工结算资料完成责任人和时限

明确竣工结算资料完成责任人和完成时间。应按合同约定和工程价款结算的规定，及时编制并向发包人递交项目竣工结算报告及完整的结算资料，经双方确认后，按有关规定办理项目竣工结算。

（4）项目收尾费用计划

收尾工程项目费用主要包括：项目部原有人员（不包括项目进入收尾调出人员）工资、差旅费（含项目小车费用）、设备折旧、漏进成本、工程补修费用、竣工资料整理费用、审计及竣验费用等。

（5）工程竣工验收计划

制订工程竣工验收计划，做好验收前的各项准备工作，及时提出书面验收申请，严格按照验收计划确定的时间组织验收。

（6）债权债务处理安排

项目收尾阶段，项目经理必须对项目所产生的债权债务进行彻底清理，核算剩余工程债权债务净额，清理各类押金、保证金科目，减少资金占用和长期挂账，清理收尾项目备用金，核对劳务队、供应商的应付账款，确认债权债务处理计划。

（7）项目人员安置

人员管理根据现场施工、经营工作及收尾工作需要，对收尾阶段的人员需求做统一规划，提前布置，制订各项工作计划，对员工进行阶段性考核。对于关键岗位人员，必须保证人员的稳定，确保工作的连续性。

（8）物资设备处置

收尾项目所属物资设备，要注意保管维护，明确物资设备处置方案，能使用的要充分利用，调剂到新的工程项目或退回租赁站统一管理。对于不能再使用的物资设备按相关管理办法妥善处理。

（9）施工遗留问题及纠纷处理

针对施工遗留问题、合同纠纷、工程索赔事宜等，提出项目处理意见及要求公司和办事处需要处理的事宜。

（10）组织项目管理总结

项目收尾阶段，应对工程项目管理的运行情况进行全面总结，对项目实施效果从不同角度进行的评价和总结。通过定量指标和定性指标的分析、比较，从不同的管理范围总结项目管理经验，找出差距，提出改进处理意见。

（11）其他

公司要求的其他项目资料：如影像资料、图纸等。

6.2.3　项目收尾组织

项目经理应按计划要求，及时组织实施项目竣工收尾工作，及时与相关方沟通，协助项目业主进行项目验收。

项目竣工收尾阶段，项目经理和技术负责人应定期和不定期地对项目竣工计划进行反复的检查。有关施工、质量、安全、材料、内业等技术、管理人员要积极协作配合，对列入计划的收尾、修补、成品保护、资料整理、场地清扫等内容，要按分工原则逐项检查核对，做到完工一项、验证一项、消除一项，不给竣工收尾留下遗憾。

项目竣工计划的检查应依据法律、行政法规和强制性标准的规定严格进行，发现偏差要及时进行调整、纠偏，发现问题要强制执行整理。

项目竣工验收之前，项目须符合下列条件：全部收尾工作计划项目已经完成，符合工程竣工报验条件；工程质量自检合格，各种检查记录齐全；设备安装经过试车、调试，具备单机试运行要求；建筑物四周规定距离以内的工地达到工完、料净、场清；工程技术经济文件收集、整理齐全等。

项目经理部完成项目竣工计划，并确认达到竣工条件后，应按规定向所在企业报告，进行项目竣工自检验收，填写工程质量竣工验收记录、质量控制资料核查记录、工程质量观感记录表，并对工程施工质量做出合格结论。

6.2.4　项目收尾管理

1. 梳理剩余工程

在项目收尾过程中，遗留工作大多是零碎、分散、工程量不多的工程项目，往往不被重视，管理层对剩余工程量没有整体认识，缺乏总体管理思路，容易出现发现一项就施工一项的现象，造成人员窝工、机械设备闲置、材料浪费、劳务队伍反复进退场等，引起项目经济效益的流失。

对于收尾阶段，项目管理人员要对本项目的施工图纸、施工过程中出现的变更设计、项目既有的人材机资源、已完工程量、未完工程量等进行统一梳理，编制收尾阶段施工计划，要充分考虑项目的既有劳动力资源、机械设备的配置，剩余材料等因素，减少劳动队伍的进场次数，同时考虑业主对完工日期的总体要求。要把收尾阶段施工计划的内容层层落实，全面交底，组织相关人员定期和不定期地对施工任务的完成情况进行检查，建立工程项目动态管理台账，防止施工过程出现遗漏。

2. 清查完善现场工作

项目经理部应对现场进行全面排查，将未完善问题全部详细罗列出来。然后，由项目经理部制订出完善施工计划，组织协调相关单位按计划完成。由于收尾阶段未完善的工作往往是以前的遗留问题和各分包单位推诿的问题，且多为零星琐碎工作，实施难度较大，因此组织协调难度相应较大，但此时必须具有全局意识，努力做好相关单位的思想工作，使各单位按照项目部统一安排完成收尾工作。同时项目经理部还应有一只施工后备力量，若分包单位拒绝或拖延项目部安排的工作，项目部应当机立断，立即组织后备施工队进行施工，并将费用从责任单位扣除。

3. 合理安排项目资源

往往因工程临近结束，收尾项目人员、材料等资源闲置问题会十分突出。如何合理安排人员和材料设备，利用好收尾项目现有的各项资源，合理控制好收尾管理成本，加强收尾项目进展，确保项目既有效益不流失，力争效益最大化是做好收尾项目的关键。

（1）管好现场管理人员

在项目收尾阶段，有的职工因工作完成需要调离，有的职工因项目结尾疏于管理，很多情况下造成了项目管理的混乱，效率低下，收尾工作推进不顺利。项目部应定期召开碰头会议，实行人员集中管理制度等方法，加强项目收尾阶段的人员管理，合理安排现场管理人员，加强劳动纪律建设，制定各项工作计划，对职工进行阶段性考核，做到责权利明确，充分调动职工的积极性。

（2）清理项目剩余资料

项目部材料管理部门在收尾阶段对剩余材料进行详细盘点，对现场材料要及时收集，统一入库，并建立入库登记手续，防止丢失。同时根据施工收尾阶段施工方案确定剩余材料，做到工完料尽，避免浪费。对于废旧物资统一由所属公司监管，进行公开招标处理，增加项目收益。

（3）协调与劳务队关系

收尾阶段及时理清与劳务队债务关系，完善合同，做好结算。保证好劳务队伍稳定，通过扣缴一定比例的质保金，保证好劳务队伍对剩余工程的完成，使项目最终验收。同时按程序办事，避免出现群体事件，给企业形象造成不良的影响。

4. 保障工程质量安全

（1）工程质量是项目管理的根本，应始终把收尾项目质量放在首位，严把质量关，杜绝返工、减少缺陷整修，确保实体质量一次达标。在具体项目管理过程中，项目部通过组织收尾项目加强质量检查力度，检查落实好各项作业规范，对每道工序严格交验等措施，严把质量关，做好管理关，严抓善管，切实杜绝任何质量事故。

（2）保证施工安全。如果没有安全的保障，质量就无从谈起。项目部应定期召开安全生产会议，提醒收尾阶段安全生产工作，增强项目职工安全意识，做好安全施工，杜绝安全事故。通过加强巡检维护，营造安全人人讲人人抓的良好氛围，确保了后续收尾工作安全高效、有序地进行。同时，项目安全生产监督部门应及时排查不稳定因素，发现问题及时整改落实，做到收尾工作稳中有进，确保项目收尾工作的稳定。

5. 制定消缺计划

项目部根据制定的消缺计划按期完成缺陷整修，按照顺序一项一项地规定完成时间，完成一项消除一项，为工程实体移交做好准备。制订消缺工作计划要以完成工程内容优先，注意把收尾工作与补漏等工作区别开来。

6. 加强成品保护及设备管理工作

（1）加强成品保护工作。由于收尾阶段大部分工作已实施完，在进行收尾时应特别重视成本保护工作。例如：在成品地砖、地板、地胶上用梯子施工必须对梯子脚进行包裹，防止在地砖上留下划痕；栏杆安装时材料和墙面接触时应有软质保护层，防止墙面尤其是阳角损坏；玻璃临时堆放应远离通道；楼梯间垃圾杂物必须及时清理，以防掉落伤人或损坏材料等。同时现场应保持清洁，并有人维护。

（2）加强设备管理工作。收尾阶段很多设备已具备使用功能，但在实践过程中，经常出现由设备使用不当或管理不当造成的人员伤亡或设备损坏。例如：用正式电梯运送材料时，由于无人管理造成电梯的损坏；屋面水箱或消防水管漏水造成墙面、地面被浸泡；机房未封闭，设备被破坏等。应对设备所属分包单位加强教育，明确责任。

7. 认真准备各项验收，做好移交工作

工程接近尾声，项目经理部应熟悉各项专项验收工作，为各项专项验收做好准备工作，积极推进并协助业主进行综合验收。对有条件验收的项目应完成一项验收一项，验收一项移交一项。因为移交以后，可以减少己方费用，尽早进入缺陷责任期，尽早转移责任给业主，也利于尽早结算工程款和质量保证金。

另一方面项目部还应做好自有物资向公司的移交工作。此阶段项目上还有部分剩余材料和空闲物资，项目部应对剩余材料和空闲物资进行清查，无法使用的剩余材料应报公司批准后进行处理，空闲物资应形成清单，向公司进行移交，若空闲物资残值较低，也可报公司批准后进行处理，减少物资物品因收尾阶段缺乏专人管理而造成损失。

8. 做好工程保修阶段的管理

项目完工后，应积极做好回访并制订回访内容、形式及计划。在工程项目保修阶段，如果有工程质量的项目相关事宜，应组织项目原有主要负责人、各相关主管部门参加解决。

9. 加强结算工作管理

项目经理部应加强对业主、设计、监理的沟通协调工作，整理好竣工资料，检查资料是否存在漏洞和不足，完善变更索赔资料，及时对需要签字的手续进行完备，将材料调差工作与清概同步进行，及时验工计价，加快资金回收，缓解项目收尾阶段费用只出不进，资金紧张的矛盾。

6.3 竣工验收

项目竣工验收指建设工程项目竣工后开发建设单位会同设计、施工、设备供应单位及工程质量监督部门,对该项目是否符合规划设计要求以及建筑施工和设备安装质量进行全面检验,取得竣工合格资料、数据和凭证。应该指出的是,竣工验收是建立在分阶段验收的基础之上,前面已经完成验收的工程项目一般在房屋竣工验收时就不再重新验收。

建设项目的竣工验收主要由建设单位负责组织和进行现场检查、收集与整理资料,设计、施工、设备制造单位有提供有关资料及竣工图纸的责任。

竣工验收是全面考核建设工作,检查是否符合设计要求和工程质量的重要环节,对促进建设项目(工程)及时投产,发挥投资效果,总结建设经验有重要作用。

6.3.1 项目竣工验收的依据

项目竣工验收的依据包括以下几方面:

(1) 上级主管部门对该项目批准的各种文件;

(2) 可行性研究报告、初步设计文件及批复文件;

(3) 施工图设计文件及设计变更洽商记录;

(4) 国家颁布的各种标准和现行的施工质量验收规范;

(5) 工程承包合同文件;

(6) 技术设备说明书;

(7) 关于工程竣工验收的其他规定;

(8) 从国外引进的新技术和成套设备的项目,以及中外合资建设项目,要按照签订的合同和进口国提供的设计文件等进行验收;

(9) 利用世界银行等国际金融机构贷款的建设项目,应按世界银行规定,按时编制《项目完成报告》。

6.3.2 项目竣工验收的条件

建设单位在收到施工单位提交的工程竣工报告,并具备以下条件后,方可组织勘察、设计、施工、监理等单位有关人员进行竣工验收:

(1) 完成了工程设计和合同约定的各项内容。

(2) 施工单位对竣工工程质量进行了检查,确认工程质量符合有关法律、法规和工程建设强制性标准,符合设计文件及合同要求,并提出工程竣工报告。该报告应经总监理工程师(针对委托监理的项目)、项目经理和施工单位有关负责人审核签字。

(3) 有完整的技术档案和施工管理资料。

(4) 建设行政主管部门及委托的工程质量监督机构等有关部门责令整改的问题全部整改完毕。

(5) 对于委托监理的工程项目,具有完整的监理资料,监理单位提出工程质量评估报告,该报告应经总监理工程师和监理单位有关负责人审核签字。未委托监理的工程项目,工程质量评估报告由建设单位完成。

(6) 勘察、设计单位对勘察、设计文件及施工过程中由设计单位签署的设计变更通知书进行检查,并提出质量检查报告。该报告应经该项目勘察、设计负责人和各自单位有关负责人审核签字。

（7）有规划、消防、环保等部门出具的验收认可文件。

（8）有建设单位与施工单位签署的工程质量保修书。

6.3.3 项目竣工验收标准

1. 建筑施工项目的竣工验收标准有三种情况：

（1）生产性或科研性建筑施工项目验收标准：土建工程、水、暖、电气、卫生、通风工程（包括其室外的管线）和属于该建筑物组成部分的控制室、操作室、设备基础、生活间及至烟囱等，均已全部完成，即只有工艺设备尚未安装者，即可视为房屋承包单位的工作达到竣工标准，可进行竣工验收。这种类型建筑工程竣工的基本概念是：一旦工艺设备安装完毕，即可试运转乃至投产使用。

（2）民用建筑（即非生产科研性建筑）和居住建筑施工项目验收标准：土建工程、水、暖、电气、通风工程（包括其室外的管线），均已全部完成，电梯等设备亦已完成，达到水到灯亮，具备使用条件，即达到竣工标准，可以组织竣工验收。这种类型建筑工程竣工的基本概念是：房屋建筑能交付使用，住宅能够住人。

（3）具备下列条件的建筑工程施工项目，亦可按达到竣工标准处理。

一是房屋室外或小区内管线已经全部完成，但属于市政工程单位承担的干管干线尚未完成，因而造成房屋尚不能使用的建筑工程，房屋承包单位可办理竣工验收手续。二是房屋工程已经全部完成，只是电梯尚未到货或晚到货而未安装，或虽已安装但不能与房屋同时使用，房屋承包单位亦可办理竣工验收手续。三是生产性或科研性房屋建筑已经全部完成，只是因为主要工艺设计变更或主要设备未到货，因而剩下设备基础未做的，房屋承包单位亦可办理竣工验收手续。

2. 凡是具有以下情况的建筑工程，一般不能算为竣工，亦不能办理竣工验收手续：

（1）房屋建筑工程已经全部完成并完全具备了使用条件，但被施工单位临时占用而未腾出，不能进行竣工验收。

（2）整个建筑工程已经全部完成，只是最后一道浆活未做，不能进行竣工验收。

（3）房屋建筑工程已经完成，但由于房屋建筑承包单位承担的室外管线并未完成，因而房屋建筑仍不能正常使用，不能进行竣工验收。

（4）房屋建筑工程已经完成，但与其直接配套的变电室、锅炉房等尚未完成，因而使房屋建筑仍不能正常使用，不能进行竣工验收。

（5）工业或科研性的建筑工程，有下列情况之一者，亦不能进行竣工验收：

1）因安装机器设备或工艺管道而使地面或主要装修尚未完成者；

2）主建筑的附属部分，如生活间、控制室尚未完成者；

3）烟囱尚未完成。

6.3.4 竣工验收管理程序和准备

1. 竣工验收管理程序

竣工验收准备→编制竣工验收计划→组织现场验收→进行竣工结算→移交竣工资料→办理竣工手续。

2. 竣工验收准备

（1）建立竣工收尾工作小组，做到因事设岗，以岗定责，实现收尾的目标。收尾工作小组要由项目经理亲自挂帅，成员包括技术负责人、生产负责人、质量负责人、材料负责人、班组负责人等多方面的人员参加，收尾项目完工要有验证手续，建立完善的收尾工作制度，形成目标治理保证体系。

（2）编制一个切实可行、便于检查考核的施工项目竣工收尾计划。竣工收尾计划的内容，应包括现场施工和资料整理两个部分，两者缺一不可，两部分都关系到竣工条件的形成。

（3）项目经理部要根据施工项目竣工收尾计划，检查其收尾的完成情况，要求管理人员做好验收记录，对重点内容重点检查，不使竣工验收留下隐患和遗憾而造成返工损失。

（4）项目经理部完成各项竣工收尾计划，应向企业报告，提请有关部门进行质量验收，对照标准进行检查。各种记录应齐全、真实、准确。需要监理工程师签署的质量文件，应提交其审核签认。实行总分包的项目，承包人应对工程质量全面负责，分包人应按质量验收标准的规定对承包人负责，并将分包工程验收结果及有关资料交承包人。承包人与分包人对分包工程质量承担连带责任。

（5）承包人经过验收，确认可以竣工时，应向发包人发出竣工验收函件，报告工程竣工准备情况，具体约定交付竣工验收的方式及有关事宜。

3. 编制竣工验收计划

竣工验收前，项目经理部应编制竣工验收计划。竣工验收计划应包括下列内容：

（1）工作内容；

（2）工作顺序与时间安排；

（3）工作原则和要求；

（4）工作职责分工。

4. 分包项目的检查验收

（1）各分包商向总包商竣工验收小组提交一份详尽计划，该计划应结合总包商的总计划，以便统筹安排，确保检验工作正常进行。

（2）在提交总包商竣工验收小组进行检验前，各分包商应按照"谁施工，谁负责"的原则做好本项目的自检工作，报本企业验收，且盖章确认，并以企业名义填写检验单，向总包商竣工验收小组申报已基本完成的所需检验的工程。

（3）总包商竣工验收小组收到各分包商的检验单后，对符合检验条件的，组织分包商及有关方接受竣工验收小组检验。检验以现场实（目）测与内场资料检查相结合的方法，对被检验工段的合同内容、材料及设备安装情况、工艺和质量标准、技术资料等进行检查。

（4）总包商竣工验收小组在检验中发现问题的，责令各有关分包商进行整改，总承包商认真监督实施，直至检验通过。

（5）督促和检查各专业分包单位整理各类施工及竣工（包括竣工图）的工程技术资料，并负责收集整理、汇编本工程施工过程中的有关图纸、技术资料和其他各类工程档案文件资料，工程竣工后会同业主方编制工程档案资料。

6.3.5 组织现场验收

1. 项目内部验收

（1）项目经理部应组织项目内部验收，并形成内部验收报告。项目内部验收的标准与正式验收一样，主要是：工程符合国家（或地方政府主管部门）规定的竣工标准和竣工规定；工程完成情况是否符合施工图纸和设计的使用要求；工程质量是否符合国家和地方政府规定的标准和要求；工程是否达到合同规定的要求和标准等。

（2）参加项目内部验收的人员，应由项目经理组织生产、技术、质量、合同、预算以及有关的作业队长（或施工员、工号负责人）等共同参加。

（3）项目内部验收的方式，应分层分段、分房间地由上述人员按照自己主管的内容逐一进行检查。在检查中要做好记录。对不符合要求的部位和项目，确定修补措施和标准，并指定专人负责，定期修理完毕。

（4）复验。在基层施工单位自我检查的基础上，并查出的问题全部修补完毕后，项目经理应提请上级进行复验。通过复验，要解决全部遗留问题，为正式验收做好充分的准备。

2. 竣工预验收

（1）工程竣工后，监理工程师按照承包商自检验收合格后提交的《单位工程竣工预验收申请表》，审查资料并进行现场检查；

（2）项目监理部就存在的问题提出书面意见，并签发《监理工程师通知书》，要求承包商限期整改；

（3）承包商整改完毕后，按有关文件要求，编制《工程竣工报告》交监理工程师检查，由项目总监签署意见后，提交建设单位。《工程竣工报告》参见表 6-1。

工程竣工报告 表 6-1

工程名称		建筑面积	
工程地址		结构类型	
建设单位		开、竣工日期	
设计单位		合同工期	
施工单位		造价	
监理单位		合同编号	
竣工条件自检情况	项目内容		施工单位自查意见
	工程设计和合同约定的各项内容完成情况		
	工程技术档案和施工管理资料		
	工程所用建筑材料、建筑配件、商品混凝土和设备的进场试验报告		
	涉及工程结构安全的试块、试件及有关材料的试（检）验报告		
	地基与基础、主体结构等重要分部（分项）工程质量验收报告签证情况		
	建设行政主管部门、质量监督机构或其他有关部门责令整改问题的执行情况		
	单位工程质量自检情况		
	工程质量保修书		
	工程款支付情况		
经检验，该工程已完成设计和合同约定的各项内容，工程质量符合有关法律、法规和工程建设强制性标准。 项目经理： 企业技术负责人： （施工单位公章） 法定代表人： 年 月 日			
监理单位意见： 总监理工程师： （公章） 年 月 日			

3. 正式竣工验收

（1）竣工验收程序

1）建设单位收到工程竣工报告后，对符合竣工验收要求的工程，组织勘察、设计、施工、监理等单位和其他有关方面的专家组成验收组，制定验收方案。

2）建设单位应当在工程竣工验收 7 个工作日前将验收的时间、地点及验收组名单通知负责监督该工程的工程监督机构。

3）建设单位组织工程竣工验收

① 建设、勘察、设计、施工、监理单位分别汇报工程合同履行情况和在工程建设各个环节执行法律、法规和工程建设强制性标准的情况；

② 审阅建设、勘察、设计、施工、监理单位提供的工程档案资料；

③ 查验工程实体质量；

④ 对工程施工、设备安装质量和各管理环节等方面作出总体评价，形成工程竣工验收意见，验收人员签字。

工程竣工验收签证参见表 6-2。

工程竣工验收签证 表 6-2

工程概况	工程名称		建筑面积	m²
	工程地址		结构类型	
	层数	地上 层，地下 层	总高	m
	电梯	台	自动扶梯	台
	开工日期		竣工验收日期	
	建设单位		施工单位	
	勘察单位		监理单位	
	设计单位		质量监督单位	
	工程完成设计与合同所约定内容情况		建筑面积	
验收组织形式				
验收组组成情况	专业 建筑工程 采暖卫生和燃气工程 建筑电气安装工程 通风与空调工程 电梯安装工程 工程竣工资料审查			
竣工验收程序				
工程竣工验收意见	建设单位执行基本建设程序情况： 对工程勘察、设计、监理等方面的评价：			

续表

项目负责人			
	建设单位	（公章）	年　月　日
勘察负责人			
	勘察单位	（公章）	年　月　日
设计负责人			
	设计单位	（公章）	年　月　日
项目经理或企业技术负责人			
	施工单位	（公章）	年　月　日
总监理工程师			
	监理单位	（公章）	年　月　日

工程质量综合验收附件：
1. 勘察单位对工程勘察文件的质量检查报告；
2. 设计单位对工程设计文件的质量检查报告；
3. 施工单位对工程施工质量的检查报告，包括：单位工程、分部工程质量自检纪录，工程竣工资料目录自查表，建筑材料、建筑构配件、商品混凝土、设备的出厂合格证和进场试验报告的汇总表，涉及工程结构安全的试块、试件及有关材料的试（检）验报告汇总表和强度合格评定表，工程开、竣工报告；
4. 监理单位对工程质量的评估报告；
5. 地基与基础、主体结构分部工程以及单位工程质量验收记录；
6. 工程有关质量检测和功能性试验资料；
7. 建设行政主管部门、质量监督机构责令整改问题的整改结果；
8. 验收人员签署的竣工验收原始文件；
9. 竣工验收遗留问题的处理结果；
10. 施工单位签署的工程质量保修书；
11. 法律、规章规定必须提供的其他文件

参与工程竣工验收的建设、勘察、设计、施工、监理等各方不能形成一致意见时，应报当地建设行政主管部门或监督机构进行协调，待意见一致后，重新组织工程竣工验收。

4）工程文件的归档整理，应按国家发布的现行标准、规定执行，如《建设工程文件归档整理规范》GB/T 50328、《科学技术档案案卷构成的一般要求》GB/T 11822 等；承包人向发包人移交工程文件档案应与编制的清单目录保持一致，须有交接签认手续，并符合移交规定。

（2）项目竣工验收的检查内容

1）检查工程是否按批准的设计文件建成，配套、辅助工程是否与主体工程同步建成；

2）检查工程质量是否符合国家和铁道部颁布的相关设计规范及工程施工质量验收标准；

3）检查工程设备配套及设备安装、调试情况，国外引进设备合同完成情况；

4）检查概算执行情况及财务竣工决算编制情况；

5）检查联调联试、动态检测、运行试验情况；

6）检查环保、水保、劳动、安全、卫生、消防、防灾安全监控系统、安全防护、应急疏散通道、办公生产生活房屋等设施是否按批准的设计文件建成、合格，精测网复测是否完成，复测成果和相关资料是否移交设备管理单位，工机具、常备材料是否按设计配备到位，地质灾害整治及建筑抗震设防是否符合规定；

7）检查工程竣工文件编制完成情况，竣工文件是否齐全、准确；

8）检查建设用地权属来源是否合法，面积是否准确，界址是否清楚，手续是否齐备。

（3）竣工验收组织

1）竣工验收的组织

由建设单位负责组织实施建设工程竣工验收工作，质量监督机构对工程竣工验收实施监督。

2）验收人员

由建设单位负责组织竣工验收小组，验收组组长由建设单位法人代表或其委托的负责人担任。验收组副级长应至少有一名工程技术人员担任。验收组成员由建设的单位上级主管部门、建设单位项目负责人、建设单位项目现场管理人员及勘察、设计、施工、监理单位相关负责人组成。验收小组成员中土建及水电安装专业人员应配备齐全。

3）当在验收过程中发现严重问题，达不到竣工验收标准时，验收小组应责成责任单位立即整改，并宣布本次验收无效，重新确定时间组织竣工验收。

4）当在竣工验收过程中发现一般需整改质量问题，验收小组可形成初步验收意见，填写有关表格，有关人员签字，但建设单位不加盖公章。验收小组责成有关责任单位整改，可委托建设单位项目负责人组织复查，整改完毕符合要求后，加盖建设单位公章。

5）当竣工验收小组各方不能形成一致竣工验收意见时，应当协商提出解决办法，待意见一致后，重新组织工程竣工验收。当协商不成时，应报建设主管部门或质量监督机构进行协调裁决。

6.3.6 竣工验收报告的内容

1. 工程建设管理工作报告

（1）工程概况

工程位置、工程布置、主要技术经济指标、主要建设内容、可研及初设等文件的批复过程、建设单位、施工单位、设计单位、监理单位等相关单位名称等。

（2）主要项目施工过程及重大问题处理

主要项目以重要临建设施的开工完工日期、重大技术问题处理、施工期防台风抗台风、重大设计变更以及对工程建设有较大影响的事件等。

（3）项目管理

1）机构设置及工作情况。包括建设、设计、监理、施工单位、上级主管部门、质量监督部门和地方政府等为工程建设服务的机构设置及工作情况。

2）主要项目招投标过程。

3）工程概算与投资计划。主要反映批准概算与实际执行情况，年度计划安排、投资来源及完成情况，概算调整的主要原因。

4）合同管理。主要反映工程所采用的合同类型、合同执行结果。

5）材料及设备供应。主要反映三材和油料、电力及主要设备的供应方式，材料及设备供应对工程建设的影响，工程完成时是否做到"工完料尽场地清"。

6）价款结算与资金筹措。包括项目法人筹资方式、资金筹措对工程建设的影响、合同价款的结算方法和特殊问题的处理情况、至竣工时有无工程款拖欠情况。

（4）工程质量

工程质量管理体系、主要工程质量控制标准、单位工程和分部工程质量数据统计、质量事故处理结果等。

（5）历次验收情况

历次阶段和单位工程验收和遗留问题的处理情况等。

（6）竣工决算

列出竣工决算结论、批准设计与实际完成的主要工程量和主要材料消耗量对比、增减原因分析，以及竣工审计结论等。

（7）经验与建议

（8）附件

1）项目法人的机构设置及主要工作人员情况表。

2）立项、可研、初设批准文件及调整批准文件。

3）历次验收鉴定书。

（9）主要图纸

如规划图、工程位置图、工程布置图、主要建筑物平面图、立面图、剖面图、电气总图、设备总图等。

2. 工程建设大事记

主要记载从项目法人委托设计、报批立项直到竣工验收过程中对工程建设有较大影响的事件，包括有关批文、上级有关批示、设计重大变化、有关合同协议的签订、建设过程中的重要会议、施工期防台抢险及其他重要事件、主要项目的开工和完工情况、历次验收等情况。

工程建设大事记可单独成册，也可作为"工程建设管理工作报告"的附件。

3. 工程施工管理工作报告

（1）工程概况

（2）工程投标

投标过程，投标书编制原则等。

（3）施工总布置、总进度和完成的主要工程量

施工总体布置、施工总进度以及分阶段施工进度安排（附施工场地总布置图和施工总进度表），分析工程提前或推迟完成的原因；主要项目施工情况等。

（4）主要施工方法

施工中采用的主要施工方法及应用于本工程的新技术、新设备、新方法、优化措施和施工科研情况等。

（5）施工质量管理

施工质量保证体系及实施情况，质量事故及处理，工程施工质量自检情况等。

（6）文明施工与安全生产

（7）价款结算与财务管理

合同价与实际结算价的分析，盈亏的主要原因等。

（8）经验与建议

（9）附件

1）施工管理机构设置及主要工作人员情况表。

2）投标时计划投入的资源与施工实际投入资源情况表。

3）工程施工管理大事记。

4. 工程设计工作报告

（1）工程概况

（2）工程规划设计要点

（3）重大设计变更

（4）设计文件质量管理

（5）设计为工程建设服务

（6）经验与建议

（7）附件

1）设计机构设置和主要工作人员情况表。

2）重大设计变更与原设计对比。

3）工程设计大事记。

5. 工程建设监理工作报告

（1）工程概况

（2）监理规划（或监理细则）

监理规划及监理制度的建立、组织机构的设置、检测采用的方法和主要设备等。

（3）监理过程

主要叙述"四控制"、"两管理"、"一协调"的情况。

（4）监理效果

对工程投资质量进度控制进行综合评价。

（5）经验与建议

（6）附件

1）监理机构的设置与主要工作人员情况表。

2）工程建设监理大事记。

6. 后续工程施工单位或生产准备单位工作报告

（1）工程概况

（2）管理单位筹建及参与工程建设情况

（3）工程初期运行情况（生产）

是否达到设计标准，观测情况，已发挥的效益，出现的问题及原因分析等。

（4）对工程建设的建议（生产）

包括对设计、施工、项目法人的建议（从建设为管理创造条件出发提出建议）。

（5）运行管理（生产）

包括人员培训情况，已接管工程运行维护情况，规章制度建立情况，如何发挥工程效益等。

（6）若后续单位为继续施工单位，应提出接收项目存在问题，接收条件是否与合同条件相符，并形成书面差异文件。

（7）附件

1）运行管理机构设立的批文。

2）机构设置情况和主要工作人员情况。

3）规章制度目录。

7. 工程质量评定报告

（1）质量评定报告

内容及格式见现行版《火电工程施工质量评定规程》。

（2）附件

1）有关该工程项目质量监督人员情况表。

2）工程建设过程中质量监督意见（书面材料）汇总。

8. 工程竣工验收申请报告

（1）工程完成情况

（2）验收条件检查结果

（3）验收组织准备情况

（4）建议验收时间、地点和参加单位

6.3.7 资料的编制及整理

1. 施工技术资料内容

（1）施工技术资料主要由施工管理资料、质量验收资料和施工检测、试验资料组成。

1）管理资料：主要包括工程质量管理、施工记录、材质证明、施工试验等内容。

2）质量验收资料：主要包括检验批、分项、分部（子分部）、单位（子单位）工程实体、观感验收等内容。

3）施工检测资料：主要包括各种性能检验报告等。

（2）在资料整理过程中，按照以上三个大的方面进行分类，分别组卷，按照：单位工程——各分部工程——各分项工程——各检验批——隐蔽验收这种"倒树形"结构分层次进行整理，使资料整有条理性。

（3）施工技术资料的填写及要求。

1）施工管理资料

① 工程概况表：按照表格要求，按工程实际情况如实填写。

② 施工现场质量管理检查记录：

由施工单位填写，将管理制度等有关文件原件附后报项目总监理工程师（建设单位项目负责人）检查，并做出检查结论，该表交监督站存档。

2）设计变更文件

设计变更文件主要包括：图纸会审记录、设计变更、工程洽商记录。

① 图纸会审记录：

主要由施工单位、监理单位负责提出图纸问题，并形成记录，设计单位对各专业问题进行交底，施工单位整理汇总，形成图纸会审记录。

图纸会审记录由建设、设计、监理和施工单位的项目负责人签认后，形成正式的图纸会审记录。不得擅自在会审上涂改或变更其内容。

② 设计变更：

设计变更是由于工程图纸设计不合理或设计内容与现场实际不符，不能保证工程质量或使用功能，需要修改设计时，由原设计单位发出的改变原设计的文件。

设计变更可由任意一方提出，必须经设计单位确认，建设单位同意后发出。任何单位未经设计变更不得更改设计文件。分包单位的设计变更应通过总包单位办理。

设计变更通知单由设计单位下达，并应由专业负责人以及建设（监理）和施工单位的相关负责人签认。

③ 工程洽商记录：

可以由任意一方提出，经设计单位确认，建设单位同意后发出。并应由设计专业负责人以及建设、监理和施工单位的相关负责人签认。

3) 施工组织设计、施工方案

施工组织设计和施工方案，是指导工程项目施工和施工人员正确、规范、科学地进行施工作业的重要文件，是控制施工质量、安全、投资的指导性文件。

施工组织设计和施工方案的编制应符合标准和设计文件的要求，并按照国家有关规定报批。

施工组织设计的主要内容：

① 工程概况和施工条件；

② 施工部署及施工方案；

③ 施工进度计划及各种资源需用量计划；

④ 施工平面图；

⑤ 主要施工技术及组织措施和主要技术经济指标。

施工组织设计及施工方案编制内容应齐全，施工单位应首先进行内部审核，并填写《施工组织设计报审表》报监理单位批复后实施。

发生较大的施工措施和工艺变更时，应有变更审批手续，并进行交底。

4) 技术交底记录

技术交底（书）是由技术人员根据设计文件、施工规范、验收标准等，以书面（或口头）的形式向施工操作人员讲解、解释，提出可操作性的要求，保证施工过程安全、规范，最终质量达到标准的一种书面活动。

5) 施工日志

① 施工日志是在建筑工程整个施工阶段施工技术和管理工作的原始记录。是查阅施工状况全过程十分重要和可靠的根据之一。

② 施工日志记录工程施工现场一天中所发生的所有事情。包括：出工人员的数量、工作内容、进场材料、隐蔽验收、质量验收、材料送检、部门检查，试块留置与试压，试验结果等等。

③ 施工日志应与施工试验及有关检查验收记录交圈。

6) 施工测量记录

① 工程定位放线记录：工程定位测量完成后，应由建设单位报请规划部门验线。

② 基槽验线记录、楼层平面放线记录、楼层垂直度、标高抄测记录，由施工单位完成后，报监理单位审核。

③ 沉降观测记录：应由建设单位委托有资质的测量单位进行工程过程中及竣工后的沉降观测工作。测量单位向建设单位提交沉降观测技术报告。

7) 原材料、半成品、成品出厂质量证明文件及进场检验报告

① 工程中所用的原材料均应有出厂质量证明文件，实施强制性认证的产品应提供有

关证明。

② 原材质量证明文件的复印件应与原件内容一致，内容清晰，注明原件存放处，复印件复印的次数和份数，加盖原件存放单位公章，抄件人（经办人）、抄件时间要填写齐全。

③ 材料应有进场检验记录，按有关规范需进行复试或见证取样的，应有相应的复试报告。

涉及安全和使用功能材料需要代换且改变设计要求时，应有设计单位签署的认可文件（设计变更）。

涉及安全、卫生、环保的材料应由有相应资料检测单位的检测报告，如压力容器、消防设备、生活供水设备等。

④ 材料供应单位或加工单位负责收集、整理和保存所供材料的原材料质量证明文件。

施工单位则需收集、整理和保存供应单位或加工单位提供的质量证明文件和进场后进行的检验报告。

各单位对各自范围内工程资料的汇集、整理结果负责，并保证工程资料的可追溯性。

8）施工记录

包括：通用施工记录和专用施工记录。

2. 竣工资料的编制及整理

（1）竣工资料由项目工程技术人员在施工过程中编制、收集，由项目资料员积累、保管、整理而成；竣工后，先经技术负责人审核，再由项目部资料员整理装订成册，必要时由专门的档案管理员指导、帮助项目部资料员整理。

（2）竣工资料的编制需结合建设档案管理规定和业主的有关要求进行。交工资料所包含的内容及采用的标准或规定应在"施工组织设计"中给予明确。

（3）竣工资料整理时做到分类科学、规格统一、便于查找、字迹清晰、图形规整、尺寸齐全、签章完整、没有漏项，且不得使用铅笔、一般圆珠笔和易褪色的墨水填写和绘制，便于工程归档、资料保存。

3. 竣工图的编制

（1）凡在施工中无修改的图纸、由项目技术人员在施工图上加盖竣工图章。

（2）在施工中无重大变更的图纸，由项目技术人员将修改的内容改在原蓝图上，并在蓝图醒目处（如右上角）汇总标出变更单号，加盖竣工图章。

（3）对于因重大修改，需重新绘制施工图时，必须在得到建设单位确认后再由项目技术人员负责绘制，并在此图的右上角注明原图编号，经有关单位审核无误后，加盖竣工图章。

（4）所有竣工图都必须经项目技术负责人审核，重新绘制的施工图还必须有设计代表签章。

6.4 工程价款结算

工程价款结算是依据合同及相关约定，对建设工程的承发包合同价款进行工程预付款、工程进度款、工程竣工价款、工程尾款结算的活动。

6.4.1 工程价款结算的作用

工程结算对建设单位和施工单位都是一项十分重要的工作，主要表现为以下几个方面：

（1）工程结算是反映工程进度的主要指标。在施工过程中，工程结算的依据之一就是按照已完成的工程进行结算，根据累计已结算的工程价款占合同总价款的比例，能够近似反映出工程的进度情况。

（2）工程结算是加速资金周转的重要环节。施工单位尽早结算工程价款，有利于偿还债务和资金回笼，降低内部运营成本。通过加速资金周转，提高资金的使用效率。

（3）工程结算是考核经济效益的重要指标。对于施工单位来说，只有工程款如数结清，才意味着避免了经营风险，施工单位也才能够获得相应的利润，进而达到良好的经济效益。

（4）工程结算是建设单位进行工程决算、确定固定资产投资额度的重要依据之一。

6.4.2 工程价款结算的要求与依据

1. 工程价款结算要求

企业应根据需求制定项目结算管理制度和结算管理绩效评价制度，明确负责项目工程价款结算管理工作的主管部门，实施施工总承包项目和分包项目的价款结算活动，对工程项目全过程造价进行监督与管控，并负责下列结算管理相关事宜的协调与处理。

（1）企业应识别施工过程工程实体与设计图纸的差异，分析各类建筑材料、人工的价格变化和政府对工程结算的政策调整，确定发包方、造价咨询机构、政府行政审计部门和其他相关部门对工程预付款、进度款、签证、索赔和结算文件的审核进展情况。

（2）企业应配备符合要求的项目结算管理专业人员，实施工程价款约定、调整和结算管理工作，规范项目结算管理的实施程序和控制要求，确保项目结算管理的合法性和合规性。

（3）企业应规范分包工程结算管理，在分包合同中明确约定分包方应负有配合完成总承包工程项目过程结算、竣工结算的义务。

（4）企业应按照合同约定的方式，进行索赔、签证、变更管理工作，获取相关证据资料，并在规定时间内办理相应手续，确保索赔、签证、变更结果满足工程结算的合规性要求。

（5）企业宜推行全过程造价管理和施工过程结算，适时控制工程造价，动态实施工程价款结算管理。

2. 工程价款结算依据

工程价款结算由承包人或其委托具有相应资质的工程造价咨询人编制，由发包人或其委托具有相应资质的工程造价咨询人核对。工程价款结算的编制依据主要有：

（1）《建设工程工程量清单计价规范》

《建设工程工程量清单计价规范》（以下简称"13计价规范"）不仅是每个工程在承发包阶段编制招标工程量清单、确定招标控制价、投标报价的依据，也是工程实施阶段进行工程计量、合同价款调整、合同价款结算与支付的依据。

（2）工程合同

1）工程合同是承发包双方为完成商定的工程，明确相互权利、义务关系的合同。住房城乡建设部和国家工商行政管理总局联合制定了《建设工程施工合同（示范文本）》，引导发包人和承包人规范合同约定。

承包方与发包方应在签订合同时约定合同价款，实行招标的工程合同价款由合同双方依据中标通知书的中标价款在合同协议书中约定，不实行招标的工程合同价款由合同双方依据施工图预算的总造价在合同协议书中约定。

工程合同价款的约定是工程合同的主要内容，包括：

① 预付工程款的数额、支付时间及抵扣方式；

② 安全文明施工措施费的支付计划、使用要求等；

③ 工程计量与支付工程进度款的方式、数额及时间；

④ 工程价款的调整因素、方法、程序、支付及时间；

⑤ 施工索赔与现场签证的程序、金额确认与支付时间；

⑥ 承担计价风险的内容、范围以及超过约定内容、范围的调整方法；

⑦ 工程竣工价款结算编制与核对、支付及时间；

⑧ 工程质量保证金的数额、预留方式及时间；

⑨ 违约责任以及发生合同价款争议的解决方法及时间；

⑩ 与履行合同、支付价款有关的其他事项等。

2）工程价款结算应按工程承包合同约定办理，合同未作约定或约定不明的，承包方与发包方应按照下列规定与文件协商处理：

① 有关法律法规；

② 国务院建设行政主管部门、省、自治区、直辖市或有关部门发布的工程造价计价标准、计价规范和其他规定；

③ 招标公告、投标书、中标通知书和其他文件；

④ 施工设计文件；

⑤ 发承包双方已确认的补充协议、现场签证及其他有效文件；

⑥ 其他。

3）工程合同中关于工程价款调整的部分，应由企业与发包方协商，在施工合同中明确约定合同价款的调整内容、调整方法及调整程序。经发承包双方确认调整的合同价款，作为追加（减）合同价款，应与工程进度款或结算款同期支付。

（3）承发包双方实施过程中已确认的工程量及其结算的合同价款

招标工程量清单中标明的工程量是招标人根据拟建工程设计文件估算的工程量，不能作为承包人在履行合同义务中应予以完成的实际和准确的工程量。实际和准确的工程量要通过工程计量予以确认，即承发包双方根据合同约定，对承包人完成合同工程的数量进行的计算和确认，这是发包人向承包人确认和支付合同价款的前提和依据。

（4）承发包双方实施过程中已确认调整后追加（减）的合同价款

一些建设项目工期较长，影响因素众多，在项目实施过程中可能会出现与预期不同的情况，会影响合同价款，双方会通过签证、索赔等方式予以确认对合同价款的影响额度，这些都是承发包双方对合同履行情况（包括合同内、合同外）所进行的双方确认内容，都是工程结算的重要依据。

（5）建设工程设计文件及相关资料

建设工程设计文件以及图纸会审纪要、补充通知等是工程施工的依据，也是承发包双方工程结算的依据。需要注意的是，由于工程实施过程中常常会出现设计变更，进行竣工结算时依据的不是原来设计的施工图，而是工程竣工图。施工图在施工过程中难免有所修改，为了让客户（建设单位或使用者）能比较清晰地了解工程结构及内部情况，国家规定工程竣工后施工单位必须提交竣工图。

（6）投标文件

招标文件和投标文件是订立合同的重要依据，《建设工程工程量清单计价规范》中明确规定："实行招标的工程合同价款应在中标通知书发出之日起 30 天内，由承发包双方根据招标文件和中标人的投标文件在书面合同中约定。"合同约定不得违背招标、投标文件中关于工期、造价、质量等方面的实质性内容。招标文件与投标文件不一致的地方应以投标文件为准。所以，中标人的投标文件也是工程结算的重要依据。

3. 工程价款结算依据的质量要求

工程结算依据很重要，特别是双方对工程实施过程中发生各种变更的确认资料，是价款调整的主要依据，资料应真实、完整、合法、规范，这是办理好工程结算的基础。

（1）计价规范关于计价资料的要求

承发包双方应当在合同中约定各自在合同工程现场管理人员的职责范围，双方现场管理人员在职责范围内签字确认的书面文件是工程计价的有效凭证，但如有其他有效证据或经证实证明其是虚假的除外。

承发包双方不论在任何场合对与工程计价有关的事项所给的批准、证明、同意、指令、商定、确定、确认、通知和要求，或表示同意、否定提出要求和意见等，均应采用书面形式，口头指令不得作为计价凭证。工程实践中有些突发紧急事件需要处理，监理单位下达口头指令，施工单位予以实施，施工单位应在实施后及时要求监理单位完善书面指令，或者施工单位通过签证等方式取得建设单位和监理单位对口头指令的确认。

任何书面文件送达时，应由对方签收，通过邮寄应采取挂号、特快专递传送，或以承发包双方商定的电子传输方式发送，交付、传送或传输至指定的接收人的地址。如接收人通知了另外地址时，随后通信信息应按新地址发送。为了明确文件传递的责任，承发包双方都应该建立文件签收制度，按实登记文件的传递信息。

承发包双方分别向对方发出的任何书面文件，均应将其抄送现场管理人员，如系复印件应加盖合同工程管理机构印章，证明与原件相同。双方现场管理人员向对方所发任何书面文件，也应将其复印件发送给承发包双方，复印件应加盖合同管理机构印章，证明与原件相同。

承发包双方均应及时签收另一方送达其指定地点的来往信函，拒不签收的，送达信函的一方可以采用特快专递或者公证方式送达，所造成的费用增加（包括被迫采用特殊方式所发生的费用）和延误的工期由拒绝签收的一方承担。

书面文件和通知不得扣压，一方能够提供证据证明另一方拒绝签收或已送达的，应视为对方已签收并应承担相应责任。

（2）做好结算依据的注意事项

1）文字要专业准确、简明扼要；

2）数字计算正确，过程清晰，有明确、合法的依据；

3）责任方签字完善、合法有效；

　　4) 必要时，应采取照片、录像、录音等方式作为事项确认的证明材料。

6.4.3　工程价款结算的程序

　　企业应按照合同约定，与发包方沟通工程款项的支付、使用与结算工作。根据确定的工程计量结果，承包方向发包方提出支付工程进度款申请，发包方应按合同约定的金额与方式向承包方支付工程进度款。按照实施过程，工程结算分为预付款、进度款、竣工结算和最终清算四大环节。

1. 预付款

（1）预付款定义

　　预付款是在开工前，发包人按照合同约定，预先支付给承包人用于购买合同工程施工所需的材料、工程设备以及组织施工机械和人员进场等的款项。它是施工准备所需流动资金的主要来源，预付款必须专用于合同工程，习惯上又称为预付备料款。预付款的额度和预付办法在专用合同条款中约定。

（2）预付款额度

　　承发包双方应在合同中约定预付款数额，可以是绝对数，如50万元；也可以是相对数，如合同金额的10%等。根据《建筑工程施工发包与承包计价管理办法》中的规定："发承包双方应当根据国务院住房城乡建设主管部门和省、自治区、直辖市人民政府住房城乡建设主管部门的规定，结合工程款、建设工期等情况在合同中约定预付工程款的具体事宜。"

　　预付款额度一般是根据施工工期、建安工程量、主要材料和构建费用所占建安工程费的比例以及材料储备周期等因素经测算来确定。方法如下：

1) 百分比法

　　发包人根据工程特点、工期长短、市场行情、供求规律等因素，招标时在合同条件中约定工程预付款的百分比。根据"13计价规范"规定："包工包料的预付款的支付比例不得低于签约合同价（扣除暂列金额）的10%，不宜高于签约合同价（扣除暂列金额）的30%"。

2) 公式计算法

　　公式计算法是根据主要材料（含结构件等）占年度承包工程总价的比重、材料储备定额天数和年度施工天数等因素，通过公式计算预付款额度的一种方法。计算公式为：

　　工程预付款数额＝（年度工程总价×材料比例%）÷年度施工天数×材料储备定额天数

　　　式中，年度施工天数按365日历天计算；材料储备定额天数由当地材料供应的在途天数、加工天数、整理天数、供应间隔天数、保险天数等因素决定。

　　例如，某办公楼工程，年度计划完成建筑安装工作量600万元，年度施工天数为350天，材料费占造价的比重为60%，材料储备期为120天，该工程的预付款数额为：

　　预付款数额＝（600×0.6÷350）×120＝123.43（万元）

（3）预付款支付时间

　　承发包双方应该在合同中约定支付时间，如合同签订后一个月支付、开工前7天支付等。根据"13计价规范"规定："承包人在签订合同或向发包人提供与预付款等额的预付款保函后向发包人提交预付款支付申请""发包人应该在收到支付申请的7天内进行核实，向承包人发出预付款支付证书，并在签发支付证书后的7天内向承包人支付预付款"。

（4）预付款担保

预付款担保是承包人与发包人签订合同后领取预付款前，承包人正确、合理使用发包人支付的预付款而提供的担保。其主要作用是保证承包人能够按照合同规定的目的使用并及时偿还发包人已支付的全部预付款金额。如果承包人中途毁约或终止工程，使发包人不能在规定期限内从应付工程款中扣除全部预付款，则发包人有权从该项担保金额中获得补偿。

预付款担保的主要形式为银行保函，也可以采用承发包双方约定的其他形式，如由担保公司提供担保，或采取抵押等担保形式。承包方的预付款担保金额应由发包方根据预付款扣回的数额相应扣减，但在预付款全部扣回之前一直保持有效。发包方应在预付款扣完后的规定时间内将预付款保函退还给承包方。

（5）预付款扣回

发包人支付给承包人的预付款属于预支性质，随着工程的逐步实施，原已经支付的预付款应以充抵工程价款的方式陆续扣回，预付款应当由发包方和承包方在合同中明确约定抵扣方式，并从进入抵扣期的工程进度款中按一定比例扣回，直到扣回金额达到合同约定的预付款金额为止。抵扣的方法主要有以下两种：

1）按合同约定扣回

预付款的扣款方法由承发包双方通过洽商后在合同中予以确定，一般是承包人完成金额累计达到合同总价的一定比例后，由承包人开始向发包人还款，发包人从每次应付给承包人的金额中扣回预付款，额度由双方在合同中约定，发包人在合同约定的完工期前将预付款的总金额逐次扣回。

2）起扣点计算法扣回

从未施工工程尚需的主要材料及构件的价值相当于预付款数额时起扣，此后每次结算工程价款时，按材料所占比重扣减工程价款，至工程竣工前全部扣清。

起扣点的计算公式如下：

$$T = P - \frac{M}{N}$$

式中，T——起扣点（即工程预付款开始扣回时）的累计完成工程金额；

　　P——签约合同价；

　　M——预付款总额；

　　N——主要材料及构件所占比重。

例如，某住宅工程签约合同价为 900 万元，预付款的额度为 15%，材料费占 65%，该工程产值统计见表 6-3。

产值统计表　　　　　　　　　　　　　　　　　　　表 6-3

月份	1	2	3	4	5	6	合计
产值	160	100	240	200	150	50	900

① 预付款额度：$900 \times 15\% = 135$（万元）

② 合同约定按照起扣点计算法确定起扣点和起扣时间。

预付款起扣点：$900 - 135 \div 0.65 = 692.31$（万元）

起扣时间：160＋100＋240＋200＝700（万元）＞692.31 万元，从第 4 月份开始扣。

③ 合同约定从结算价款中按材料和设备占施工产值的比重抵扣预付款，起扣时间内各期抵扣的预付款：

4 月份抵扣预付款额度：（700－692.31）×65％＝5（万元）

5 月份抵扣预付款额度：150×65％＝97.50（万元）

6 月份抵扣预付款额度：135－5－97.5＝32.5（万元）

2. 进度款

（1）进度款支付依据

进度款是在工程施工过程中，发包人按照合同约定对付款周期内承包人完成的合同价款给予支付的款项，也是合同价款期中结算支付。承发包双方应按照合同约定的时间、程序和方法，根据工程计量结果，办理期中价款结算，支付进度款。进度款的支付周期应与合同约定的工程计量周期一致，即工程计量是支付工程进度款的前提和依据。

工程计量就是承发包双方根据合同约定，对承包人完成合同工程的数量进行的计算和确认。具体而言，就是双方根据设计图纸、技术规范以及施工合同约定的计量方式或计算方法，对承包人已经完成的质量合格的工程实体数量进行测量与计算，并以物理计量单位或自然计量单位进行表示、确认的过程。招标工程量清单中所列的数量，通常是根据设计图纸计算的数量，是对合同工程的估计工程量。工程施工过程中，通常会出现一些原因导致承包人完成的工程量与工程量清单中所列的工程量不一致，比如：招标工程量清单缺项、漏项或者项目特征描述与实际不符；现场条件的变化；现场签证；暂列金额的专业工程发包等。工程结算是以承包人实际完成的应予以计量的工程量为准，因此，在工程合同价款结算前，必须对承包人履行合同义务所完成的实际工程量进行准确的计量。

工程计量应遵循：①不符合合同文件要求的工程不予计量。即工程必须满足设计图纸、技术规范等合同文件对其在工程质量上的要求，同时有关的工程质量验收资料齐全、手续完备，满足合同文件对其在工程管理上的要求；②按合同文件所规定的方法、范围、内容和单位计量。工程计量的方法、范围、内容和单位受合同文件约束，其中工程量清单（说明）、技术规范、合同条款均会从不同角度、不同侧面涉及这方面的内容。计量时要严格遵守这些文件的规定，并且一定要结合起来使用；③因承包人原因造成合同工程范围施工或返工的工程量，发包人不予计量。

工程计量的依据包括：工程计算规范；工程量清单及说明；经审定的施工设计图纸及其说明；工程变更令及其修订的工程量清单；合同条件；技术规范；有关计量的补充协议；经审定的施工组织设计或施工方案；经审定的其他有关技术经济文件等。

（2）进度款支付

在工程计量的基础上，承发包双方应办理中间结算，支付进度款，按下式计算：

本周期应支付的合同价款（进度款）＝本周期完成的合同价款×支付比例－本周期应扣减的金额

1）本周期完成的合同价款

本周期完成的合同价款包括以下内容：

① 本周期已完单价项目价款。已标价工程量清单中的单价项目，承包人应按工程计量确认的工程量与综合单价计算；综合单价发生调整的，以发承包双方确认调整的综合单

价计算。

② 本周期应支付总价项目价款。已标价工程量清单中的总价项目和按照规范规定形成的总价合同，承包人应按照合同中约定的进度款支付分解，明确总价项目价款的支付时间和金额。具体可由承包人根据施工进度计划和总价构成、费用性质、计划发生时间和相应的工程量等因素，按计量周期进行分解，形成进度款支付分解表，在投标报价时提交，非招标工程在合同洽商时提交。

③ 本周期已完成的计日工价款。如在施工过程中，承包人完成发包人提出的工程合同范围以外的零星项目或工作（计日工），承包人在收到指令后，按合同约定的时间向发包人提出并得到签证确认的价款。任一计日工项目实施结束后，承包人应按照确认的计日工现场签证报告核实该类项目的工程数量，并应根据核实的工程数量和承包人已标价工程量清单中的计日工的单价，计算已完成的计日工价款；已标价工程量清单中没有该类计日工单价的，应按合同相关约定确定单价，合同没有约定的，执行计价规范相关规定。

④ 本周期应支付的安全文明施工费。发包人应在工程开工后的 28 天内预付不低于当年施工进度计划的安全文明施工费总额的 60%，其余部分应按照提前安排的原则进行分解，并应与进度款同期支付。

⑤ 本周期应增加的合同价款。包括承包人现场签证、得到发包人确认的索赔金额等。工程施工过程中，可能会发生合同约定价款调整的事项，主要有法律法规变化、工程变更、项目特征不符、工程量清单缺项、工程量偏差、发生合同以外的零星工作、不可抗力、索赔等情况，施工单位按约定提出价款调整报告或者是签证、索赔等资料，取得发包人书面确认，以此调整价款，可以在进度款支付时一并结算，也可以在竣工结算时一并结算，具体方式在合同中约定。

2）支付比例

进度款的支付比例按照合同约定，按期中结算价款总额计，不低于 60%，不高于 90%。"13 计价规范"未在进度款支付中要求扣减质量保证金，因为进度款支付比例最高不超过 90%，实质上已包括质量保证金。在进度款支付中扣减质量保证金，增加了财务结算工作量，而在竣工结算价款中预留质量保证金更加简便清晰。缺陷责任期内，承包方应履行合同约定的责任，缺陷责任期到期后，承包方可向发包方申请返还质量保证金。

3）本周期应扣减的金额

本周期应扣减的金额包括：

① 应扣回的预付款。预付款应从每一个支付期应付给承包人的工程进度款中扣回，直到扣回的金额达到合同约定的预付款金额为止。

② 发包人提供的甲供材料金额。发包人提供的甲供材料金额，应按照发包人签约提供的单价和数量从进度款支付中扣除。

4）进度款支付程序

① 承包人提交进度款支付申请

承包人应在每个计量周期到期后的 7 天内向发包人提交已完工程进度款支付申请一式四份，详细说明此周期认为有权得到的款项，包括分包人已完工程的价款。"13 计价规范"给出了"进度款支付申请（核准）表"的规范格式。

支付申请应包括累计已完成的合同价款、累计已实际支付的合同价款、本周期合计完成的合同价款、本周期合计应扣减的金额、本周期实际应支付的合同价款。

② 发包人签发进度款支付证书

发包人应在收到承包人进度款支付申请后的 14 天内，根据计量结果和合同约定对申请内容予以核实，确认后向承包人出具进度款支付证书，若承发包双方对部分清单项目的计量结果出现争议，发包人应对无争议部分的工程计量结果向承包人出具进度款支付证书。

③ 发包人支付进度款

发包人应在签发进度款支付证书后的 14 天内，按照支付证书列明的金额向承包人按照合同约定的账户支付进度款。若发包人逾期未签发进度款支付证书，则视为承包人提交的进度款支付申请已被认可，承包人可向发包人发出催告付款的通知。发包人应在收到通知后的 14 天内，按照承包人支付申请的金额向承包人支付进度款。

发现已签发的任何支付证书有错、漏或重复的数额，发包人有权予以修正，承包人也有权提出修正申请。经承发包双方复核同意修正的，应在本次到期的进度款中支付或扣减。

5）进度款支付的法律责任

发包人未按合同约定（合同没有约定的则按"13 计价规范"的规定）支付进度款，承包人可催告发包人支付，并有权获得延迟支付的利息；发包人在付款期满后的 7 天内仍未支付的，承包人可在付款期满后的第 8 天起暂停施工。发包人应承担由此增加的费用和延误的工期，向承包人支付合理利润，并应承担违约责任，具体内容在合同中明确约定。

3. 竣工结算

（1）竣工结算编制

1）工程竣工结算的条件

工程竣工结算应具备以下条件：

① 工程已按施工承包合同及补充条款确定的工作内容全部竣工，并有合格的竣工质量验收报告及工程质量评定报告。

② 工程已正式移交运营单位并签订保修合同。

③ 具备完整的竣工图、图纸会审纪要、工程变更、现场签证以及工程验收资料，且竣工材料已按照档案管理要求完整的移交项目公司档案室。

④ 工程量差、重大设计变更、委托洽商（含审定的价款）审批材料齐全。

2）竣工结算书的编制

竣工结算书是指承包人按照签订的工程承包合同完成所约定的工程承包范围内的全部工作内容，发包人应当根据施工图纸及说明书、国家颁发的施工验收规范和质量检验标准及时进行验收，竣工验收合格后，承包人向发包人办理的最终工程价款结算的结算书。竣工结算书必须包含合同内造价及变更、签证等内容，并附带所有证明资料。

经审查的工程竣工结算是核定建设工程造价的依据，也是建设项目竣工验收后发包人编制竣工结算和核定新增固定资产价值的依据，审查确认的工程结算报告由合同双方签字盖章，作为合同执行的重要文件双方留存。

竣工结算书主要包括以下内容：

① 封面：应注明工程项目名称、合同标段名称、单位工程名称；注明合同编号和编

制单位、加盖单位公章，授权委托人签字，编制人签字盖章。

② 目录。

③ 编制说明。

④ 工程（预）结算汇总表。

⑤ 工程量差（预）结算表。

⑥ 工程设计变更（预）结算表及预算。

⑦ 现场签证（预）结算表及预算。

⑧ 工程洽商（预）结算表及预算。

⑨ 工程材料价差调整明表。

⑩ 工程应扣甲供材料明细表。

⑪ 标外工程（甲方另委）项目（预）结算表。

⑫ 索赔事宜确认函。

⑬ 奖罚。

（2）竣工结算要求

1）单位工程竣工结算由承包人编制，发包人审查；实行总承包的工程，由具体承包人编制，在总包人审查的基础上，发包人审查。单项工程竣工结算或建设项目竣工总结算由总（承）包人编制，发包人可直接进行审查。单项工程竣工结算或建设项目竣工总结算经发、承包人签字盖章后有效。

2）《建筑工程施工发包与承包计价管理办法》规定，国有资金投资建筑工程的发包方，应当委托具有相应资质的工程造价咨询企业对竣工结算文件进行审核，并在收到竣工结算文件后的约定期限内向承包方提出由工程造价咨询企业出具的竣工结算文件审核意见；逾期未答复的，按照合同约定处理，合同没有约定的，竣工结算文件视为已被认可。

3）非国有资金投资的建筑工程发包方，应当在收到竣工结算文件后的约定期限内予以答复，逾期未答复的，按照合同约定处理，合同没有约定的，竣工结算文件视为已被认可；发包方对竣工结算文件有异议的，应当在答复期内向承包方提出，并可以在提出异议之日起的约定期限内与承包方协商；发包方在协商期内未与承包方协商或者经协商未能与承包方达成协议的，应当委托造价咨询企业进行竣工结算审核，并在协商期满后的约定期限内向承包方提出由工程造价咨询企业出具的竣工结算文件审核意见。

4）承包方与发包方提出的工程造价咨询企业竣工结算审核意见有异议，在接到该审核意见后一个月内，可以向有关工程造价管理机构或有关行业组织申请调解，调解不成的，可以依法申请仲裁或者向人民法院提起诉讼。

项目竣工结算为工程完成后，双方应当按照约定的合同价款及合同价款调整内容以及索赔事项，进行工程竣工结算。项目竣工结算一般分为单位工程竣工结算、单项工程竣工结算及建设项目竣工总结算。

（3）竣工结算依据

项目竣工结算的依据包括：

1）经承包人、发包人确认的工程竣工图纸、图纸交底、设计变更、洽商变更；

2）工程施工合同及其补充文件；

3）招标投标资料；

4）经确认的各种经济签证；

5）经确认的材料限价单；

6）竣工验收合格证明（工期或者质量未达到合同要求的项目应提供相应的明确责任的说明）；

7）有关结算内容的专题会议纪要等；

8）合同中约定采用预算定额、材料预算价格、费用定额及有关规定；

9）经工地现场业主代表及监理工程师签字确认的施工签证和相应的预算书以及工程技术资料；

10）经业主及监理单位审批的施工组织设计和施工技术措施方案；

11）甲供材料及设备；

12）按相关规定或合同中有关条款规定持凭证进行结算的原始凭证；

13）由现场工程师提供的符合扣款规定的相关证明；

14）不可抗拒的自然灾害记录以及其他与结算相关的经业主与承包商共同签署确认的协议、备忘录等有关资料；

15）双方确认的其他任何对结算造价有影响的书面文件。

（4）竣工结算递交

1）结算申请：工程完工并验收合格后，承包人根据合同约定进行结算书的编制。编制完成后，出具书面结算申请书、竣工结算报告和完整的结算资料一并上报。该工作须在一个月内完成。

2）监理批准：监理公司核实工程是否通过验收，以及结算书中所附结算资料是否属实。并在结算申请书上书写意见，该工作在一周内完成。

3）发包人审查：监理公司将同意结算的批复意见报至发包人后，发包人应在接到竣工结算报告和完整的竣工资料后进行审核，该工作在 60 天内完成。

4）承包人答疑：承包人与竣工核算单位对结算当中的扣减项目进行核对工作。在竣工结算的最后阶段，发包人上级主管部门或审计单位对承包人上报的竣工结算资料发出书面审核通知书（查询单），承包人应在规定期限内（一般为 7 个工作日内）对审核通知单所提出的意见逐条进行详细回复。

5）竣工结算文件的确认与备案：工程竣工结算文件经发承包双方签字确认的，应当作为工程决算的依据，未经双方同意，另一方不得就已生效的竣工结算文件委托工程造价咨询企业重复审核。发包方应当按照竣工结算文件及时支付竣工结算款。竣工结算文件应当由发包方报工程所在地县级以上地方人民政府住房城乡建设主管部门备案。

（5）竣工移交撤场

1）项目竣工移交的条件

完成承包范围内所有工程并达到合同约定的质量标准。承包范围内工程包括施工合同协议书约定的承包范围，施工过程中承发包双方签订的补充协议所约定的承包范围和设计变更。

承包人完成施工的同时还须注意已完工程必须达到合同约定的质量标准，实践中，大部分建设工程项目约定的质量标准均为"合格"，但也有少部分建设工程项目特质量标准约定为"某某优质工程"、"某某样板工程"等，如工程质量标准约定为后者的，承包人应尽一切努力度工程达到该标准，否则即使工程达到"合格"标准，发包人也可请求减少支付工程价款。

2）组织竣工验收

竣工验收组织要求是由发包人负责组织验收，勘察、设计、施工、监理、建设主管、备案部门的代表参加。验收组织的职责是听取各单位的情况报告，审核竣工资料，对工程质量进行评估、鉴定，形成工程竣工验收会议纪要，签署工程竣工验收报告，对需整改的问题作出处理决定。

3）办理工程移交手续

通过工程竣工验收后，承包人应在规定的期限内（一般为28天）同发包人办理工程移交手续，工程工作的主要内容为：交钥匙、交工程竣工资料、交质量保修书。

4）工程移交

项目通过竣工验收，承包人递交"工程竣工报告"的日期为实际竣工日期。承包人应在发包人对竣工验收报告签后的规定期限内向发包人递交竣工结算报告和完整的结算资料。承包人在收到工程竣工结算价款后，应在规定的期限内将竣工项目移交发包人，及时转移撤出施工现场，解除施工现场全部管理责任。

① 办理工程移交的工作内容

a. 向发包人移交钥匙时，工程室内外应清扫干净，达到窗明、地净、灯亮、水通。排污畅通、动力系统可以使用。

b. 向发包人移交工程竣工资料，在规定的时间内，按工程竣工资料清单目录，进行逐项交接，办清交验签章手续。

c. 原施工合同中未包括工程质量保修书附件的，在移交竣工工程时，应按有关规定签署或补签工程质量保修书。

② 撤出施工现场的计划安排

a. 项目经理部应按照工程竣工验收、移交的要求，编制工地撤场计划，规定时间，明确负责人、执行人，保证工地及时清场转移。

b. 撤场计划安排的具体工作要求：暂设工程拆除，场内残土、垃圾要文明清运；对机械、设备进行油漆保养，组织有序退场；周转材料要按清单数量转移、交接、验收、入库；退场物资运输要防止重压、撞击，不得野蛮倾卸；转移到新工地的各类物资要按指定位置堆放，符合平面管理要求；清场转移工作结束，恢复临时占用土地，解除施工现场管理责任。

4. 最终清算

最终清算是指合同约定的缺陷责任期终止后，承包人按照合同规定完成全部剩余工作且质量合格的，发包人与承包人结算全部剩余款项的活动。

承包方已按合同规定完成全部剩余工作且质量合格后，发包方与承包方应按照下列要求结清全部剩余款项。

（1）最终结清申请。缺陷责任期终止后，承包方已按合同规定完成全部剩余工作且质量合格的，发包方应签发缺陷责任期终止证书。发包方对最终结清申请单有异议的，有权要求承包方进行修正和提供补充资料，由承包方向发包方提交修正后的最终结清申请单。

（2）最终结清审核。承包方提交最终结清申请单后，应在规定时间内配合发包方予以核实，并获得发包方向承包方签发的最终支付证书。发包方未在约定时间内核实，又未提出具体意见的，应视为承包方提交的最终结清申请单已被发包方认可。

（3）最终结清支付。承包方应协助发包方在签发最终结清支付证书后的规定时间内，按照最终结清支付证书列明的金额向承包方支付最终结清款。发包方未按期支付的，承包方可催告发包方在合理期限内支付，并有权获得延迟支付利息。承包方对发包方支付的最终结清款有异议的，可按照合同约定的争议解决方式处理。

5. 特殊情况下的工程价款结算

特殊情况下的工程价款结算主要是指合同解除的价款结算，分为不可抗力解除合同和违约解除合同。

（1）不可抗力解除合同的工程价款结算

因发生不可抗力，导致合同无法履行，双方协商一致解除合同，按照协议办理结算和支付合同价款。发包人应向承包人支付合同解除之日前已完成工程尚未支付的合同价款，此外还应支付下列金额：

1）合同约定应由发包人承担的费用；

2）已实施或部分实施的措施项目应付价款；

3）承包人为合同工程合理订购且已支付的材料和工程设备货款。发包人一经支付此项货款，该材料和工程设备即成为发包人的财产；

4）承包人撤离现场所需的合理费用，包括员工遣送费和临时工程拆除、施工设备运离现场的费用；

5）承包人为完成合同工程而预期开支的任何合理费用，且该项费用未包括在本款其他各项支付之内。

承发包双方办理结算合同价款时，应扣除合同解除之日前发包人应向承包人收回的价款。当发包人应扣除的金额超过应支付的金额，承包人应在合同解除后的 56 天内将其差额退还发包人。

（2）违约解除合同的工程价款结算

1）发包人违约

因发包人违约解除合同的，发包人除应按照有关不可抗力解除合同的规定向承包人支付各项价款外，还应按合同约定核算发包人应支付的违约金以及给承包人造成的损失或损害的索赔金额费用。该笔费用由承包人提出，发包人核实后与承包人协商确定后的 7 天内向承包人签发支付证书。协商不能达成一致的，按照合同约定的争议解决方式处理。

2）承包人违约

因承包人违约解除合同的，发包人应暂停向承包人支付任何价款。发包人应在合同解除后 28 天内核实合同解除时承包人完成的全部合同价款以及按施工进度计划已运至现场的材料和工程设备货款，按合同约定核算承包人应支付的违约金以及造成损失的索赔金额，并将结果通知承包人。承发包双方应在 28 天内予以确认或提出意见，并应办理结算合同价款。如果发包人应扣除的金额超过了应支付的金额，承包人应在合同解除后的 56 天内将其差额退还发包人。承发包双方不能就解除合同后的结算达成一致的，按照合同约定的争议解决方式处理。

6.4.4 分包工程价款结算管理

分包工程价款结算主要有三项内容：预付款、进度款及竣工结算，分包类型不同，涉及的分包工程价款结算的内容也不尽相同。

1. 预付款

分包工程预付款，一般适用于专业分包工程，是由总承包方按照分包合同约定，在正式开工前预先支付给分包方，用于购买工程施工所需的材料、工程设备，以及组织施工机械、人员进场和其他事项的款项。预付款在进度付款中同比例扣回。在分包工程完工验收合格前，分包合同解除的，尚未扣完的预付款应与分包合同价款一并结算。

分包工程预付款结算应确保及时到位，并包括下列管理内容：

（1）预付款的支付。分包方应在签订分包合同或向总承包方提供预付款担保后提交预付款支付申请，总承包方应在收到支付申请的规定时间内进行核实，向分包方发出预付款支付证书，并在签发支付证书后的规定时间内向分包方支付预付款；

（2）预付款的扣回。预付款应当由总承包方和分包方在分包合同中明确约定抵扣方式和抵扣时间，从每一个支付期的工程进度款中按一定比例扣回，直到扣回金额达到合同约定的预付款金额为止；

（3）预付款担保。企业应采用适宜的预付款担保形式规避风险，并应在预付款扣完后的规定时间内将预付款保函退还给分包方。

2. 进度款

分包工程进度款是合同价款期中结算支付的一种形式，为确保进度款支付合规合矩，并包括下列管理内容：

（1）分包工程进度款的计算和申请

进度款的计算一般有三种，包括劳务分包进度款的计算、专业分包工程进度款计算和业主指定分包进度款计算。

一是劳务分包进度款的计算。根据劳务分包人在进度款周期内完成的工作量，套取相应定额及劳务分包合同规定的人工单价计算；

二是专业分包工程进度款计算。已标价工程量清单中的单价项目，分包方宜按工程计量确认的工程量与综合单价计算。如综合单价发生调整的，以总分包双方确认调整的综合单价计算进度款；

三是业主指定分包进度款计算。由业主指定分包人完成的工程价款，由分包人通过分包合同约定的计价方式计算进度款，由总承包人初审后交业主审核，业主确认后，按业主确认的进度款计价。

进度款的申请除包含已完成工作的金额，还包含分包合同变更应增加和扣减的变更金额；价格调整应增加和扣减的调整金额；应支付的预付款和扣减的返还预付款；应扣减的质量保证金；应增加和扣减的索赔金额；对已签发的进度款支付证书中出现错误的修正，应在本次进度付款中支付或扣除的金额；根据分包合同约定应增加和扣减的其他金额。

分包方宜在每个计量周期到期后向总承包人提交已完分包工程进度款支付申请，详细说明此周期认为有权得到的款额，并附上已完成工程量报表和有关资料。

（2）分包工程进度款的支付审核

承包人应在收到分包人进度付款申请单后21天内完成审核并签发进度款支付证书。

承包人逾期未完成审批且未提出异议的，视为已签发进度款支付证书。

承包人对分包人的进度付款申请单有异议的，有权要求分包人修正和提供补充资料，分包人应提交修正后的进度付款申请单。承包人应在收到分包人修正后的进度付款申请单及相关资料后21天内完成审核，向分包人签发无异议部分的临时进度款支付证书。存在争议的部分，按照分包合同约定处理。

（3）分包工程进度款的支付

进度款的支付比例按照分包合同约定，按期中结算价款总额计，一般宜不低于60%，不高于90%。承包人应在进度款支付证书或临时进度款支付证书签发后7天内完成支付，承包人逾期支付进度款的，应按照中国人民银行发布的同期同类贷款基准利率支付违约金。

（4）分包工程进度款付款的修正

在对已签发的进度款支付证书进行阶段汇总和复核中发现错误、遗漏或重复的，承包人和分包人均有权提出修正申请。经承包人和分包人同意的修正，应在下期进度付款中支付或扣除。

3. 竣工结算

分包工程竣工结算应确保精准可靠，并包括以下管理内容：

（1）分包工程竣工结算书的编制

分包工程项目竣工结算书（资料）宜包括但不限于：

一是已完分包工程进度情况：包括合同进度、实际进度等方面；

二是已完分包工程质量情况：包括是否满足验收规范和合同约定；

三是已完分包工程数量情况：包括是否满足合同约定的计算要求，已完工程累计已收工程价款和应收工程价款；

四是分包工程项目签证索赔资料：包括总承包人已核准的或尚未核准的工程技术核定单、签证单、设计变更、会议纪要、索赔报告等；

五是已完分包工程资金收支情况；

六是其他分包工程竣工结算所必需的资料。

（2）分包工程竣工结算审核

承包人应在收到结算申请单后28天内完成审核，并向分包人签发完工付款证书。承包人对结算申请单有异议的，有权要求分包人进行修正和提供补充资料，分包人应提交修正后的结算申请单。

承包人在收到分包人提交结算申请单后28天内未完成审核且未提出异议的，视为承包人认可分包人提交的结算申请单，并自承包人收到分包人提交的结算申请单后第29天起视为已签发完工付款证书。

（3）分包工程竣工价款结算支付

总承包方在收到分包方提交的分包工程竣工结算款支付申请，经支付条件核实后，在签发分包工程竣工结算支付证书后的规定时间内，按照分包工程竣工结算支付证书列明的金额向分包方支付分包工程结算款。承包人逾期支付的，按照中国人民银行发布的同期同类贷款基准利率支付违约金。

分包人对承包人签发的完工付款证书有异议的，对于有异议部分应在收到承包人签发的完工付款证书后7天内提出异议，按照分包合同的约定处理。分包人逾期未提出异议的，视为认可承包人签发的完工付款证书。

（4）分包工程竣工价款的最终结清

分包人应在分包工程缺陷责任期终止证书颁发后 7 天内，按专用合同条款约定的份数向承包人提交最终结清申请单，并提供相关证明材料。

最终结清申请单应列明质量保证金、应扣除的质量保证金、分包工程完工验收合格之日至缺陷责任期届满之日发生的增减费用。

承包人对最终结清申请单内容有异议的，有权要求分包人进行修正和提供补充资料，分包人应向承包人提交修正后的最终结清申请单。

承包人应在收到最终结清申请单后 14 天内完成审批并向分包人颁发最终结清证书。承包人逾期未完成审批且未提出异议的，视为承包人同意分包人提交的最终结清申请单，且自承包人收到最终结清申请单后第 15 天起视为已颁发最终结清证书。承包人应在最终结清证书颁发后 7 天内完成支付。承包人逾期支付的，按照中国人民银行发布的同期同类贷款基准利率支付违约金。

6.5 工程移交

6.5.1 工程竣工移交的条件

1. 完成承包范围内所有工程并达到合同约定的质量标准

承包范围内工程包括施工合同协议书约定的承包范围；施工过程中承发包双方签订的补充协议所约定的承包范围；设计变更。

承包人完成施工的同时还须注意已完工程必须达到合同约定的质量标准，实践中，大部分建设工程项目约定的质量标准均为"合格"，但也有少部分建设工程项目特质量标准约定为"某某优质工程"、"某某样板工程"等，如工程质量标准约定为后者的，承包人应尽一切努力度工程达到该标准，否则即使工程达到"合格"标准，发包人也可请求减少支付工程价款。

2. 组织竣工验收

竣工验收组织要求是由发包人负责组织验收，验收组织的职责是听取各单位的情况报告，审核竣工资料，对工程质量进行评估、鉴定，形成工程竣工验收会议纪要，签署工程竣工验收报告，对需整改的问题作出处理决定。

3. 办理工程移交手续

通过工程竣工验收后，承包人应在规定的期限内同发包人办理工程移交手续，工程工作的主要内容为：交钥匙、交工程竣工资料、交质量保修书。

6.5.2 工程移交

项目通过竣工验收，承包人递交"工程竣工报告"的日期为实际竣工日期。承包人应在发包人对竣工验收报告签认后的规定期限内向发包人递交竣工结算报告和完整的结算资料。承包人在收到工程竣工结算价款后，应在规定的期限内向发包方办理工程实体和工程档案资料移交。

1. 工程实体移交

（1）项目部在工地清理完成后，由项目经理牵头组织有关人员对工程收尾情况进行全面检查验收，确认工程具备移交条件后，向企业提出移交申请。

（2）企业组织有关人员对工程进行移交前检查验收，确认工程已全面满足合同要求，具备移交条件后，会同项目部向业主正式移交工程，办理工程移交手续。

（3）在将工程移交前，应将工程清扫干净，并全部锁门封闭。向发包人移交钥匙时，工程室内外应清扫干净，达到窗明、地净、灯亮、水通。排污畅通、动力系统可以使用。

（4）工程移交应组织召开工程移交会议，办理移交手续，签署工程移交证书，工程移交表格参见表 6-4～表 6-8。

工程移交表 　　　　　　　　　　　　　　　　表 6-4

单位工程名称				
移交内容及范围				
完成情况				
办理验收情况				
移交意见				
参加移交单位	施工单位	（盖章）	项目经理：	
	监理单位	（盖章）	总监：	
	勘察单位	（盖章）	代表：	
	设计单位	（盖章）	代表：	
	建设单位	（盖章）	代表：	
	接收单位（物业）	（盖章）	代表：	
移交日期		移交地点		
存在问题				
施工单位整改情况	施工单位（盖章）　日期：			
监理单位意见	监理单位（盖章）　日期：			
建设单位意见	建设单位（盖章）　日期：			
接收单位（物业）意见	接收单位（盖章）　日期：			

房屋及建筑物移交表   表 6-5

单位工程名称：

序号	名称	计量单位	竣工工程规模	接收部门复核		备注
				复核人	负责人	

施工单位：   监理单位：   建设单位：

机电设备移交表   表 6-6

系统名称：   合同编号：

序号	合同单价号	供货渠道	名称及规格型号	计量单位	竣工数量	存放地点	接收部门复核		备注
							复核人	负责人	

施工单位：   监理单位：   建设单位：

专用工器具移交表 表 6-7

系统名称： 合同编号：

序号	合同单价号	供货渠道	名称及规格型号	计量单位	竣工数量	安装（存放）地点	接收部门复核		备注
							复核人	负责人	

施工单位： 监理单位： 建设单位：

钥匙移交表 表 6-8

工程名称：

序号	房间名称	钥匙编号	数量	接收部门复核		备注
				复核人	负责人	

施工单位： 监理单位： 建设单位：

（5）承包方在组织工程移交时，应出具工程使用说明书。

住宅使用说明书

为了使您更好地了解使用住房及室内设施，我们根据有关规定，制定了本《住宅使用说明书》。请您细心阅读，正确使用室内设施，减少故障，延长使用寿命。并真诚地欢迎您对我们的工作，包括您对住房的使用情况提出意见，以改进我们的工作。

第一条　该商品住宅位置：您购买的住宅为_____区（县）住宅小区_____楼_____单元_____层_____号。建筑面积_____ m²，位于_____东_____西_____南_____北。

第二条　建设该住宅楼的有关单位及资质等级：

开发单位：_____设计单位：_____

施工单位：_____监理单位（质监单位）：_____

第三条　本商品住宅的结构类型为_____抗震设防基本裂度为_____度。

第四条　本住宅各部分结构性能、标准及使用须知：

4.1　地基基础：本住宅采用_____基础。要处理好房屋周围的排水，防止地表水渗入地基内。不要在基础边乱挖及取土等。

4.2　墙体：本住宅在_____部件设钢筋混凝土圈梁。在_____部位设抗震构造柱。梁柱严禁重物撞击、改动。砖混住宅纵横墙（承重墙、保温墙均在内），使用时严禁改拆、开洞，以免破坏结构，影响住房整体稳定和刚度。

4.3　墙面：外墙为_____，内墙为_____，不得凸出外墙安装防盗网和晒衣架等，请勿重物撞击，在上面打洞、乱刻乱画，以免损坏墙面装修。

4.4　门窗：户门使用_____，内门使用_____；窗使用_____。门窗在使用时请勿用力过大，不得随意拆装，应轻开轻关，以免损坏零部件。

4.5　屋面：使用_____制作屋面结构层，屋面防水使用_____，为（上人/不上人）屋面。

禁止在不上人屋面安装任何设施；在上人屋面安装太阳能或其他设施时，严禁破坏屋面结构和防水层。严禁在屋面上堆放物品，以免破坏屋面防水层或影响屋面排水及造成屋面超载。注意保护落水管并经常清理屋面漏水斗，以免造成堵塞。

4.6　阳台：活荷载为_____ kg/m²，使用中不得超过此限值，阳台结构形式不得有任何改动（包括栏板降低或外伸）。

4.7　室内楼地面：地面装修荷载不得超过_____ kg/m²，使用荷载不得超过设计标准_____ kg/m²，除厨房、卫生间地面有防渗层外，其他室内楼地面一律不准用水直接冲刷。切勿用重物撞击地面。

第五条　室内主要设施类型、使用材料、性能、标准及使用须知：

5.1　上水：厨房卫生间_____条管道，采用镀锌无缝钢管，设水表_____只。室内阀门及水龙头宜轻开轻关。水表严禁拆换。请节约用水。

5.2　排水采用_____材料的下水管。水管应防止外力打击；便器内及地漏口不得扔放手纸、卫生巾、塑料袋、杂物及垃圾等易堵物，排水口的污物应经常清除，以免造成堵塞，影响您及他人的正常使用。

5.3　室内供电采用_____路供电，暗线敷设。进户线_____平方毫米，其余线_____平方毫米。进户线最大允许负荷为_____千瓦。每户设电表一只。住户要做到安全用电，不得超过线路及户表的最大允许负荷量，不乱动电表及室内线路，以免造成线路和电器设备的损坏，影响安全及正常使用。

5.4　供热：室内采用_____方式供暖，在_____处设供暖设施。供暖管路及其设施不得随意拆卸和安装。热水供应专设管道及水表、阀门，应按说明书正确使用。

5.5　供冷：室内采用_____方式供冷，供冷设施不得擅自拆改。

5.6　燃气：使用时请详细阅读相关使用说明书。燃气管道不得私自改装移位；计量表阀门不得拆卸、乱动，以免漏气，影响您及家人的安全。

5.7　室内电话插座、有线电视插座及其相关线路，请不要随意改动，以免影响正常使用。

5.8　室外配有消防管道及消防栓，电梯间配有紧急按钮，平时严禁乱动，遇有紧急情况，方可启动。

5.9　室外设有避雷装置，请注意保护，不得拆卸和截断避雷天线和地线的连接。

5.10　室外垃圾道不许将纸箱、木棒、编织袋等大件易堵物直接倒入，以防堵塞。

第六条　物业管理：小区设有物业管理部门，专门为本住宅小区居民服务。在商品住宅质量保证书中已写明物业管理单位、通信地址、联系电话、联系人。有事可直接联系。

第七条　注意事项：

7.1　用户不得改变房屋的使用性质、结构、外形及色调。在室外进行装修、装饰必须事先向有关管理部门报批后，方可施工，装修时不得影响其他住户的正常使用。

7.2　不得擅自改装、拆除房屋原有附属设施。如有改动，必须向有关管理部门报批后，方可改动。交房后，用户自行添置、改动的设施、设备，由用户自行承担维修责任。

7.3　不得在公共部位、公用走廊等部位违法搭建及堆放杂物。室内外严禁存放易燃易爆等危险品。爱护室外公共绿地及花木，遵守＿＿＿＿＿＿＿市绿化管理条例。

第八条　其他需要说明的事项：＿＿＿＿＿＿＿＿＿＿＿

附件：生产厂家对房屋中配置的设备、设施有关说明书等资料＿＿＿＿＿＿＿份。（略）

2. 工程资料移交

（1）项目经理部依据工程招标文件、合同协议中规定竣工文件的编制要求、内容、份数、移交归档时间及履约责任等要求对工程资料档案管理工作进行管理和指导。

（2）项目经理部应认真履行合同中关于竣工文件编制的有关条款、规定，重视竣工资料移交管理，将工程资料移交工作纳入到有关工程技术人员的职责范围，并配备资料员负责竣工文件从形成到归档移交各个环节。

（3）项目经理部负责收集、编制、立卷归档施工文件、竣工图和竣工验收文件。材料、构件和设备的供货单位负责将其承包项目范围内的文件收集齐全，及时提交施工安装单位整理、立卷、归档。

（4）工程竣工资料收集、编制、整理和移交归档应与工程建设同步进行，必须真实、准确、完整，不得后补。

（5）工程竣工验收前，项目经理部应完成竣工文件编制，提请城建档案馆对竣工档案进行预验收，预验收合格后方可组织工程竣工验收，不符合标准的，要求竣工档案形成单位修改完善。

（6）工程竣工验收后，承包商的工程资料应按规定时间移交给发包方，并应符合移交规定。工程资料移交时，双方应在资料移交清单上签字盖章，工程资料应与清单目录一致。

工程资料移交书样板如下：

工程资料移交书
＿＿按有关规定向＿＿＿＿＿＿＿＿＿＿＿＿＿＿＿＿＿办理＿＿＿＿＿＿＿＿＿＿＿＿＿＿＿＿＿＿＿工程资料移交手续，共计＿＿＿＿＿＿＿＿＿＿册。其中图样材料＿＿＿＿＿＿＿＿＿册，文字材料＿＿＿＿＿册，其他材料＿＿＿＿＿＿＿张（　　　）。 附：工程资料移交目录 移交单位（公章）　　　　　　　接受单位（公章）： 单位负责人：　　　　　　　　　单位负责人： 技术负责人：　　　　　　　　　技术负责人： 移交人：　　　　　　　　　　　接收人： 　　　　　　　　　　　　　　　　　　　　移交日期：　　年　　月　　日

（7）实行工程总承包的，专业分包单位宜将竣工资料上交总承包单位，由总承包单位统一上交发包方。

（8）竣工资料内容：

竣工资料内容参见表6-9。

竣工资料表
表6-9

资料项目	内容
工程技术档案资料	（1）开工报告、竣工报告；（2）项目经理技术人员聘任文件；（3）施工组织设计；（4）图纸会审记录；（5）技术交底记录；（6）设计变更通知；（7）技术核定单；（8）地质勘察报告；（9）定位测量记录；（10）基础处理记录；（11）沉降观测记录；（12）防水工程抗渗试验记录；（13）混凝土浇灌令；（14）商品混凝土供应记录；（15）工程复核记录；（16）质量事故处理记录；（17）施工日志；（18）建设工程施工合同，补充协议；（19）工程质量保修书；（20）工程预（结）算书；（21）竣工项目一览表；（22）施工项目总结算
工程质量保证资料：土建工程主要质量保证资料	（1）钢出厂合格证、试验报告；（2）焊接试（检）验报告、焊条（剂）合格证；（3）水泥出厂合格证或报告；（4）砖出厂合格证或试验报告；（5）防水材料合格证或试验报告；（6）构件合格证；（7）混凝土试块试验报告；（8）砂浆试块试验报告；（9）土壤试验、打（试）桩记录；（10）地基验槽记录；（11）结构吊装、结构试验记录；（12）工程隐蔽验收记录；（13）中间交接验收记录等
建筑采暖卫生与煤气主要质量保证资料	（1）材料、设备出厂合格证；（2）管道、设备强度、焊口检查和严密性试验记录；（3）系统清洗记录；（4）排水管灌水、通水、通球试验记录；（5）卫生洁具盛水试验记录；（6）锅炉烘炉、煮炉、设备试运转记录等
建筑电气安装主要质量保证资料	（1）主要电气设备、材料合格证；（2）电气设备试验、调整记录；（3）绝缘、接地电阻测试记录；（4）隐蔽工程验收记录等
通风与空调工程主要质量保证资料	（1）材料、设备出厂合格证；（2）空调调试报告；（3）制冷系统检验、试验记录；（4）隐蔽工程验收记录等
电梯安装工程主要质量保证资料	（1）电梯及附件、材料合格证；（2）绝缘、接地电阻测试记录；（3）空、满、超载运行记录；（4）调整、试验报告等
工程质量验收资料	（1）质量管理体系检查记录；（2）分项工程质量验收记录；（3）分部工程质量验收记录；（4）单位工程竣工质量验收记录；（5）质量控制资料检查记录；（6）安全与功能检验资料核查及抽查记录；（7）观感质量综合检查记录
工程竣工图	应逐张加盖"竣工图"章。"竣工图"章的内容应包括：发包人、承包人、监理人等单位名称、图纸编号、编制人、审核人、负责人、编制时间等。编制时间应区别以下情况： （1）没有变更的施工图，由承包人在原施工图上加盖"竣工图"章标志作为竣工图； （2）在施工中虽有一般性设计变更，但就原施工图加以修改补充作为竣工图的，可不重新绘制，由承包人在原施工图上注明修改部分，附以设计变更通知单和施工说明，加盖"竣工图"章标志作为竣工图； （3）结构形式改变、工艺改变、平面布置改变、项目改变以及其他重大改变，不宜在原施工图上修改、补充的，责任单位应重新绘制改变后的竣工图，承包人负责在新图上加盖"竣工图"章标志作为竣工图

6.6 缺陷责任期与工程保修

6.6.1 缺陷责任期管理

1. 缺陷责任期

缺陷责任期是指承包人按照合同约定承担缺陷修复义务，且发包人预留质量保证金的期限，自工程实际竣工之日起计算，一般为6个月、12个月或24个月，由发承包双方在合同中约定。缺陷保证金一般按工程价款结算总额的 3% 预留。

缺陷责任期是一种当工程保修期（国际上称为缺陷责任期）内出现质量缺陷时，承包商应当负责维修的担保形式，维修保证可以包含在履约保证之内，这时履约保证有效期要相应地延长到承包商完成了所有的缺陷修复。

缺陷责任期内，由承包人原因造成的缺陷，承包人应负责维修，并承担鉴定及维修费用。如承包人不维修也不承担费用，发包人可按合同约定扣除保留金，并由承包人承担违约责任。承包人维修并承担相应费用后，不免除对工程的一般损失赔偿责任。

缺陷责任期的起算日期必须以工程的实际竣工日期为准，与之相对应的工程照管义务期的计算时间是以业主签发的工程接收证书起。对于有一个以上交工日期的工程，缺陷责任期应分别从各自不同的交工日期起算。

2. 缺陷责任期管理应符合下列规定：

（1）企业应制定工程缺陷责任期管理制度。

项目经理部应成立缺陷责任期现场管理机构并常驻工地承担缺陷责任期相应的工作任务，应留有一定人员、物资、机器设备在现场进行缺陷责任期工程管理，应制定切实可行的维护方案，定期对所建工程进行全面、仔细地检查，发现问题及时处理。遇台风、暴雨等不可抗拒的自然灾害后要随时组织检查，对出现的工程缺陷要登记清楚，分析原因，及时向业主上报缺陷数量、缺陷范围、缺陷责任及原因等，并立即组织维修。

（2）缺陷责任期内，企业应承担质量保修责任。缺陷责任期届满后，回收质量保证金，实施相关服务工作。

1）由于施工原因、质量不符合要求需要返工的，要确认部位、数量、处理办法及修理期限，由承包人保质按期完成返修任务。

2）因某些客观原因造成的工程遗留项目，须认真清理。承包人应会同业主和监理单位共同协商，提出处理意见，确定修复期限，由承包人完成修复任务。

3）建设项目交工后，在使用过程中出现的问题，承包人应会同业主和监理单位共同协商，提出处理办法，落实质量保修责任。

（3）缺陷责任期内，发包方对已接收使用的工程负责日常维护工作。发包方在使用过程中，发现已接收的工程存在新的缺陷、已修复的缺陷部位或部件又遭损坏，应由企业负责修复，所需费用由缺陷的责任方承担。

（4）承包方不能在合理时间内修复的缺陷，发包方可自行修复或委托其他人修复，所需费用由缺陷的责任方承担。

6.6.2 质量保修期管理

工程质量保修是指施工单位对房屋建筑工程竣工验收后，在保修期限内出现的质量不符合工程建设强制性标准以及合同的约定等质量缺陷，予以修复。

施工单位应当在保修期内，履行与建设单位约定的，符合国家有关规定的，工程质量保修书中的关于保修期限、保修范围和保修责任等义务。

1. 保修期限

在正常使用条件下，保修期应从工程竣工验收合格之日起计算，其最低保修期限为：

（1）基础设施工程、房屋建筑的地基基础工程和主体结构工程，为设计文件规定的该工程的合理使用年限；

（2）屋面防水工程、有防水要求的卫生间、房间和外墙面的防渗漏，为3年；

（3）供热与供冷系统，为2个采暖期、供冷期；

（4）电气管线、给排水管道、设备安装和装修工程，为2年；

（5）其他项目的保修期限由发包方与承包方约定。建设工程的保修期，自竣工验收合格之日起计算。

2. 保修范围

对房屋建筑工程及其各个部位，主要有：地基基础工程、主体结构工程、屋面防水工程、有防水要求的卫生间、房间和外墙面的防渗漏、供热与供冷系统、电气管线、给排水管道、设备安装和装修工程以及双方约定的其他项目，由于施工单位施工责任造成的建筑物使用功能不良或无法使用的问题都应实行保修。

凡是由于用户使用不当或第三方造成建筑功能不良或损坏者；或是工业产品项目发生问题；或不可抗力造成的质量缺陷等，均不属保修范围，由建设单位自行组织修理。

3. 质量保修责任

（1）发送工程质量保修书

工程质量保修书由施工合同发包人和承包人双方在竣工验收前共同签署，其有效期限至保修期满。

企业在向发包方提交工程竣工验收申请时，应向发包方出具质量保修书，保修书中应明确建设工程的质量保修范围、保修期限、保修责任和保修费用支出和其他内容。保修书的主要内容有：工程简况、房屋使用管理要求；保修范围和保修内容、保修期限、保修责任、保修记录、保修费用支出和其他内容等。还附有保修（施工）单位的名称、地址、电话、联系人等。

《房屋建筑工程质量保修书》可参照以下示范文本。

房屋建筑工程质量保修书

（示范文本）

发包人（全称）：

承包人（全称）：

发包人、承包人根据《中华人民共和国建筑法》、《建设工程质量管理条例》和《房屋建筑工程质量保修办法》，经协商一致，对_____（工程全称）签订工程质量保修书。

一、工程质量保修范围和内容

承包人在质量保修期内，按照有关法律、法规、规章的管理规定和双方约定，承担本工程质量保修责任。

质量保修范围包括地基基础工程、主体结构工程，屋面防水工程、有防水要求的卫生间、房间和外墙面的防渗漏，供热与供冷系统，电气管线、给排水管道、设备安装和装修工程以及双方约定的其他项目。具体保修的内容，双方约定如下：

_____

_____

_____。

双方根据《建设工程质量管理条例》及有关规定，约定本工程的质量保修期如下：

1. 地基基础工程和主体结构工程为设计文件规定的该工程合理使用年限；

2. 屋面防水工程、有防水要求的卫生间、房间和外墙面的防渗漏为____年；

3. 装修工程为____年；

4. 电气管线、给水排水管道、设备安装工程为____年；

5. 供热与供冷系统为____个采暖期、供冷期；

---

6. 住宅小区内的给排水设施、道路等配套工程为＿＿＿年；

7. 其他项目保修期限约定如下：

_____

_____

_____。

质量保修期自工程竣工验收合格之日起计算。

二、质量保修责任

1. 属于保修范围、内容的项目，承包人应当在接到保修通知之日起7天内派人保修，承包人不在约定期限内派人保修的，发包人可以委托他人修理。

2. 发生紧急抢修事故的，承包人在接到事故通知后，应当立即到达事故现场抢修。

3. 对于涉及结构安全的质量问题，应当按照《房屋建筑工程质量保修办法》的规定，立即向当地建设行政主管部门报告，采取安全防范措施；由原设计单位或者具有相应资质等级的设计单位提出保修方案，承包人实施保修。

4. 质量保修完成后，由发包人组织验收。

三、保修费用

保修费用由造成质量缺陷的责任方承担。

四、其他

双方约定的其他工程质量保修事项：_____

_____

_____。

本工程质量保修书，由施工合同发包人、承包人双方在竣工验收前共同签署，作为施工合同附件，其有效期限至保修期满。

发包人（公章）：　　　　　　　承包人（公章）：

法定代表人（签字）：　　　　　法定代表人（签字）：

年　月　日　　　　　　　　　　年　月　日

（2）实施保修

在保修期内，发生了非使用原因的质量问题，使用人应填写《工程质量修理通知书》，通告承包人并注明质量问题及部位、联系维修方式等；施工单位接到建设单位（用户）对保修责任范围内的项目进行修理的要求或通知后，应按《工程质量保修书》中的承诺，7日内派人检查，并会同建设单位共同鉴定，提出修理方案，将保修业务列入施工生产计划，并按约定的内容和时间承担保修责任。

发生涉及结构安全或者严重影响使用功能的质量缺陷，建设单位应当立即向当地建设行政主管部门报告，采取安全防范措施；由原设计单位或具有相应资质等级的设计单位提出保修方案，施工单位实施，工程质量监督机构负责监督；对于紧急抢修事故，施工单位接到保修通知后，应当立即到达现场抢修。

若施工单位未按质量保修书的约定期限和责任派人保修时，发包人可以另行委托他人保修，由原施工单位承担相应责任。

对不履行保修义务或者拖延履行保修义务的施工单位，由建设行政主管部门责令改正。

（3）验收

施工单位在修理完毕之后，要在保修书上做好保修记录，并由建设单位（用户）验收签认。涉及结构安全的保修应当报当地建设行政主管部门备案。

4. 保修费用

保修费用由造成质量缺陷的责任方承担，具体内容如下：

（1）由于承包人未按国家标准、规范和设计要求施工造成的质量缺陷，应由承包人修理并承担经济责任。

（2）因设计人造成的质量问题，可由承包人修理，由设计人承担经济责任，其费用数额按合同约定，不足部分由发包人补偿。

（3）属于发包人供应的材料、构配件或设备不合格而明示或暗示承包人使用所造成的质量缺陷，由发包人自行承担经济责任。

（4）因发包人肢解发包或指定分包人，致使施工中接口处理不好，造成工程质量缺陷，或因竣工后自行改建造成工程质量问题的，应由发包人或使用人自行承担经济责任。

（5）凡因地震、洪水、台风等不可抗力原因造成损坏或非施工原因造成的紧急抢修事故，施工单位不承担经济责任。

（6）不属于承包人责任，但使用人有意委托修理维护时，承包人应为使用人提供修理维护等服务，并在协议中约定。

（7）工程超过合理使用年限后，使用人需要继续使用的，承包人根据有关法规和鉴定资料，采取加固、维修措施时，应按设计使用年限，约定质量保修期限。

（8）发包人与承包人协商，根据工程合同合理使用年限采用保修保险方式，投入并已解决保险费来源的，承包人应按约定的保修承诺，履行保修职责和义务。

（9）在保修期限内，因房屋建筑工程质量缺陷造成房屋所有人、使用人或者第三方人身、财产损害的，房屋所有人、使用人或者第三方可以向建设单位提出赔偿要求。建设单位向造成房屋建筑工程质量缺陷的责任方追偿。

（10）因保修不及时造成新的人身、财产损害，由造成拖延的责任方承担赔偿责任。

6.6.3 工程回访

回访用户是一种"售后服务"方式，体现了"顾客至上"的服务宗旨。项目部在工程交工后及时征求用户意见，如反映有质量问题，应及时对反映的质量问题进行调查分析；承包人交工后应设置回访维修小组，回访维修小组的任务是根据回访保修计划，对竣工工程进行定期回访和日常维修，对用户的维修要求及时满足，使业主满意；同时，总结工程中出现的质量情况，为提高以后的建筑工程质量服务。对发现的质量问题，应检查工程施工过程中的原始质量记录，查明原因后，如属施工方面原因，及时制定维修方案，如遇疑难问题，逐级上报解决；如不属施工方面原因，应派人向用户解释，并妥善处理。

（1）回访应纳入承包人的工作计划、服务控制程序和质量体系文件。承包人应编制回访工作计划。工作计划应包括以下内容：

1）主管回访保修业务的部门；

2）回访保修的履行单位；

3）回访的对象（发包人或使用人）及其工程名称；

4）回访时间安排和主要内容；

5）回访工程的保修期限。

（2）回访和保修工作计划应形成文件，每次回访结束应填写回访记录，并对质量保修进行验证。回访应关注发包人及其他相关方队竣工项目质量的反馈意见，并及时根据情况实施改进措施。

（3）工程回访内容：

1）了解工程使用情况、使用后工程的变异。

2）听取各方面对工程质量和服务的意见。

3）了解所采用的新技术、新材料、新工艺或新设备的使用效果。

4）向建设单位提出保修期后的维护和使用等方面的建议和注意事项。

5）处理遗留问题。

6）巩固良好的合作关系。

（4）工程回访的要求：

1）承包人应根据工程回访中发现的问题，及时组织相关项目部进行保修和维修，并视问题情况修订相应的纠正和预防措施。

2）回访过程必须认真实施，回访人员负责填报《工程回访记录》，必要时写出回访纪要。

3）回访中发现的施工质量缺陷，如在保修期内要采取措施，迅速处理；如已超保修期，要明确写明。

（5）回访调查结果处理及分析，其内容包括：

1）分析并发现产生用户及相关方非常满意的因素；

2）确定用户及相关方满意或不满意的趋向；

3）确定用户及相关方未来的要求和期望；

4）制定改进目标；

5）提出改进措施。

（6）工程回访的主要方式：

1）例行性回访。一般以电话询问、开座谈会等形式进行，每半年或一年一次，了解日常使用情况和用户意见；保修期满之前回访，对该项目进行保修总结，向用户交代维护和使用事项。

2）季节性回访。雨季回访屋面及排水工程、制冷工程、通风工程；冬季回访锅炉房及采暖工程，及时解决发生的质量缺陷。

3）技术性回访。主要了解在施工过程中采用了新材料、新设备、新工艺、新技术的工程，回访其使用效果和技术性能、状态，以便及时解决存在问题，同时还要总结经验，提出改进、完善和推广的依据和措施。

4）特殊工程专访。

6.7 项目管理总结

6.7.1 项目管理总结的依据及基础工作

项目管理总结是全面、系统反映项目管理实施情况的综合性文件，是项目管理形成闭环的重要环节。细致完整的项目管理总结不仅有利于提高项目管理团队及成员个人的业务水平，而且有利于企业建立知识型组织，不断提高项目管理水平。项目管理总结宜包括项目管理团队成员个人总结和项目管理团队总结。

1. 项目管理总结的依据

项目管理总结的依据一般如下：

（1）工程承包合同。

（2）施工图纸和文件。

（3）技术管理资料。

（4）进度管理资料。

（5）成本管理资料。

（6）安全文明施工管理资料。

（7）文档管理情况。

（8）分供方管理及评价。

（9）业主对项目管理的评价。

2. 项目管理总结的基础工作

项目管理总结需做好以下几个方面的基础工作：

（1）收集整理项目管理的有关资料

项目管理资料是项目管理基础工作的重要内容，也是分析总结项目管理经验的原始材料。在进行项目管理总结前，应注意收集整理如下资料：

1）工程技术档案的汇总资料。

2）各项技术经济指标完成情况的分析资料和统计报表。

3）项目实施过程中的获奖业绩材料。

4）项目的各项专业管理制度及总结的经验材料。

5）项目考核评价组织提交的项目考核评价报告。

6）贯彻现代管理体系，推广适用、先进施工技术的材料。

7）项目开展思想政治工作的好经验、好做法的资料。

8）其他与项目管理总结有关的资料。

（2）全面分析项目管理的实施效果

全面分析项目管理实施效果是正确反映项目管理水平，编写项目管理总结材料的需要。分析项目管理效果要充分依据有关资料实事求是地科学评价。全面分析实施效果应注意以下问题：

1）结合项目具体情况进行综合分析，选择适用的评价指标，如质量、工期、利润、成本等分析指标，对项目实施的各个方面进行系统的分析，综合评价项目效益和管理效果。

2）结合项目具体情况进行单项分析，即针对某个单项指标或问题进行剖析，总结好的经验，找出问题的原因，为改进、完善项目管理中的某项工作制定对策措施。

3）结合项目具体情况总结项目管理经验，应与项目考核评价的指标体系同口径，不能与项目考核评价的结论意见有矛盾，客观地反映项目管理的业绩和效果。

（3）认真撰写项目管理的总结材料

撰写项目管理总结材料，是在资料收集、效果分析的基础上，按照编写提纲的要求进行的文字总结。总结材料编写完，须经项目管理总负责人（即项目经理）审核同意后打印上报备案。

项目管理总结是工程文件归档整理的重要材料之一，应按照工程文件归档整理的规定及时存入建设工程文件档案和企业档案。

6.7.2 项目管理团队成员个人总结

项目管理团队成员应进行个人总结，对照个人岗位职责总结其工作任务完成情况及经验教训，特别是对以后遇到类似问题提出更好的处置建议，对于个人发展和企业层面项目管理水平的提高意义重大。

项目管理团队成员个人总结宜包括下列内容：

（1）个人岗位及职责；

（2）岗位职责完成情况；

（3）发现的重要问题及其处置情况及以后遇到类似问题时更好的处置建议；

（4）有关说明和对未来工作的建议。

6.7.3 项目管理团队总结

项目经理宜组织项目团队成员召开项目管理总结交流会，使项目管理团队成员之间进行经验交流，并对项目管理团队总结提出建议。同时，项目经理应组织项目管理团队相关成员编写项目管理团队总结，并报送企业相关部门。项目管理团队总结应作为企业重要档案资料按规定进行保存。

项目管理团队总结应包括下列内容：

（1）工程概况。

（2）项目管理机构。

（3）合同履行情况。

（4）项目管理工作成效。

（5）项目管理工作中发现的问题及其处理情况。

（6）有关说明和对未来工作的建议。

（7）其他。

6.8 项目管理绩效评价

6.8.1 项目管理绩效评价内容

项目管理绩效评价是企业考核项目经理部及项目管理团队，并根据考核结果实施奖惩的重要依据。考核形式可以灵活多样，包括企业内部与外部专家评价方法的结合。

企业应建立项目管理绩效评价标准，按规定程序和方式对项目经理部实施绩效评价。企业可根据自身情况细化项目管理绩效评价指标，并针对评价指标构建权重体系，确保项目管理绩效评价客观公正、科学合理。

企业应在规定时间内形成项目管理绩效评价结果，根据需要征求企业内部及外部相关方意见。项目管理绩效评价结果可作为企业奖惩项目经理及项目经理部的依据。

项目管理绩效评价应包括下列内容：

（1）施工安全、质量、进度、环境、成本目标完成情况。

（2）施工合同履行情况及相关方满意度。

（3）施工活动的合规性。

（4）施工风险防范能力。

（5）施工项目综合效益。

（6）其他。

6.8.2 项目管理绩效评价原则及方法

企业应遵循客观公正、科学合理、公开透明原则，采用定性与定量相结合的方法进行项目管理绩效评价。必要时，可聘请外部专业机构进行评价。

1. 评价原则

（1）客观公正原则。在项目管理绩效评价过程中，评价机构应严格按照标准，实事求是、公平合理地对相关项目进行有效的评价，任何人或者单位必须尊重客观事实，不得营私舞弊，有任何主观偏好。项目管理绩效评价的评价机构或者企业自身或者个人，都要定期或者不定期根据项目的实际情况进行科学的评价，而且必须准确有效，并将其作为提升项目管理能力的一种监督与促进手段。

（2）科学合理原则。项目管理绩效评价应具有可操作性，所选评价指标与方法能够在多组专家评价中获得基本一致的结果，评价结果也应符合客观现实，可操作性与可重复性是检验项目管理绩效评价是否科学合理的两项重要指标。

（3）公开透明原则。项目管理绩效评价的标准应是公开的，评价过程应是透明的，评价的所有环节是接受监督并可追溯的，从而确保项目管理绩效的评价结果真实可靠。

2. 评价方法

项目管理绩效评价应采用定性评价与定量评价相结合的方法。在项目管理绩效评价过程中，定性与定量评价是交替使用、互为表里和统一的。定性评价是定量评价的基本前提，没有定性的定量是一种盲目的、毫无价值的定量；而没有定量的定性是一种初步、表面、笼统、含糊的定性，定量可以使定性更加科学、准确，可以促使定性得出广泛而深入的结论。定性与定量评价各有长短，一方面，要根据不同的评价内容和评价目的，选用合适的评价方式；另一方面，要树立两种评价方法有机结合的意识，在项目管理绩效评价过程中，将两种评价方法结合使用，扬长避短，以提高评价结果的客观性和准确性。

项目管理绩效评价机构宜以百分制形式对项目管理绩效进行打分，采用专家打分法或专家访谈法等科学方法，合理确定各项评价指标权重，并在此基础上汇总得出项目管理绩效综合评分，以此确定评分值。

项目管理绩效评价机构应根据项目管理绩效评价需求规定适宜的评价结论等级，以百分制形式进行项目管理绩效评价的结论，宜分为优秀、良好、合格、不合格四个等级。并根据项目管理绩效综合评分，得出评价结论等级。不同等级的项目管理绩效评价结果应分别与相关改进措施的制定相结合，管理绩效评价与项目改进提升同步，确保项目管理绩效的改进，根据相应的评价结论等级重复上述步骤进行持续改进。

6.8.3 评价过程

项目管理绩效评价包括成立绩效评价机构、确定绩效评价专家、制定绩效评价标准、形成绩效评价结果4个过程。

1. 成立绩效评价机构

项目管理绩效评价机构是为项目管理绩效评价提供智力服务的专家机构。项目管理绩效评价机构因项目的需要而建立，既可以委托第三方进行项目管理绩效评价、评估，也可以由企业内部各方面的专家组成，按照绩效评价办法的规定进行项目管理绩效的评价、评估。

项目管理绩效评价机构的职责和任务：

(1) 编制项目管理绩效评价的实施方案；

(2) 负责评价期间的工作联系和组织协调；

(3) 具体实施项目管理绩效评价的各项工作；

(4) 查阅资料，考察项目现场，作出评价结论；

(5) 整理移交项目管理绩效评价各类资料等。

2. 确定绩效评价专家

项目管理绩效评价专家应具备相关资格和水平，具有项目管理的实践经验和能力，保持相对的独立性。同时，项目管理绩效评价专家应熟悉项目管理理论，有学术造诣和专业管理经验，宣讲和文字表达能力较强，热心项目管理绩效评价工作。

3. 制定绩效评价标准

项目管理绩效评价标准应由项目管理绩效评价机构负责确定，评价标准应符合项目管理规律、实践经验和发展趋势。

4. 形成绩效评价结果

项目管理绩效评价机构应按项目管理绩效评价内容要求，依据评价标准，采用资料评价、成果发布、现场验证方法进行项目管理绩效评价。应采用透明公开的评价结果排序方法，以评价专家形成的评价结果为基础，确定不同等级的项目管理绩效评价结果。

6.8.4 项目管理绩效评价案例

1. 项目背景及工程概况

××大学新校区主楼工程位于新校区主大门（东门），是新校区的标志性建筑。本工程工期紧、工程量大、造型复杂，质量要求高，如何在紧迫的工期内保质保量完成施工任务，是本工程面临的管理难题。

本工程项目总用地面积 152147.8m²，建筑面积 85928m²，分 A、B、C 三个区组成，地下一层为人防工程，地上五层分别为教学楼、办公楼、会堂、实验楼等，建筑高度为30.9m。设计建筑耐久年限 50 年，抗震设防烈度 7 度，框架剪力墙结构，钻孔灌注桩筏板基础，地下车库顶板上覆土 1.5m，外墙为保温砖外砌清水页岩砖，地下室与屋面防水 II级。本工程自 2014 年 4 月 6 日开工，到 2015 年 9 月 25 日竣工。

2. 管理重点及难点

(1) 管理重点

本工程为××大学标志性建筑，公司列为首要重点工程，要求争创"鲁班奖"。在如此紧张的工期下要保证工程创优，必须要精心策划，做好"事先、事中、事后"控制，各工序要高要求、高标准地完成。

安全要求高，本工程危险源主要包括 9m 深基坑人防地下室，自然地面 2.5m 以下全为淤泥质土；高大支模 3 处，支模板顶标高为 13m，最大弧形梁跨度 34m，最大弧形梁截面为 2300mm×2500mm。危险系数大，专项施工方案都必须通过专家论证，施工过程中及时进行变形监控，确保无安全事故的发生。

文明施工投入量大，新校区内大范围开发建设，施工企业 6 家，各团队同台竞技，形象先行，同时作为市重点工程，要迎接教育部、省市重要领导视察，是展示公司形象的一个重要窗口。

（2）管理难点

工程投资 5.3 亿元，总工期 56.3 日历日，施工范围包括主体、内外装修、机电安装、外网景观工程。要历经一个冬期和两个雨期，据以往工程经验及与同类工程相比，气候条件对工程进度影响极大。

因设计变更主楼 C 区内装修停止施工三个月，需大面积拆改墙体和安装工程等，但竣工日期要求不变，工期十分紧迫。

项目外墙清水砖总工程量为 680 多万块，与内墙砌块同时施工，施工人员多上料困难，要在有限的时间内备好材料并在 2 个月内施工完毕也极为困难。

外墙均为清水页岩砖梅花丁砌法，窗眉部为清水混凝土，外墙多窗洞口、多异形装饰柱，主楼 B 区为年轮造型的圆形建筑，内圆直径 103m，外圆直径 164m。圆形建筑无法拉水平线控制，要保证清水页岩砖水平交圈，灰缝一致，遇门窗洞口、异形柱排砖均匀，不出现"破砖"将是一大难题。

屋面的面层分混凝土、广场砖、石材、卵石、种植、木条板、玻璃、水泥瓦八种做法，针对不同做法的屋面要采取不同的排版措施，保证各屋面的独特效果为本工程创优的重中之重。

工程结构复杂，地下室横跨 A、B 区，与地上部分主体相连，同层结构标高有 16 个之多。A、B 区轴线多而杂、弧形梁、异形柱、异型板达到 95%。工程还包括了深基坑、高大支模、型钢混凝土梁柱、球型钢网架，跨度 33.2m、高 4.6m、最大悬挑长度 11m 的混凝土梁等，施工难度大。

3. 管理策划及创新特点

（1）确定管理目标

根据分析工程管理的重点与难点，按照《企业管理手册》、《建设工程施工合同》、《建设工程项目管理规范》要求，项目部提出五项管理目标，并与集团公司签订了项目管理目标责任书，力争保质保量完成管理目标。

1）年度管理目标：按合同工期完成；

2）安全管理目标：无较大安全事故，一般事故率控制在 1‰ 以下；

3）质量管理目标：确保天津市"金奖海河杯"，争创"鲁班奖"；

4）文明施工目标：天津市文明施工工地、全国建筑业绿色施工示范工程；

5）成本管理目标：成本降低率 1.17%。

（2）编制可行的施工方案

根据国家相关规范和相关技术政策、企业工艺标准，结合本工程的特点编制施工组织设计和各专项施工方案。

（3）完善管理制度，健全管理体系，明确岗位职责

严格执行集团公司的各项管理制度，并在项目实施中不断创新、优化管理制度，分析管理的难点与侧重点，采取对应的措施，在提高项目部管理制度执行力同时，也更加全面的完善了公司管理制度。同时，建立健全项目管理保证体系，在施工过程中分工明确，责任到人，各司其职，切实做好工程质量、安全、进度、文明施工等方面全过程控制。

（4）项目管理的创新点

1）安全管理模式创新：为了提高全体员工安全意识，更加充分认识到安全事故对人

体伤害的后果，项目部设立安全体验馆，采用安全体验教育模式，体现"安全第一，以人为本"的安全理念。

2）定位放样创新：本工程 B 区为圆形建筑，凸显了"年轮"的设计理念，由于轴线多、结构复杂，会堂观众台定位难，项目部成立了 QC 攻关小组，采用三级坐标控制系统，多台全站仪交换测量、复测，效果显著，该方法贯穿施工全过程，建筑效果得到保障。

3）材料管理创新：施工用材料多而杂，项目部依据产品合格证、试验报告、复试报告严格管理，为了保证进场材料的质量，防止供货厂商弄虚作假，特聘请教育园区所属工商质检部门人员为名誉质量监督员，对进场施工材料进行不定期质量检查，从而杜绝劣质材料的使用。

4）BIM 模型技术：项目由公司的 BIM 团队根据设计图纸，按照施工的要求和特点建立适合施工 BIM 模型。BIM 技术虚拟的三维模型和数据库为项目工程进度提供了保证，对工程成本有了较强的控制，通过碰撞检测有效避免返工和拆改等现象，针对工程重点难点提前预知相应的措施。

4. 管理措施与风险控制

针对确定的管理目标，结合重点与难点分析，项目部全体管理人员召开管理风险分析会议，从重要节点和关键工序入手，分析各种风险发生的概率和损失量，认定以下四项为主要管理风险，主要从"人、机、料、法、环、测"六大因素进行控制，明确落实施工过程中的五大要素的保证措施，力保达到管理目标。项目部采取了以下措施：

（1）实施一：加强技术培训，注重培养人才

1）措施一：落实"三级管理、二会制度、专人管理"

① 三级管理：建立以项目经理为责任主体，项目副经理、项目总工、各分管负责人为基础的三级管理体系，使施工计划的每一个节点，每一条线路都有明确执行计划、完成目标、直属责任人。

② 二会制度：每周至少召开一次现场生产例会制度，及时部署和调整施工工序；每天召开施工碰头会，对发现的问题寻找原因，采取相应的解决方法，保证当天问题当天解决。

③ 专人负责：项目部将各阶段控制点深入细化，设专人进行管理，并对此工作负责到底，保证各阶段控制点落实到位。同时严格按照合同条款标注的项目各阶段的施工进度要求落实，分包单位职责落实到人，使责任体系全面覆盖。

2）措施二：定期组织培训，制定考核制度

项目部结合工程特点，根据管理目标，利用业余时间定期对全体施工人员进行培训，技能培训和安全教育共计 18 次，累计 2000 余人次，项目部每月分批组织员工学习施工技术难点 20 次，各个施工部位技术交底反复研讨学习，全面提高施工技能，使进场员工受教育率达到 100%，一次通过考核率达到 95% 以上，二次考核不及格人员一律换岗或辞退处理。

3）措施三：实行体验式教育模式，切实提高安全意识

项目部组织施工人员在安全体验区进行体验式安全教育，切实体会各危险源对人体造成的严重伤害，提高工人的安全意识和自我防范意识，同时也有效提高项目部管理人员的

安全管理水平。

4）措施四：严格人员资质审查、严禁无证上岗

项目部管理人员、各特殊工种操作人员按照工作岗位要求，参加国家相关部位的职能培训和再教48次，取得相关证书后才能上岗。

（2）实施二：加强机械设备管理，提高施工管理效益

1）措施一：采用全新设备、减少机械故障

为了避免因机械故障修理引起的停工，现场吊装运输、钢筋加工、施工机械均为全新设备。塔吊采用最新型的QTZ160型6台，臂长70m，回转半径大，以"高楼层塔吊全覆盖、矮楼层汽车吊配合"为原则，有效提高吊装效率；同时配备物料提升机16台、砂浆罐21座，均为一备一用，临时水、电均为双回路切换，最大限度满足施工需要。

2）措施二：加大检查力度、注重设备保养

各施工机械在使用的同时，公司后勤保障部每月组织专业人员检查机械设备2次，并不定时抽查。发现隐患立即督促整改，现场机械设备操作人员上下班检查交接，谁操作谁负责，并形成交接纪录。发现问题立即报修，定时专人养护，常用维修零件现场备货，4名维修人员现场随时待命，力争当天问题当天解决。

（3）实施三：优选材料供应渠道，保障工程顺利开展

1）措施一：密切关注材料信息，及时把握市场动态

工程开工前就做好备料计划，提前考察各种材料的货源、储量、运距等，详细制定出进料计划，选用长期合作，信誉好的材料供应商，形成能够共同保障、共同抵御风险的供应链，制定"定量、定人、定时"原则，对照进度计划节点制定材料进场计划、专人跟踪，及时掌握材料价格浮动情况，常规材料采购计划提前2个月上报，公司进行及时招标，择优选用，既保证了材料价廉物美又实现了高效供货，为工程的顺利进行提供最有力的保障。

2）措施二：摸清市场、提前备料

充分做好市场调研工作，对影响工期的大宗材料利用资金优势，购货款现结现付，专款专用。如外墙清水页岩砖工程量约为680万块，得知外墙清水页岩砖供货厂家为垄断企业，整个河北省及邻近省市只有1家，每天生产力为8万块砖，且要供应多个施工项目，按正常供货周期至少100多天，无法满足工期要求。项目部提前4个月进行采购，在施工现场堆放400多万块砖，其余砖均在厂家货场存放，保证后续工序正常进行。

3）措施三：加强材料检查验收，严把材料质量关

① 原材料是制约工程质量的关键要素，项目部从源头上狠抓原材料的质量，材料进场后由监理组织相关人员对材料进行取样、检测、复测等试验，形成材料进场验收记录，经检测合格后方可使用在工程中。

② 为了保证装修效果，项目部从细部抓起，按照装饰清水砖的颜色、尺寸进行分类处理，不同颜色和不同尺寸使用在不同部位；花岗岩石材进行双层防腐处理，保证施工后色泽一致。

（4）实施四：优化方案样板先行、追求高效技术创新

1）措施一：方案论证

本工程地下属于深基坑范畴，B区有3处为高大支模，均（经）专家组进行施工方案

论证，形成会议纪要，针对专家组提出的重要注意事项，重点对管理人员和施工人员技术交底。

2）措施二：优化方案、重点管理

① 改进施工工艺

地下室基坑支护原设计为 20m 长混凝土钻孔灌注桩加混凝土环梁，42 口降水井，施工 38 天后才能土方开挖，经项目部计算工期拖延时间太长，与设计方协商变更为机械压入 12m 长 60H 钢板桩加 H 型钢焊接围檩支护，基坑 6m 范围 1:1 放坡，坡面喷 C20 细石混凝土保护，并把降水井增加到 60 口，增加排水量，20 天就进行土方开挖，比原支护方案工期提前 18 天，有效降低成本约 32.6 万元。

② 更改施工方法

会堂屋顶球型钢网架原计划施工周期为 32 天，考虑场地狭窄成"咽喉"状，无法按常规方法吊装施工。项目部采取"化整为零"的思路，把整个网架分成 12 片，先在地面预制焊接成型，按排序分片吊装到屋面后再焊接成一体，实际 21 天就施工完毕，比原定工期节约 11 天，节约工费约 6.8 万元。

③ 更换施工材料

屋面找坡层、地下室底板填充层原设计为 B 型轻骨料混凝土，约 9000m²，由于此种材料无法用混凝土泵车输送，只能用人工运输，施工周期约 36 天，通过与设计单位沟通后变更为发泡混凝土，在提高施工质量的前提下 15 天就完成，实际节约工期 21 天，直接减少成本投入约 270 万元。

外墙原设计为空心砌块外贴 80 厚岩棉保温，外墙保温施工工期约为 68 天，通过与相关单位沟通后设计变更为 SN 保温连锁砌块，省去了外砌块部位保温施工时间，从而使外墙施工总工期减少约 22 天，节约成本约 16.7 万元。

④ 调整施工工序

外墙装饰清水岩砖要砌在外墙保温砌块的外侧，项目部一改以往整层砌块同时砌的工序，采取先砌靠外侧的保温砌块墙，并预留出与清水页岩砖墙的拉接钢筋，等保温砌块外墙做完后再砌内墙砌体，这样既保证了作业面最大化，还保证了两道关键工序平行施工，互不干扰。按常规内外墙砌体施工工期约 70 天，实际施工工期为 50 天，节约工期 20 日，人工、机械费用 7.8 万余元。

3）措施三：技术优化、过程控制

对容易影响施工质量的主要工序，先进行技术优化。如外墙清水页岩砖、室内墙地砖、会堂精装修吊顶、设备管道安装等分项工程中采用 BIM 模型技术，钢结构弧形梁采用专业设计软件定位放样，根据电脑排版现场管理人员全过程指导施工，发现问题及时解决，从而保证了整体施工成型效果。

4）措施四：精细测量、减少误差

A 区地下室、B 区大直径圆形结构复杂，轴线多样，存在大圆套小圆、球形钢网架、钢骨梁柱定位放样误差要求高等问题，项目部成立专门测量小组，创建三级坐标控制系统，即：创建整体工程的矩形坐标控制网来控制各区的轴线坐标网，再由轴线坐标网来控制区块控制点，形成多点复核各区联控放样，随时校正测量误差，建设单位与监理单位旁站复核，把误差控制在规范最小允许范围。

严格执行技术交底，在施工中进行技术指导和交流，做好"三检制"和工序交接，制定奖罚措施，通过过程检查与控制，强化作业人员的质量意识。

5）措施五：提前策划、样板引路

工程质量样板引路是工程施工质量管理的一种行之有效的做法，结合公司多年推行的"提前策划、样板引路"的做法，依据技术优化后先做样板，找出实际存在的问题加以解决．起到对后续施工质量的示范引领的作用，使之成为项目施工质量管理的一项有效手段和措施，有利于加强对工程施工重要工序、关键环节的质量控制，消除工程质量通病，切实提高工程实体质量的整体水平。

6）措施六：坚持节约能源控制、开展绿色文明施工

① 节能和资源利用

节能和资源利用，施工用材料就近采购，尽可能使用绿色环保产品，运用四新技术，降低施工成本，办公区和生活区生活设施、现场安全围护设施100％采用可拆卸多次周转重复使用材料，洗车用水和雨水经沉淀后用于公用厕所的冲洗用水和工程养护用水。

② 安全文明施工管理

办公区与施工区域场地整洁，道路平整畅通，施工现场GRC围墙进行全封闭，工程外墙脚手架外挂密目安全网，用于隔离噪声污染和安全防护，警示标志应齐全、醒目。物料堆放整齐，建筑垃圾集中堆放外运。生活区设置体育锻炼设置、职工医务室，充分体现了人性化管理。

5. 管理效果

（1）工期管理效果

虽然建设单位增加变更32项，其中C区材料学院推迟施工达3个月之久，但项目部积极与相关单位沟通，优化施工方案，变更施工材料及施工工艺，科学组织作业队伍和材料，灵活调整施工工序，合理提高劳动效率，在合同约定时间全面完成施工任务。

（2）安全管理效果

通过对职工严格的安全教育和科学管理，本工程安全生产管理工作取得了明显的成效，不仅增强了职工的安全意识，而且在560多天施工期间没发生任何伤亡安全事故，一般工伤事故控制在1‰之内。

（3）质量管理效果

经过精心的前期策划、强化质量过程控制，提高全体人员的质量意识，积极开展了QC、十项新技术等技术活动，较好地完成了计划目标，工程质量符合设计及规范要求，得到建设单位、设计单位、监理单位、集团公司的一致好评，并荣获2015年天津市"结构海河杯"奖、两项QC成果奖、天津市质量安全观摩工地、天津市建筑业10项新技术应用示范工程。

（4）成本管理效果

项目围绕成本控制核心，合理设置控制目标，明确成本控制责任，采用新进的施工技术，完善的施工工艺，使工程总成本降低了362万元，成本降低率为1.27％，为公司创造了可观的经济效益，还为后续工程成本控制的借鉴创造一定的经验。

（5）文明施工管理效果

经过细心布置，合理有效的管理，工程荣获2015年度天津市文明施工示范工地称号、

全国建筑业绿色施工示范工程（经专家组评选，得到 89.6 的高分）、国家 AAA 级示范文明工地，多次接受教育部、市政府领导的检查指导，得到较高的评价。

（6）建筑业 10 项技术在本工程中的应用

本工程应用了建筑业推广应用的十项新技术中的 7 大项 16 个子项（表 6-10）。

本工程推广应用的新技术　　　　表 6-10

序号	绿色施工十项新技术应用	子项内容
1	地基基础和地下空间工程技术	高压喷浆护坡技术
2	混凝土技术	高强高性能混凝土 屋面发泡混凝土 混凝土裂缝控制技术 清水混凝土
4	钢筋及预应力技术	大直径钢筋直螺纹连接技术
4	模板及脚手架技术	清水混凝土模板技术
5	钢结构技术	深化设计技术 厚钢板焊接技术 钢与混凝土组合结构技术 高强度钢材应用技术
6	机电安装工程技术	管线综合布置技术 金属矩形风管法兰连接技术
7	绿色施工技术	施工过程水回收利用技术 预拌砂浆技术 铝合金窗断桥技术

（7）本工程应用的主要技术、方法、标准（表 6-11）。

本工程应用的主要技术、方法、标准　　　　表 6-11

序号	名称	具体制度管理办法
1	施工项目管理技术	项目经理责任制、项目管理大纲、项目管理实施规划、项目经理部各项规章制度
2	工程质量控制技术	全面质量管理理论（TQC）和技术 质量、职业健康安全和环境管理体系标准 ISO 10012 测量管理体系 三自三检制，样板领路制 关键工序操作标准 施工组织设计编制及专项方案的与实施管理办法 质量管理实施细则 项目综合考评管理办法 技术创新制度
3	安全生产控制	建设工程安全管理规定
4	文明施工、绿色施工	施工现场文明施工管理规定、施工现场布置统一标准、绿色施工导则、绿色施工标准

（8）标准化管理

经归纳、总结，本工程《大直径圆形建筑多窗口异形柱弧形墙体清水砖施工工艺》得到集团的肯定，并把该施工工艺编入集团的《企业工艺标准汇编》中，编号：TYJSH-QB-04-2015，经集团总工程师批准，在集团今后类似工程中推广与应用。

（9）获奖情况

1）2015 年度天津市建设系统 QC 成果二等奖；

2）2015 年度天津市建设系统 QC 成果一等奖；

3）2015 年度天津市建筑工程"结构海河杯"奖；

4）2015 年度全国建筑业绿色施工示范工程；

5）2015 年度国家 AAA 级安全文明标准化工地；

6）2015 年度市级文明施工示范工地。

通过科学有效的管理，本项目的工期、质量、安全文明、施工成本得到了较好的控制。因此，施工管理必须从细节抓起，用合理的管理制度来规范施工质量，用严谨的工作态度进行过程控制，精益求精，才能创造出业主满意、业界首肯的精品工程。

6. 项目管理绩效评价

（1）成立项目绩效评价机构，从专家库中抽选 7 名与被评价对象无利益关系的专家，组成项目管理绩效评价专家组。

（2）构建项目管理绩效评价体系，并确定各指标的权重，见表 6-12。

项目管理绩效评价指标体系及权重 表 6-12

一级指标（权重）	二级指标（权重）	三级指标（权重）
目标完成情况 $A_1(0.4)$	质量目标 $B_1(0.2)$	分项（分部）工程合格率 $C_1(0.2)$ 分项（分部）工程优良率 $C_2(0.2)$ 获奖情况 $C_3(0.1)$ 质量事故次数 $C_4(0.3)$ 返工损失率 $C_5(0.2)$
	安全目标 $B_2(0.2)$	安全事故发生次数 $C_6(0.4)$ 安全事故伤亡人数 $C_7(0.3)$ 安全预防措施的可行性和合理性 $C_8(0.3)$
	环保目标 $B_3(0.2)$	资源保护情况 $C_9(0.3)$ 人员健康水平 $C_{10}(0.3)$ 建筑垃圾处理 $C_{11}(0.4)$
	工期目标 $B_4(0.2)$	开工准时性 $C_{12}(0.3)$ 完工及时性 $C_{13}(0.3)$ 工期实现率 $C_{14}(0.4)$
	成本目标 $B_5(0.2)$	投资计划完成率 $C_{15}(0.4)$ 资金利用率 $C_{16}(0.3)$ 工程成本降低率 $C_{17}(0.3)$
供方管理有效程度 $A_2(0.1)$	供应商管理 $B_6(0.4)$	产品质量 $C_{18}(0.3)$ 服务水平 $C_{19}(0.3)$ 供货能力 $C_{20}(0.2)$ 产品价格与费用 $C_{21}(0.2)$
	分包商管理 $B_7(0.6)$	资质水平 $C_{22}(0.2)$ 现场管理能力 $C_{23}(0.3)$ 施工业绩 $C_{24}(0.2)$ 人员素质 $C_{25}(0.3)$

续表

一级指标（权重）	二级指标（权重）	三级指标（权重）
合同履约率及相关方满意度 A_3(0.2)	合同履约率 B_8(0.6)	合同管理完成情况 C_{26}(0.5) 企业信用评价 C_{27}(0.3) 企业财务状况 C_{28}(0.2)
	相关方满意度 B_9(0.4)	索赔事件发生率 C_{29}(0.6) 变更和索赔处理的合理性 C_{30}(0.4)
风险预防和持续改进能力 A_4(0.15)	风险预防 B_{10}(0.6)	风险管理措施的有效性 C_{31}(0.6) 项目风险分担明确性 C_{32}(0.4)
	持续改进能力 B_{11}(0.4)	与其他各方工作持续改进程度 C_{33}(0.6) 沟通协调及时性 C_{34}(0.4)
项目综合效益 A_5(0.15)	经济效益 B_{12}(0.4)	投资利润率 C_{35}(0.3) 资本金利润率 C_{36}(0.3) 投资回收期 C_{37}(0.2) 净现值 C_{38}(0.2)
	社会效益 B_{13}(0.3)	产业结构 C_{39}(0.2) 技术进步 C_{40}(0.3) 区域经济 C_{41}(0.2) 学习生活质量 C_{42}(0.3)
	环境效益 B_{14}(0.3)	交通环境 C_{43}(0.3) 节约能源 C_{44}(0.4) 区域绿化 C_{45}(0.3)

（3）根据项目管理效果，对项目管理绩效的三级指标按百分制进行打分，所得平均分数见表6-13。

项目管理绩效的三级指标平均得分情况　　　　　　　表6-13

三级指标	C_1	C_2	C_3	C_4	C_5	C_6	C_7	C_8	C_9	C_{10}	C_{11}	C_{12}
平均得分	100	88	92	96	95	96	100	95	86	88	90	78
三级指标	C_{13}	C_{14}	C_{15}	C_{16}	C_{17}	C_{18}	C_{19}	C_{20}	C_{21}	C_{22}	C_{23}	C_{24}
平均得分	85	85	86	85	90	90	88	82	88	85	88	87
三级指标	C_{25}	C_{26}	C_{27}	C_{28}	C_{29}	C_{30}	C_{31}	C_{32}	C_{33}	C_{34}	C_{35}	C_{36}
平均得分	85	92	86	86	84	82	88	86	88	85	85	82
三级指标	C_{37}	C_{38}	C_{39}	C_{40}	C_{41}	C_{42}	C_{43}	C_{44}	C_{45}			
平均得分	82	84	80	86	82	90	82	88	82			

（4）根据表6-13中各三级指标得分情况，将其乘以各自权重，得到该项目管理绩效评价得分，为91.3分。根据优秀（85～100分）、良好（75～84分）、合格（60～74分）、不合格（0～59分）四个等级的分值区间，可知该项目的管理是非常优秀。